Becoming A Worldwide Ginseng

월드와이드
인삼의 조건

1933년 손인수 박사가 독일에서
박사학위 연구용 시료로 사용한
개성인삼(제14장)

인삼학자
나승열

도서출판 신일북스

월드와이드 인삼의 조건

초 판 2025년 9월 30일

저 자 나승열

발행인 (사)고려인삼연합회/(사)고려인삼학회
편집인 이은숙

발행처 도서출판 신일북스
서울시 영등포구 도림로 310-1 신일빌딩 5층
발행자 오상환
등록일 1992년 5월 14일. 제13-355호
연락처 전화 02-843-3281 | 팩스 02-841-8119
이메일 shinil@shinilbooks.com
홈페이지 www.shinilbooks.com

정 가 33,000원

ISBN 978-89-5702-555-0 93510

- 저자와의 협약 하에 인지는 생략합니다.
- 잘못 만들어진 책은 구입하신 서점이나 본사로 연락주시면 교환해 드립니다.

서 문

저자가 본 책을 출간하게 된 주요 동기는, 16세기 유럽의 대항해 시대를 통한 고려인삼 서구 사회에 소개되는 과정과 북미 대륙의 서양삼이 동양 및 서양 사회에 소개되는 과정을 사회적·역사적으로 보여주고 싶었다. 또, 이 책을 통하여 동·서양 과학자들이 수행했던 인삼 효능을 발휘하는 성분 분리, 화학 구조 규명 과정 및 효능 연구를 일반인, 인문·사회학이나 자연과학 학부나 대학원생, 인삼과 관련이 있는 산업체 및 전문인들이 쉽게 고대부터 현대까지 고려인삼에 대한 국·내외 역사와 상식적인 지식 습득과 고려인삼이 가야 할 미래 방향을 제시하는 데 있다.

우리는 인삼이 사람 모습을 닮아서 사람(人)을 닮은 약초라고 불렀다. 그래서, 한자로 人蔘(인삼)이라고 쓴다. 18세기 타타르 사람들(중국 만주 몽골인의 옛 명칭)은 오르호타(Orhota, 식물의 왕 혹은 여왕)라고 불렀다. 북아메리카 이로쿼이 인디언(Iroquois Indian)들은 서양삼을 사람 두 다리(허벅지)와 같은 모양의 약초라고 해서 가렌토긴(Garento-guen)이라고 불렀다. 인삼은 아주 오래전부터 동북아시아와 북미 대륙에 자생하고 있었다는 의미다. 기원전부터 15세기까지 고려인삼은 동북아시아 중심의 중요한 의료용 약재였다.

조선에서 일본으로 수출된 고려인삼은 영국 동인도 회사를 통하여 1617년 영국에 처음 소개되었다. 서구 사회는 처음 그들의 언어로 번역된 중국 이시진의 본초강목(1596년)이라는 중의학서에 소개된 고려인삼을 만병통치약(영어로 immortal, panasea 혹은 sovereign or universal remedy)으로 부르고 중의학서에서 주장하는 효능에 매료되었었다. 한가지 예로, 1711년 프랑스의 자르투 신부는 자신이 경험한 고려인삼의 효능을 서양 사회에 소개했다. 1718년 프랑스 라피토 신부가 캐나다 몬트리올 근처에서 서양삼 발견과 서구 사회 소개하자, 인삼 자생지에 대한 지각 변동이 일어났다. 즉, 인삼은 이제 동아시아의 전유물이 아니고 신대륙 더 나아가 유럽을 포함한 전 세계에 알려지게 되었다. 그 당시 인삼의 인기는 1736년 프랑스 의사 드 생바스로 하여금 본초강목 내용을 요약하여 자신의 박사학위 논문으로 할 정도였다. 1753년 스웨덴의 린네는 서양삼을 처음 식물학에 처음 편입시켰다. 1765년 일본인 사카노우에 노보루는 조선의 고려인삼이 일본으로의 수출(공급)이 갑자기 중단될까 봐 두려워 서둘러 조선인삼경작기라는 책을 저술하여 일본에서 조선인삼재배 기술을 정착시켰다.

1854년 미국의 거리게스는 독일의 괴팅겐 대학에서 현대 유기 화학의 아버지로 알려진 유명한 뵐러(Wöhler) 교수의 지도하에 서양삼 배당체 성분 분리 및 분자식 분석 연구로 박사학위를 받았다. 그러나, 17~20세기 서구 사회에서는 인삼에 대한 담론이 변하여 뜨거웠던 관심과 연구가 시들해진다. 무슨 이유로 서구 사회에서는 인삼의 의학적 효능을 의심했을까? 그 이유는 무엇일까? 미국을 제외한 서구 사회에서는 왜 인삼을 재배할 수 없었을까?

서구 과학자들을 대신하여 1900년 초부터 일본 과학자들은 일본에서 생산된 조선종 고려인삼을 이용하여 인삼 연구를 본격적으로 시작하였다. 인삼에 대한 관심은 조선의 고려인삼에서 시작하여 중국-일본, 유럽, 미국의 서양삼을 거쳐 지구를 한 바퀴 돌아서 다시 일본으로 왔다. 왜 다시 돌아온 것일까? 일본이 20세기 인삼 연구 종주국이 된 이유는 무엇일까? 또, 일제 강점기부터 해방 후까지 일본인 연구자(교수)들과 조선인(한국) 연구자들이 행한 고려인삼 연구(교육 및 제품 개발 포함)는 우리나라 인(홍)삼 산업 발전에 어떤 영향을 미쳤을까? 현재 우리나라 인삼 산업체들은 인삼 사포닌을 제외한, 새로운 신소재 발굴 및 활용에 왜 소극적일까? 고려인삼 효능을 발현하는 소재(성분)의 진정한 정의(definition)나 이론(theory)은 무엇일까?

우리나라는 인(홍)삼 산업 분야에 있어서 세계 최고의 종주국이라고 주장함에도 불구하고, 고려인삼 수출은 삼국시대~조선시대부터 현재까지 중화권 국가들에만 집중되어 있다. 왜일까? 고려인삼을 중화권 국가들에 수출하는 것만큼 서구 국가들에 수출할 수 없을까? 국내에서 개최되는 국제 인삼 학술대회에서 서양인, 특히 백인, 인삼 연구자가 인삼 효능을 발표하고 인터뷰하는 것에 왜 목멜까? 라는 질문들은 저자와 이 책을 읽는 독자들이 풀어야 할 숙제로 남아 있다.

본 책에 포함된 내용들은 고려인삼 및 서양삼과 관련하여 처음 발견했거나, 공식적으로 최초 출판(예, 책 출간 혹은 논문 발표 연도)된 것을 기준으로 하였다. 인삼학자로서 편견없이 객관적인 자료를 본 저술에 사용하였다. 다른 인삼 인문 서적과 달리 인용한 원문들은 있는 그대로 직역하였다. 필요할 경우, 독자들이 원문을 찾는 수고를 덜고, 독자가 원문을 직접 확인하고 읽어 볼 수 있도록 참고문헌, 출처와 함께 원문 전체 혹은 일부를 부록으로 첨부하였다. 인삼 관련 기록물 혹은 문헌(원서)들이 16~20세기 독일어, 라틴어, 프랑스어 및 근대 영어로 되어있어 번역이 매끄럽지 않을 수 있음을 독자에게 양해를 미리 구한다. 또, 불가피하게 사용한 전문 용어나 한자는 주석을 달아 독자가 본문을 이해하는데 도움을 주도록 하였다.

고려인삼은 우리나라의 전유물이 아니고, 아주 오래전부터 동북아시아 국가들에 제한적이지만, 조금씩 부분적 세계화(Partial globalization)가 진행되어 왔다. 21세기, 서구 사회가 가지고 있는 인삼의 의학적 효능에 대한 담론(discourse)을 바꾸는 작업 즉, 중화권을 넘어 고려인삼의 범 세계화(Pan-globalization)를 위하여 우리가 해야 할 일은 무엇인지 살펴보는 것도 본 서적 출간의 또 다른 목적이다.

끝으로, 이 책이 출간될 수 있도록 도와주신 고려인삼연합회 황광보 회장님과 고려인삼학회 김종훈 회장님께 감사드립니다.

2025년 9월

인삼학자 나승열

목 차

1 1,270살 나이를 먹은 고려인삼 저장 창고

◆ 고려인삼의 세계화는 현존하는 가장 오래된 인삼 저장 창고에서 시작

쇼소인(정창원正倉院)은 옛 일본 황실의 물건 보관 창고다. 쇼소인의 위치는 나라奈良현 나라시에 도다이지(동대사東大寺)라는 사찰(절)에서 북서쪽으로 약 300 m 떨어져 있다. 쇼소인은 검은 통나무를 쌓아(귀틀식) 만들어졌으며, 건물 전체가 지면에서 높이 들어 올려진 모습이 특징이다(그림 1-1). 그 이유는 지면에서 올라오는 습기를 피하기

그림 1-1 8세기 일본 황실 보물 창고. 창고 바닥이 기둥에 의하여 일정 높이로 올라가 있다.

위한 것이다. 고대에는 많은 건물들이 이런 식으로 지어졌다. 이렇게 건물을 땅에서 들어 올리는 양식을 고상식高床式[1]이라고 부르는데, 한반도에서도 삼국시대까지는 흔한 형태였다. 러시아에도 이러한 고상식 가옥이 있었다.

쇼소인은 도다이지의 부속 시설로서 일본 황실의 유물(보물) 창고로 쓰였다. 쇼소인이 건립된 연도는 729년에서 749년 사이로 추정된다. 쇼소인은 긴 건물이고 세 방향의 창문을 가지고 있다. 756년 교모 황후는, 남편인 쇼무 천황 7주기에 그의 명복을 빌기위하여 약재부터 생활용품/악기 등 다양한 애장품 600여 종을 49재에 맞춰 헌납하였다고 한다. 그 뒤로도 교모 황후는 3번에 걸쳐서, 자신과 쇼무 천황과 연관이 있는 물건을 봉헌(기부)했다. 이 헌납품에 대해서는, 현존하는 5종류의 "**도다이지 헌납**(헌물장)장[2]"이라고 하는 문서에 기록되어 있다. 이 보물은 쇼소인에 보관되어 있다. 헌물장 중에 유명한 것은 "국가 진보장"과 "여러 가지 약장藥帳[3]"이 유명하다. 여러 가지 약장에는 인삼을 포함하여 60여종의 약재들을 담아있는 박스(box)들이 있다. 이 궤짝에 60 여종의 약재 명칭 및 수량과 이에 대한 번호들이 기록되어 있는 1권의 책이 있다(그림 1-2). 책에는 봉헌의 목적은 "**병**病**으로 고생하는 사람들이 있으면 이를 이용하라**"고 기술하고 있다.

◆ 1,270살 나이를 먹은 고려인삼이 있는 곳

756년에 기록된 약재들은 인삼, 사향, 원지, 후추, 계피나무 껍질, 대황大黃(한약재의 하나), 감초 등 60여 종이다. 그 당시 헌물된 인삼양은 544

1 고상식(高床式) : 땅의 습기가 올라오는 것을 방지하기 위해 마루를 높게 지은 양식. 땅에 기둥을 세우고 그 위에 집을 짓는 방법을 말한다.

2 헌납 : 금품(金品)을 바치는 것.

3 약장 : 보관되어 있는 약재 목록의 기록장부.

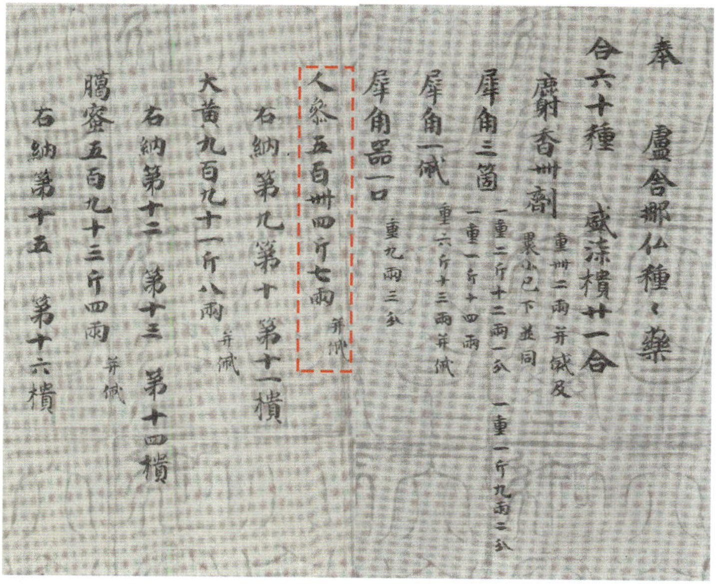
奉 盧舎那仏種々薬
合六十種 盛漆櫃廿一合
麝香卅劑 重卅二兩 并袋及 裹小已下並同
犀角三箇 一重二斤十二兩一分 一重一斤十四兩 一重一斤九兩二分
犀角一袋 重六斤十三兩 并袋
犀角器一口 重九兩三分
人參五百卌四斤七兩 并袋
右納第九 第十 第十一櫃
大黄九百九十一斤八兩 并袋
右納第十二 第十三 第十四櫃
臈蜜五百九十三斤四兩 并袋
右納第十五 第十六櫃

그림 1-2 쇼소인에 저장된 려사나불 약장(盧舍那仏 藥帳 기록)의 인삼 보관량에 대한 정보(인삼에 대한 기록은 붉은 점선으로 표시함). 자세한 내용은 텍스트 참조.

근 7량이라고 기록되어 있다(그림 1-2). 그 후 787년에 남아 있는 인삼 양은 236근 7량이라고 기술되어 있다. 약 30년 사이에 60%가 이용된 것이다. 또 793년에 기록된 내용을 보면 남아 있는 인삼 질이 떨어지는 하품(下品)으로 기록하고 있다. 아마 보관 중에 벌레가 먹었거나 자연스럽게 인삼의 질이 떨어진 것으로 생각할 수 있다. 어쨌든 기록상으로는 인삼이 1,270년이 넘게 저장되어 온 셈이다.

◆ 일본이 보관하고 있는 1,270살 나이를 먹은 고려인삼은 어디서 왔을까?

8세기 일본은 인삼을 생산하지 않았다. 즉, 일본은 인삼 자생지가 아니다. 일본이 조선에서 인삼 종자를 가져다가 조선종朝鮮種[4] 인삼을 본격적으로 생산한 시기는 18세기다(제9장). 그러면, 8세기 일본에 많은 인삼이 쇼소인에 저장되어 있다는 기록이 있는데, 이렇게 많은 양의 인삼들은 다 어디서 왔을까? 그 당시, 인삼은 고구려·백제·신라·발해 포함-일본 사이에 아주 중요한 교역품이었다. 인삼은 한반도 3개국 및 발해 사이에 예물(공물, 조공, 진상 및 회사 등), 공식적인 무역, 개인 무역 혹은 밀수 무역 등의 방법으로 쓰시마 섬을 거쳐서 일본 황실에 전달되었을 것이다. 속일본기續日本記[5] 기록에 따르면 739년 발해국 사로부터 호랑이와 곰의 모피와 더불어 인삼 30근을 받았다는 기록이 있다. 그렇지만, 기록은 안 되었지만 발해 외에 백제, 신라 및 고구려로부터 인삼을 다양한 방법을 통하여 일본에 전달됐을 것으로 예상된다.

◆ 1,270살 나이를 먹은 고려인삼의 양은 얼마나 될까?

현재 도량형度量衡 환산표에서는 한 근은 약 600 g이다. 발해 예물로 일본에 온 인삼 30근은 18 kg에 해당된다. 그 후 일본의 광명황후가 봉헌한 인삼 544근 7량은 326.82 kg이 된다. 1,270년 전 기록이다. 당시 도량형의 제도에 대해 알아보자. 중국의 근(斤)의 미터법에 의한 환산에 대해 "중국도량형中国度量衡"에 의하면, 1근 = 596.82 g으로 하고 있다. 이 시대의 도량형제에서 주의해야 할 것은 같은 단위로 대칭大称과 소칭小称[6]의 구분이 있다는 것이다. 소칭의 3배가 대칭이다. **약재용 무게는 소칭**으로 정해져 있었다. 나라 시대의 약물을 취급한 문서에는 약물의 중량에 "소칭"이라고 기입되어 있는 것을 볼 수 있다. 따라서, 1근 = 16량, 1량 = 37.30 g(1량은 10돈, 1돈은 3.73 g)(참고: 오늘날

4 조선종(朝鮮種) 인삼 : 18세기 초 일본은 조선 인삼을 가져다가 일본 땅에서 재배한 인삼을 부르는 인삼을 말한다. 즉, 조선에서 유래한 인삼 종자를 의미한다.

5 속일본기(續日本記) : 일본서기에 이어서 나온 역사책의 하나.

6 대칭(大称)과 소칭(小称) : 약재의 무게를 다는 저울 단위.

1돈은 3.75 g으로 알려져 있음)이며, 소칭의 1량은 12.43 g이 된다.

따라서, 1,270년 전 발해에서 발해국사가 일본으로 가져온 인삼은 5.96 kg(약 6 kg)이다. 또, 일본 황실에서 도다이지에 봉헌된 인삼은 108.3 kg(544.7근 × 0.596.82 = 325.1 kg이고, 소칭으로 환산하면 325.1 × 0.333 = 108.3 kg)으로 계산된다. 약 110 kg에 조금 못 미치는 많은 양이다. 따라서, 조선 시대와는 달리 그 당시 한반도와 발해 지역에는 남쪽 해안 지대와 섬 지역을 제외하고는 산삼이 지천으로 많이 자생하고 있었을 것으로 예상된다.

◆ 쇼소인에 저장된 1,270살 먹은 고려인삼 성분 검증

쇼소인에 저장된 약재들이 그 당시 기록이 맞는지 3차례에 걸쳐서 검증 작업이 진행되었다. 제1차는 1930~1931년, 제2차는 1948~1949년, 제3차는 1994년~1995년에 이루어진다. 제1차는 나카오 만조라는 약학자 1인이 하였지만, 제2차와 제3차는 전문가 집단으로 이루어졌다. 제2차 조사 때는 동경대 교수 아사히나 야스히코 교수가 조사단 대표였다. 1960년대 조선에서 일본으로 넘어간 고려인삼 사포닌 구조를 밝힌 동경대 시바타 쇼지柴田承二 교수는 조사 구성원으로 참여했지만, 제3차 조사때는 조사단 대표로 참여하였다(제17장). 제2차 조사 때에는 미량 분석 검출법은 박층 크로마토그래프법[7](thin layer chromatography, TLC)만 사용하였다. 제3차 조사 때에는 TLC 외 각종 크로마토그래프법 및 천연물의 구조 결정을 위한 발단된 장비들 및 방법들을 이용하였다(그림 1-3). 제3차 조사 때 시바타 쇼지 교수는 인삼과 감초의 성분을 분석하여 각각 주성분인 진세노사이드(ginsenosides)와 글리시리진(glycyrrhizin)의 존재를 확인했다(표

7 박층 크로마토그래프법(thin layer chromatography, TLC) : 천연물(예, 인삼)에 들어있는 성분의 정성적 시료 분석과 정량적 시료 분석에 널리 사용되는 다용도의 분리 방법

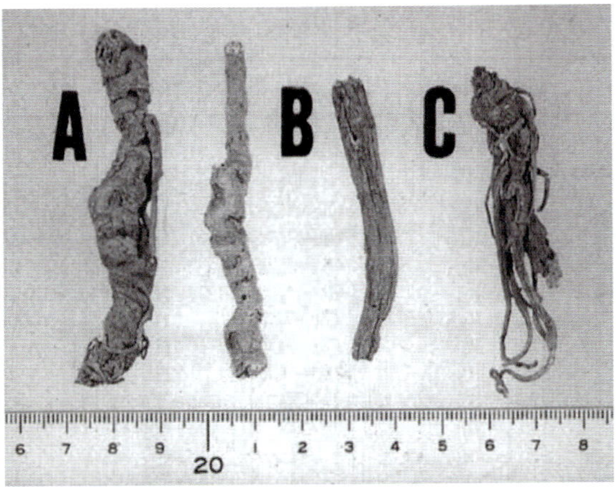

그림 1-3 시바타 쇼지 교수가 화학분석을 위하여 사용한 쇼소인에 보관된 인삼(예, N-122). A: 인삼 줄기(rhizome); B: 주근(main root); C: 주근과 같이 있는 잔뿌리들(main root-with branching).

1-1). 대황大黃에서도 sennoside A와 B를 미량으로 확인했다. 1,270년 이상을 지나도 보관된 약재들에서 성분이 남아 있다는 것은 놀랍다. 시바타 교수는 인삼 사포닌 구조를 밝혔을 뿐만아니라(제17장), 현대 과학적인 방법을 이용하여 쇼소인에 보관된 1,270년 된 인삼이 진짜라는 것을 과학적으로 규명하는데 기여하였다.

표 1-1 쇼소인에 저장된 인삼 sample에 함유된 개별 진세노사이드 함량(%)

	진세노사이드 Rx (%)								
Samples	Ro	Rb1	Rb2	Rc	Rd	Re	Rf	Rg1	Rg2
N-122A	1.12	4.04	1.79	1.21	0.69	0.56	0.38	0.84	0.28
N-122B	–	6.75	4.26	2.72	0.91	0.90	0.56	0.88	0.42
N-122C	1.03	5.12	2.87	2.17	1.19	0.54	0.50	1.09	0.25
Ginseng[a]	0.03	0.41	0.34	0.27	0.07	0.18	0.02	0.34	0.01

[a]한국산 백삼(Commercial White Korean Ginseng)

현대 과학자의 분석 및 검증을 통하여 1270년 된 고려인삼이 일본에 현존하고 있음을 증명되었다.

◆ 참고문헌

柴田承二, 正倉 院薬物 第2次調査 報告, 正倉 院紀要, 20, 41-58(1998).

柴田承二 指田 豊, 正倉院の薬物と厚朴. Pharmaceutical Society of Japan, v46, 323-327(2010)

文化財の理化学調査の歩みと正倉院薬物の調査(Progress in the Development of Research on Cultural Properties and Shosoin Drugs), 薬史学雑誌 48(2), 108-113(2013)

조선인삼비사, 카와시마 유지(1993, 원저)(번역본 출간 p.31. 나승열, 2025)

Shibata S. Chemical Investigation of the Crude Drugs Stored in Shosoin for over Twelve Hundred Years. Int. J. Pharmacog., 32 No. 1, pp. 75-89 (1994).

2 중국 이시진의 본초강목

◆ 중국의 종합 약재 백과사전으로서 본초강목

본초本草라는 의미는 중의학 혹은 한의학에서 사용되는 약재(약초)를 가리키는 말이다. 영어로 허브(herb)라고도 한다. 본초 종류에는 인삼 등과 같이 식물성에서 유래한 약재들, 녹용 등의 동물에서 유래한 동물성 약재와 광물에서 유래한 광물성 약재와 기타 약재(흙, 옥, 돌, 물고기 등)들이 있다. 강목綱目의 의미는 사물의 대략적인 줄거리와 자세한 설명을 의미한다. 그래서, 이시진李時珍(1518~1593년)이 지은 본초강목의 뜻은 중국 의학에서 사용되는 다양한 약재들 종류를 포함하고, 약재들의 효능을 자세하게 설명한 중국에서 발간한 약재 백과사전을 의미한다(그림 2-1).

본초강목本草綱目(중국 약재 백과사전, 1596년, 이시진의 아들이 출간했다고 함) 편찬을 위하여 이시진은 다른 사람 도움 없이 혼자서 약 30년에 걸쳐 작성하였다. 800여 종의 문헌을 참고하여, 총 52권을 수록하였다. 본초 종류는 1892종(374종은 새로 받아들인 것), 1109장의 도해와 11,096종의 처방이 들어있다. 이 중 8,000여개는 이시진 자신이 수집·확인하였다. 약마다 이름을 해석하였으며, 명칭을 현지 고증하고, 산지를 수록/채집하고, 그때까지 있던 다른 중의학서 오류들을 바로 잡았다고 한다. 약의 제조법과 민간에 떠도는 처방도 수집하여 책에 실었다. 본초강목은 16세기 말인 1596년 남경에서 출판되었

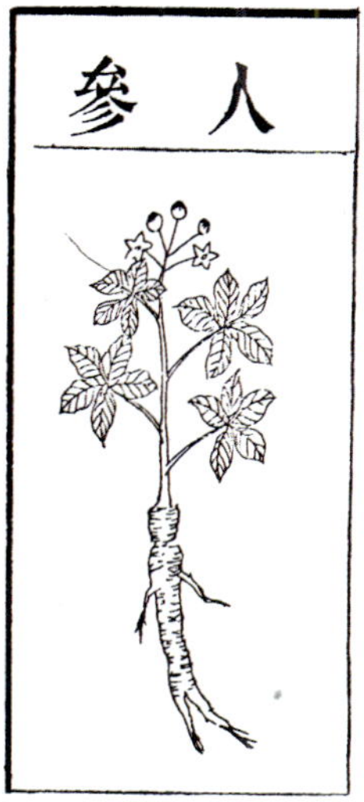

그림 2-1 이시진의 본초강목에 소개된 인삼 그림. 사람의 팔다리와 유사한 형태 뿌리가 흥미롭다. 아마도 사람 모양의 인삼이 효능이 뛰어나다는 인식이 여기에서 출발하지 않았나 생각된다. 제9장 1765년 사카노우에 노부로가 출간한 조선인삼경작기에서도, 이와 유사한 인삼 그림들이 나오고, 사람 형태를 얼마나 닮은 것에 따라 인삼 가치가 평가된다고 기록하고 있다. 그림의 인삼잎은 실물과 다르다. 인삼이라는 한자도 한국에서 사용하고 있는 것과 다르다.

다. 본초강목이 유명해진 이유는 그 동안 전해 내려온 중국 의학서들의 내용을 총망라해서 정리한 집대성한 본초서라는 의미가 크다. 본초강목에 인삼 그림과 인삼과 관련된 내용이 포함되어 있다(그림 2-2).

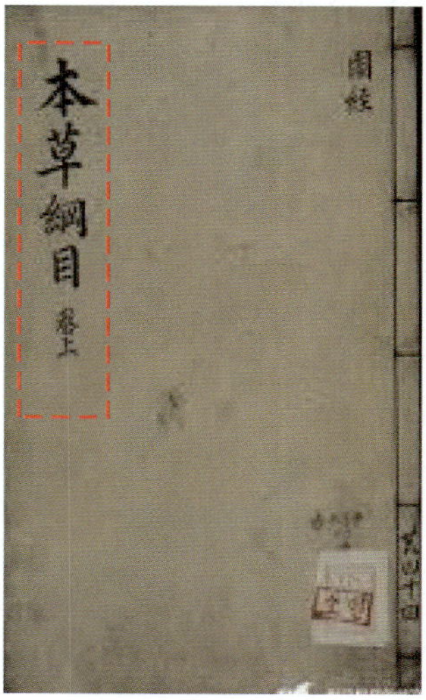

그림 2-2 이시진의 본초강목 제목(붉은 box)

이시진은 "본초강목(약물 백과사전)"에 기록된 인삼의 주요 산지나 국가를 특정하지 않아 고려인삼인지 혹은 중국산 인삼인지 명확하지 않다. 본초강목에서는 삼국시대 한반도에서 채취된 산삼(예, 신라삼新羅蔘)이 중국으로 수출되었다는 기록이 있다. 인삼을 인공 재배하기 전 산삼 주산지는 한반도(고구려·백제·신라), 중국 상당上堂지역이나 태행太行산맥[8]과 동북 3성 지역 일부였다는 기록이 있다. 따라서, 아래 본초강목 이전에 출간된 중의학서나 본초강목에 기록된 인삼 기원 및 효능은 특정 국가에서 생산된 인삼이 아니라, 동북아시아 지역에서 인공 재배된 인삼이나 채취된 산삼의 포괄적 의미로 생각된다.

본초강목 이전에 출간된 인삼 효능에 대한 기술을 포함하는 주요 중의학 서적은 신농본초경과 명의별록이 있다.

신농본초경에는 인삼감미人 味甘(인삼 맛은 단맛). 미한微寒(약간 차가운 성질), 주보오장主補五 (간, 신장, 심장, 폐 및 바장 기능을 강화). 안정신安精神(흥분을 가라앉히는 역할), 정혼백定魂塊(넋을 안정시킴). 지경계止驚悸(놀라거나 가슴이 두근거리는 것 억제), 제사기除邪気(사람 몸에 병을 일으킨다는 미신적인 나쁜 기운 제거), 명목明目(눈을 맑게 해 줌), 개심開心(심장을 안정시킴), 익지益智(지혜롭게 함), 구복경신연년久服軽身延年(일반적인 신체상태를 개선해주고, 생명을 연장시킴)의 효능이 있다고 기록되어 있다.

명의별록에는 인삼미온人参微温(성질은 약간 따뜻함), 무독無毒(독성이 없음). 요장위중냉療腸胃中冷(위와 장의 찬 증상을 치료함), 자심복고통兹心腹鼓痛(가슴과 배가 아픈 것을 줄임), 흉역만胸逆満(가슴과 옆구리가 싸이는 것을 막아주고). 소진난토역消震乱吐逆(거꾸로 토하는 것을 억제함), 조중지소갈調中止消渴(조중을 조절하여 목이 마르고 오줌이나 오는 병, 즉 소갈증을 멈추게 함), 통혈맥通血脈(혈관을 통한 혈액이 잘 통하게 함), 파견적破堅積(응어리 진 것을 풀어줌), 영인불망令人不忘(사람 기억력 감소, 즉 건망증을 억제함)라고 기록되어 있다.

8 상당(上堂) 지역이나 태행(太行) 산맥 : 중국 북경 아래 지역에 위치한 산악지대

여기에 이시진의 **본초강목**에는 추가로 치남부일절허증治男婦一切虛証(남성과 여성의 부족한 부분), 발열発熱(열이남), 자한自汗(땀이 많이 남), 현운眩運(어지러움), 두통頭痛, 반위反胃(음식을 먹으면 토하는 증상 혹은 위암), 토식피료吐食疲疲(음식을 토하는 것으로 인한 피로), 구리久痢(설사의 일종인 이질), 소변빈도小便頻数(소변의 빈도와 수가 많음), 임외노권淋猥労倦(땀이 많이나 흠뻑젖다), 내상内傷(장기손상), 중풍中風, 중서中暑(더위로 인하여 두통이 나고 체온이 높아지고 맥박이 약해지며 심하면 까무러치기도 하는 병), 담비痰痺(담痰 또는 거품이 섞인 느침(길게 질질 흐르는 끈적끈적한 침)), 토혈吐血(피를 토함), 수혈嗽血(기침으로 인한 출혈), 하혈下血(상부 위장관 출혈을 동반한 흑갈색의 타르와 같은 변을 가리킨다). 흑변黑便(검은변이라고도 하며, 이에 대한 출혈의 의미로), 혈림血淋(오줌에 섞여 나오는 피), 혈붕血崩(월경주기와 무관하게 불규칙적인 출혈이 일어나는 병증), 태전산후제병胎前産後諸病(여성의 산전 및 산후 질환).

중의학 16세기 명나라 이시진이 저술한 본초강목 이후, 새로운 중국 의학서 발간과 중국 의학 발전에 큰 진전이 없었다. 현대 중국의 공정본 초서라고 할 수 있는 “중약지中薬志”의 인삼 치료 효능을 요약해 보면 다음과 같이 기술하고 있다. 기혈허약気血虛弱(양기부족), 진액부족津液不足(생물의 몸 안에서 생겨나는 체액부족), 신권식소무력神倦食少無力(신이나지 않고 무기력함), 기단서촉다한気短喘促多汗(성질이 급하고 땀이 많이 남), 돈계선망惇悸善忘(가슴이 두근 거리고, 건망증이 있음), 구갈불지口渴不止(입의 갈증이 그치지 않음), 현대 남녀 양담 및 일체급 만성병 인기적허탈 등現代男女陽痰及一切急慢性病引起的虛脱等(현대 남녀가 가래가 많고 만성질환으로 기가 허탈할 때 등)으로 되어 있다.

이를 종합하여 보면 인삼 7가지 효능으로 정리할 수 있다.

1. 보기구탈(補氣救脫)

원기를 보충하여 준다. 그 결과 각종 급만성의 질병으로 인하여 체력이 쇠약해졌을 때나 일시적인 허탈 상태를 막아준다. 즉, 체력을 증진시킨다.

2. 익혈복맥(益血復脈)

혈액생성을 활발하게 하여 폐과 비장의 기능을 도와준다. 빈혈로 인한 신체 신진대사 이상을 개선함과 동시에 조혈과 혈액 순환을 원활하게 해준다.

3. 양심안신(養心安神)

마음을 평안하게 하여 신경을 안정시킨다. 혈액 순환이 원활하지 않거나, 심장의 기능 저하로부터 생기는 정신 불안을 줄인다. 그 결과, 각종 스트레스 해소효과가 있다.

4. 생진지갈(生津止渴)

폐, 비장 및 위의 기능 부족을 개선하여 신체 기능을 증진시킨다. 인체가 필요로 하는 체액을 충당하여 줌으로써 갈증을 해소시켜 주는 작용을 한다. 즉, 당뇨병에 유효하다.

5. 보폐정천(補肺定喘)

폐의 기능이 약하여 일어나는 천식(喘息) 및 해수(咳嗽) 등의 증상을 개선시키고, 비위(脾胃)의 기를 도와 정기를 충실케 해준다. 즉, 호흡기를 안정시켜 줌으로써 호흡기 질환에 효과가 있다.

6. 건비지사(健脾止瀉)

위장관(胃腸管)을 튼튼하게 하여 줌으로써 설사를 멈추게 하며, 소화기관을 튼튼하게 하여 소화 기능을 돕는다.

7. 탁독합창(托毒合瘡)

몸 안으로 들어온 해로운 독소를 제거해 주고, 대사기능 부족 때문에 생기는 병에 대하여 저항력을 증진시켜 주며, 피부의 기능을 정상화시키고 항암 작용을 한다.

◆ 동북아시아 인삼 효능을 서구 사회에 처음 알린 원조 약재 백과사전

16세기 말 이시진이 저술한 본초강목이 출간되었을 때, 역사적 우연인지도 몰라도, 16~17세기 유럽의 대항해 시대 시작과 맞물려 유럽 국가들이 신대륙에 식민지 건설과 인도, 동남아시아, 중국 및 일본으로 자국의 이익을 위하여 해상 무역 확장의 시기이다. 즉, 서유럽 국가들은 항해 기술이 발달하자, 그 동안 유럽 지중해와 비단길(silk road)에 국한된 무역을 대서양, 인도양 및 태평양등 전 세계로 넓혀서 국제무역을 통한 국가 이익과 식민지를 개척하였다. 특히, 인도와 중국의 경우, 그 동안 인도 및 중국 특산물들(예, 차, 각종 약재, 향료와 비단)이 비단길을 통하여 유럽에 도달하였지만, 배를 이용하면 육로보다 더 많은 이익과 장점들이 발생한다는 것을 알았다.

대항해 시대에 빼놓을 수 없는 것은 유럽 예수회[9] 역할이다(제6장). 유럽의 무역 일꾼들과 함께 배를 타고 중국에 도착한 예수회 선교사들은 유럽에 없지만, 그들이 아플 때 질병 치료에 활용할 수 있는 진기한 약초들이 중국이나 다른 대륙에 많다는 것을 발견했다. 예수회 선교사들이 다른 나라에 머물기 위해서는 자신들의 건강 유지 및 질병 치료와 관련된 현지 약재를 활용하는 것은 매우 중요한 일이다. 더 나아가. 유럽에 없는 뛰어난 약재가 중국 혹은 다른 대륙 현지에 있다면,

9 유럽 예수회 : 1539년 설립된 가톨릭교회의 남자 수도단체. 고등교육과 해외 선교를 강조함.

그것들을 유럽에 보내 활용한다면 그들의 역할을 더 빛낼 수 있기 때문이다.

그 시기에 맞추어 출간된 본초강목이라는 중의학 서적은 유럽이나 예수회 선교사 본인들이 일일이 약초를 실제로 보고, 기록하고, 효능이 무엇인지 자신들이 검증하지 않고도 그 책을 통하여 그 들 자신의 언어로 번역하면 그들이 중국의 약초 지식을 그대로 얻을 수 있으니 얼마나 좋아했을까 상상이 된다. 이와 같이, 이시진이 저술한 본초강목은 인삼을 포함한 중국 약재들을 서구 사회에 소개하는 시발점이 되었다. 그 소개 방법은 유럽 예수회 선교사들을 통하여 서구 유럽으로 처음 소개되었다.

본초강목의 모든 내용은 번역되지 않았지만, 그 당시 유럽인들의 가장 큰 관심 대상이었던 인삼을 포함한 동양의 색다른 약초에 관한 내용은 독일어, 라틴어, 러시아어, 영어, 프랑스어 및 스페인어 등으로 번역되어 세계에 퍼져 나갔다. 따라서, 유럽이나 미국의 의약 연구자, 의학자 및 과학자들이 동양의 인삼을 연구하면서, 중국에서 오랜 기간 임상학적으로, 서지학적으로 공인된 인삼을 소개하고 인삼의 효능에 대하여 기술할 때, 그 내용 대부분은 이시진이 저술한 본초강목에 기술되어 있는 독일어, 라틴어, 영어 혹은 프랑스어 번역본에서 인용하여 기술하였고, 심지어는 박사학위 논문에 인용될 정도였다(제7장).

예를 들면, 미카엘 보임(Michal Boym)이라는 폴란드 출신 예수회 선교사는 이시진의 본초강목에서 기술한 약초들 종자를 직접 유럽으로 보내 유럽 식물원에서 재배하여 질병 치료에 활용할 수 있도록 돕고 싶다고 할 정도였다. 또, 제7장 그림에 나와 있듯이 인삼에 관한 내용으로 세계에서 처음으로 박사 학위를 받은 드 생바스는 자신의 학위 논문에 한자로 "인생" 및 "본초강목 이시진"이라고 쓰여 있을 정도였고 인삼 그림도 첨부했다(그림 2-2). 드 생바스 박사학위 논문 내용은 본초강목에 나온 인삼 효능 내용을 번역한 것을 참고하여 자신의 생각을 추가한 것으로 나온다(제7장).

또 다른 예로, 라피네스크는, 1830년에 발간한 "**Medical Flora(의료용 식물군)**"란 책에서 서양삼(미국 인삼)과 관련된 내용을 기술하고 있다. 서양삼 효능을 설명할 때 내용 대부분은 본초강목이나 다른 중국 의학서에 기록된 동양의 인삼 효능들을 영어로 표현하고 있다. 그 기술 내용을 번역하여 인용하였다(제10장).

중의학서가 주장하는 인삼의 효능들을 서구 사회에서는 한 단어로 만병통치약 panacea이란 이름을 붙이는 계기가 된다(제5장). 그러나, 시간이 지나면서 중의학에서 주장하는 인삼의 만능 효능은 빛을 잃어버린다. 서구 사회에서 인삼의 효능을 검증해 본 결과, 본초강목과 같은 중의학서에서 주장하는 만큼의 효능들이 나타나지 않았기 때문이다. 그 이유에 대한 자세한 설명은 제16장에 서술되어 있다.

◆ 참고문헌

위키백과; 이시진의 본초강목

조선인삼비사(카와시마 유지, 1993)(나승열 번역본, 2025)

3 영국 동인도 회사를 통하여 유럽에 최초로 소개된 고려인삼

1901년 윌리암 포스터(William Foster)라는 사람이 동인도 회사 기록물(East India Company's Records)들을 편집하여 책으로 출간하였다(그림 3-1). 이 편지 내용은 1617년 1월부터 6월까지 동인도 회사에 근무했던 다양한 사람들의 서신 왕래 편지 내용들을 포함하고 있다. 여러 사람들 중, 리차드 콕스(Richard Cocks)는 동인도 회사 직원으로 일본 히라도平戸島[10]에서 무역 일을 담당하면서 구입한 식물에서 유래한 작은 뿌리를 보내면서 편지에 기술한 내용이다.

아래 내용 중, 뿌리(root)가 어느 나라에서 생산한 것인가에 대하여 정확하게 기술되어 있지 않다. 단지, 리차드 콕스 추측에 의해 그 당시 그 뿌리는 "**Corea**"에서 온 인삼이라고 추측한다. 그 이유는, 그 뿌리는 조선에서 공인한 쓰시마 번주藩主[11]만이 수입할 수 있고, 귀하면서 가격이 매우 비싸고, 쓰시마 번주만이 뿌리를 쇼군에게 진상한다는 내용과 약효는 죽어가는 사람이 숨만 쉴 정도의 힘만 있으면 이것을 먹으면 살아날 수 있다는 내용이 있다.

10 히라도(平戸島) : 히라도는 일본 나가사키현 북서부의 히라도섬과 그 주변을 행정구역으로 하는 시이다. 쇄국 전 일본은 히라도에서만 해외 교역을 허용하였다. 따라서, 히라도는 중국이나 네덜란드 영국 등과의 해외 교역을 하는 국제 무역항이었다.

11 번주(藩主) : 일본에서 일정한 토지를 다스리는 영주를 말함, 예, 쓰시마 번주: 쓰시마섬을 다스리는 영주.

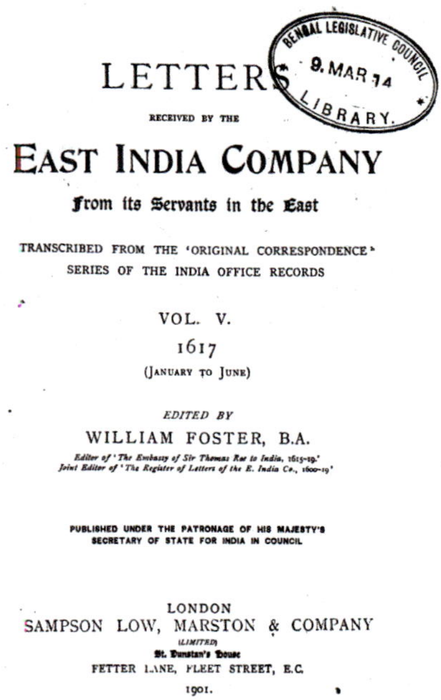

LETTERS

RECEIVED BY THE

EAST INDIA COMPANY

From its Servants in the East

TRANSCRIBED FROM THE 'ORIGINAL CORRESPONDENCE'
SERIES OF THE INDIA OFFICE RECORDS

VOL. V.
1617
(JANUARY TO JUNE)

EDITED BY
WILLIAM FOSTER, B.A.
Editor of 'The Embassy of Sir Thomas Roe to India, 1615-19.'
Joint Editor of 'The Register of Letters of the E. India Co., 1600-19'

PUBLISHED UNDER THE PATRONAGE OF HIS MAJESTY'S
SECRETARY OF STATE FOR INDIA IN COUNCIL

LONDON
SAMPSON LOW, MARSTON & COMPANY
(LIMITED)
St. Dunstan's House
FETTER LANE, FLEET STREET, E.C.
1901.

그림 3-1 1617년 리차드 콕스(Richard Cocks)라는 동인도 회사 직원이 일본에서 구입한 인삼 뿌리를 배편으로 영국으로 보내면서 쓴 편지들을 정리한 문헌. 1901년 출판된 이 책은 콕스외 다른 직원들의 서신들도 포함하고 있다. 또, 인삼외 다른 다양한 물품들 및 여러 국가들에서 온 서신 내용들을 포함하고 있다.

문헌 제목: 동인도 회사가 동부에서 근무하는 직원들로부터 받은 편지(Letters Received by the East India Company From Its Servants in the East).

또, 이 책 출간자인 윌리암 포스터는 다음과 같은 주석을 달았다. "여기서 언급된 **뿌리**는 중국 **인삼**과 동일하거나 연관된 식물에 속하는 것으로 보인다." "The root here refered to seems to belong to a plant identical with, or allied to, the Chinese **ginseng**(radix ninsi, *Panax Shinseng*)."(인삼을 일본말로 "Ninsi"라고도 부른다; "Shinseng"은 "ginseng" 전에 부르던 인삼의 중국식 옛 명칭이다)

참고로, 2025년에 저자가 번역 출간한 "조선인삼비사(카와시마 유지, 1993)" 내용 중 17~18세기 쓰시마 번주는 부산 왜관을 통하여 조선 인삼을 비싼 가격으로 수입한다는 기록이 있다.

비록 일본을 통하여 구입했지만, 그 원산지가 **Corea(한국)**라며 인삼 뿌리에 대한 설명은 2개의 문단으로 짧게 구성되어 있고, 책의 전체 분량은 약 374페이지에 이른다. 따라서, Corea에서 온 신기한 약효를 지닌 뿌리가 영국을 포함한 서구 사회에 처음으로 관심을 불러일으키지는 않았나 추측된다. 또, 이 편지에서 남아프리카 공화국 희망봉(Cape Bona Speranza)에서 구입한 카나[12](Canna)라는 식물 뿌리와도 비교한다. 자세한 내용 일부는 아래 인용한다. 인용 원본은 독자가 직접 읽어 볼 수 있도록 부록으로 첨부하였다.

> "나는 희망봉(Cape Bona Speranza)에서 온 어떤 뿌리가 들어 있는 상자를 Advice라는 불리는 배로부터 받았지만, 여기서는 아무 가치가 없다는 것이 증명되었습니다. 말랐고, 그 안에 아무것도 남지 않았습니다. 여기, 당신에게 그것의 일부와 한국(Corea)에서 온 좋은 것의 또 다른 뿌리 조각을 보냅니다. 그것은 여기 일본에서 은의 무게만큼의 가치가 있어서, 평범한 사람이 손에 넣을 수 있는 것은 아닙니다. 왜냐하면, 그 모든 것이 쓰시마섬의 번주가 쇼군[13]를 위해 가져가기 때문입니다. 쓰시마 번주만이 한국 사람들과 무역할 수 있는 허가를 가지고 있을 뿐입니다. 그리고 그가 쇼군에게 바치는 모든 조공은 뿌리에서 나온 것입니다. 그것은 여기 일본에서 세상에서 가장 귀중한 약으로 여겨지고(그들이 생각하기에) 사람이 숨만 쉴 수만 있다면 생명을 불어 넣기에 충분합니다. 그러나, 그것은 적당히 사용해야 하지 않으면 해롭습니다.

12 카나(Canna) : 남아프리카 공화국에서 자생하는 약초의 하나

13 쇼군 : 쇼군은 전근대 일본의 영외관(令外官) 관직이자 일본 무사의 최고 영예직. 명목상 천황이 관직을 하사하며, 막부의 성립 이후 무가 정권의 최고 통치자이자 일본 국정의 최고 권력자로 발전함

희망봉에도 같은 뿌리가 있지만, 계절에 맞지 않게 수확되어 아무 쓸모없이 시들어(또는 말라서) 버린다고 생각합니다. 우리가 케이프를 지나갈 때 그 중 일부를 모았는데, 첫 번째 것은 미개인에게서 가져온 것으로, 파슬리 뿌리와 비슷하고 맛이 매우 달콤했습니다. 그러나 그것이 잘 말려지지 않았고(있는 그대로) 꽉 차고 튼튼하지 않으며 수축되고 시들지 않았다면, 그것은 아무 가치가 없습니다."

◆ 참고문헌

Foster, William, ed., Letters Received by the East India Company, 6 vols. (London: Sampson Low, Marston & Co., 1896-1902), vol. 5 [January to June, 1617] (1900). p.17~18.

원문 부록 1

I have received a box by the Advice(배이름) with a certain root in it which came from Cape Bona Speranza, but it proveth here worth nothing, it is dried, that no substance remain in it. Herewithal I send your Worship some of it, with another piece of that which is good and cometh out of Corea. It is here worth the weight in silver, but very little to be had in any common man's hand, for that all is taken up for the Emperor by the King of Tushma(쓰시마 번주), who only hath licence to trade with the Coreans; and all the tribute he payeth to the Emperor is of the root. It is held here for the most precious thing for physic that is in the world, and (as they think) is sufficient to put life into any man if he can but draw breath; yet must it be used in measure or else it is hurtful.

I think that at Cape is the same root, but gathered out of season and therefore withereth (or dried) to nothing. I gathered some of those at Cape as we passed by, the first being brought from the savages, it being like a parsely root and very sweet tasting, even as this doth; yet if they be not well dried (as it is) and full and sound, not being shrunk and withered, then they are worth nothing.

4 고려인삼을 이용한 서양 최초 임상 시험

◆ 17~18세기 영국에서 최초 고려인삼 임상 적용 결과에 대한 편지와 에세이

1674년부터 1712년 사이 약 40년간 일본은 조선에서 고려인삼을 의료용으로 대량 수입해 갔다(조선인삼비사, p.72). 조선에서 수입해 간 조선의 고려인삼 일부는 아마도 제3장에서 서술한 바와같이 대항해 시대 영국 동인도 회사가 개척한 일본 무역 항로를 따라 일본의 히라도라는 나가사키 근처 항구에서 영국으로 건너갔을 것으로 추측된다(제2장). 여기서 일본은 수입한 조선 인삼을 유럽에 소개하는 역할을 했다고 예상할 수 있다. 아래 내용은 영국의 윌리암 심슨(William Simpson)이라는 의사가 사용한 인삼의 원산지를 명확하게 지칭은 하지 않았지만, 위에서 언급한 바와같이, 영국 동인도 회사-일본 히라도 무역 항로를 통하여 인삼을 수입한 것이 맞다면, 임상 시험에 고려인삼을 사용했을 확률이 높다.

또, 존 오길비(John Ogilby 혹은 Ogelby, 1600~1676년, 영국의 번역가, 출판업자, 지도 제작자)는 요한 니위호프(Johan Nieuhof, 1618~1672년, 네덜란드 여행가, 외교관)가 1665년 출간한 "동인도 회사 중국기"를 1673년 "An Embassy from the East-India Company"이란 제목으로 영국에서 번역 출간하였다. 이 책의 제15장에 인삼에 대한 소개가 있다. 중국 사람들은 "인삼 뿌리의 최고 가치는 (질병으로 심신이 쇠약해져서) 죽음의 문턱까지 갔던 사람을 회복시킨다 (The sovereign virtue of this Root, that it has recovered some that were brought to deaths door)"라고 기술하고 있다. 본인의 인삼 효능에 대한 임상 시험을 위하여 영국에서 번역 출판된 이 책을 읽어봤을 가능성이 높다.

이를 참고로, 윌리암 심슨은 1680년 "Some observations made upon the ROOT called Nean or Ninsing, imported From the EAST-INDIES(동인도 회사에서 수입된 Nean, 또는 Ninsing이라고 부르는 뿌리에 대한 몇 가지 관찰)"이라는 소책자를 발간한다. 그 당시 왕립학회 회원인 콜웰 씨에게 편지 형식으로 보낸 내용의 소책자이다.

윌리암 심슨은 동인도 회사로부터 수입한 인삼을 다양한 만성 질환자에게 복용시켰다. 4명의 인삼 복용 대상 환자들은 장기간 소모증, 패혈증, 호흡 곤란으로 치료하여 왔고, 류마티즘, 만성질환과 장기간의 질병으로 인하여 신체가 많이 손상된 환자들이었다. 심슨의 관찰에 따르면, 인삼 복용은 신체 회복에 놀라운 효능이 있는 것을 발견한 것이다.

오길비의 번역문을 인용하여, 중국에서는 인삼 1파운드가 은 3파운드만큼 비싸게 거래된다고 기술하고 있고, 그 이유는 인삼은 강장제 역할을 하여 쇠약해진 신체를 회복시키는 회복제 역할을 한다고 서술하고 있다. 따라서, 윌리암 심슨은 이런 중국 의학적 기반을 근거로 다양한 원인에 의하여 쇠약해진 환자(남성, 여성 및 어린이)들을 대상 임상 시험 내용을 실시하고 그 결과를 얻은 것이다. 현대 의학적으로 해석한다면, 공식적인 임상 연구가 아니고, 의사가 수행한 연구자 임상을 수행했던 것으로 예상된다.

인삼을 복용했던 환자들의 특징과 회복 과정을 통하여, **6가지 다른 임상 사례들을 예로 들었다**(부록 참조).

1) 긴 열병으로 쇠약해져 뼈만 남은 남성 환자가 젖소 우유와 인삼 팅크처[14]를 같이 복용할 경우, 식욕이 늘어 체중이 회복됨을 확인하였고,

2) 헐(Hull)이라는 도시에 사는 매우 상당히 부유한 사람이 매우 쇠약해져서 기침과 호흡 곤란, 빠른 맥박, 강렬한 열이 있었고, 특정 시간에는 몸의 여러 부위에 통증이 있었고, 밤에는 불안했고, 음식에 대한 식욕이 없었다. 내 조언이 필요했기 때문에, 나는 그에게 이 (인삼)뿌리로 만든 추출물을 아몬드 밀크에 매일 밤 복용하라고 요청했다. 한 달 후에 그는 살찐 몸이 되었고, 모든 병이 사라졌고, 그는 아직 살아 있으며, 하나님의 영광과 친척들의 위로를 위해 살아 있다.

3) 여성으로 감기에 걸려 심한 쇠약, 마른기침, 가슴과 옆구리에 통증, 손바닥과 발에 열이 나고, 감각이 없어져 쇠약해졌다. 저녁 식사 후에 이 (인삼)뿌리로 만든 주정 추출물(spirits=팅크처와 같은 의미)을 한 번에 열 방울 정도씩 오래된 말라고(mallago, 포도주의 일종) 한 잔에 타서 마시라고 권했다. 얼마 지나지 않아 그녀는 살을 모아 다섯 명의 아이를 가졌다.

4) 폐병에 걸린 어린아이가 6주 동안 인삼 팅크제를 복용하고 튼튼한 아이로 회복하였다.

특히, 질병으로 인하여 몸이 쇠약해진 어린이에게 인삼추출물을 추

14 인삼 팅크처(tincture) : 인삼을 에탄올(에틸알코올 혹은 주정)에 담을 경우 용해되어 나오는 인삼추출물.

천하고 있다. 그 이유는 인삼 추출물은 독성이 없고, 하루에 조금씩만 먹어도 좋은 효과를 얻을 수 있어 **하늘에서 선물한 약**이라고 서술하고 있다.

끝으로, 보일 씨(Mr. Boyle)는 한때 그것이 하늘에서 수천 명의 남자, 여자, 어린이의 생명을 구하기 위해 보내진 약이라고 생각했다고 말했다.

마지막에 Mr. Boyle이라는 언급이 있는데, 이 보일이라는 사람이 유명한 보일의 법칙(Robert Boyle, 1627~1691년)을 발견한 보일인지 불확실하지만, 이 편지가 1680년도에 작성한 것이라서 로버트 보일이 맞을 수도 있다.

◆ 18세기 영국에서 12명의 환자에게 인삼차의 임상 적용에 대한 작은 에세이(essay)

윌리암 심슨이 6명의 환자에서 인삼의 효능에 대한 임상 적용 결과에 대한 편지를 코웰이라는 물리학자에게 보낸 뒤, 106년이 지난 후, 1786년 **벨칭겐과 코프**(Belchigen and Cope)라는 저자의 이름으로 또 다른 영국인은 "**인삼차의 효능(탁월성)과 특성에 대한 에세이**An Essay on the Virtues and Properties of Ginseng Tea"에서 12명의 각기 다른 환자들에게 인삼차를 활용한 임상 사례들을 들고 있다.

윌리암 심슨과 마찬가지로 코프라는 의사가 인삼차를 처방한 환자들은 심신쇠약 심하고 말라서 다른 약물을 처방할 수 없는 환자들에게 인삼차를 처방한 사례와 무기력증, 신경통과 히스테리가 있는 환자들을 대상으로 인삼차의 효능을 관찰한 것을 작은 에세이 형태로 발간하였다.

◆ 17~18세기 3명의 영국 의사들이 인삼을 활용한 임상시험 대상 환자들의 특징

한 가지 흥미로운 사실은, 그 당시 영국을 제외한 유럽의 다른 나라에서는 이런 인삼을 이용한 추가 임상 시험 사례들을 보고한 기록들이 없다는 것이다. 영국의 윌리암 심슨이라는 의사와 벨칭젠과 코프라는 의사는 약 100년 간격으로 인삼 팅크처와 인삼차를 이용하여 각각 임상 시험을 실시하였다. 또, 영국 의사들이 인삼을 이용한 임상 시험 대상 환자들은 특별하다. 즉, 대부분 다양한 만성질환으로 인하여 육체는 매우 말라 있고, 무기력하고, 정신적으로 신경통 및 신경쇠약(히스테리)에 가까운 환자들로, 다른 약을 쓸 수 없을 정도의 말기 환자들을 대상으로 했다는 것이다. 인삼 효능에 대한 임상 시험에서 왜 이런 환자들을 대상으로 했는지에 대한 명확한 설명은 없다. 본 저자가 추측할 수 있는 가장 가능성이 높은 것은 중의학서 "본초강목"에 기술된 내용 중 인삼은 "각종 질병으로 인하여 정신적·육체적으로 마르고 쇠약한 환자들도 모두 치료한다(the Cure of all kinds of Diseases which weaken and emaciate the Body, as likewise for Debilities occasioned by excessive Labour either of the a Body or Mind, 뒤 알드의 중국 통사에서 발췌; 드 생바스의 박사학위 논문에도 유사한 내용이 기술되어 있음) (제7장)"는 내용에 근거를 두지 않았으나 추측된다. 또, 동아시아에서 인삼이 만병통치약이라는 명성을 가지고 있기 때문에, 그 효과를 검증하기 위하여 그런 대상들에게 시도한 것이라고 추측한다.

그러나, 17~18세기 영국에서 행해졌던 인삼의 의학적 치료 효능을 증명하는 후속 연구들이 영국이나 유럽의 다른 나라에서 지속적으로 반복 재현되었다는 임상 연구 결과는 발표되지 않았다. 19세기 미국에서도 서양삼을 이용하여 인삼을 의학적 치료 용도로 활용되었다는 보고들이 있으나, 이들 보고들은 대부분 단편적인 것들이었다.

◆ 참고문헌

Simpson, William, Some Observations Made Upon the Root Called Nean, or Ninsing, Imported from the East-Indies (London, 1680).

Count Belchilgen and J. A. Cope, An Essay on the Virtues and Properties of the Ginseng Tea, with Observations on the Pernicious Effects of Tea Drinking in General (London: Count Belchilgen and J. A. Cope, 1786)

설혜심, 인삼의 세계사 (2020) p.249

https://quod.lib.umich.edu/e/eebo/a56769.0001.001?rgn=main;view=fulltext

Johan Nieuhof, Het Gezantschap or Het Gezantschap aan den grooten Tartarische Cham; Chapter 15: of Root, herbs, flowers, reeds, trees and fruits (Amsterdam, 1665).

English title: An Embassy from the East-India Company translated by Ogi(e)lby (London, 1673)

한글 제목: 동인도 회사 중국기

부 록 1

편지에 대한 간단한 해설

"동인도에서 수입된 Nean 또는 Ninsing이라는 뿌리에 대한 몇 가지 관찰". 소모증, 천식, 호흡 곤란, 류머티즘, 쇠약해진 질병과 장기간의 질병으로 인해 손상된 자연을 회복하는 데 놀라운 효능이 있다고 설명. 1680년 요크셔의 한 의사가 왕립 학회 회원인 콜웰(Colwell)씨에게 보낸 편지에 실음. 런던, 저자를 대신하여 인쇄.

번역한 편지 내용

코웰 선생님께,

저는 몇몇 유명한 신학자들이 왕 에드워드 6세의 의사인 카르단이 세상에 위대한 치유를 행한 비밀을 말하기를 거부했기 때문에, 지금 만세(Heil)라고 선창하고, 인쇄본에 보도하는 것을 아끼지 않았다는 것을 읽었습니다. 따라서, 저는 그러한 비난의 기회를 피하고, 중국, 일본, 그리고 세계의 다른 많은 지역에서 위대한 치유 효능을 지닌, 이 고귀하고 뛰어난 의학을 자유롭게 전파하기로 결심했습니다. 복합적이고 정교한 치료제가 효과가 없는 것으로 판명되었을 때 말입니다.

내가 요크셔의 헐에 살고 있을 때, 그 중 한 꾸러미를 선물로 받았는데, 나는 그것을 놀라울 정도로 잘 썼습니다. 그리고, 특히 앤드류 마블 씨의 친척에게 주었는데, 그는 몹시 쇠약해져서 완벽한 해골만 남았고, 긴 열병과 폐 궤양으로 뼈만 남은 자루에 불과했습니다. 모든 친구들이 절망에 빠지자, 나는 이 뿌리의 팅크처(Tincture)가 효과가 있을지 시험해 보기로 결심했습니다. 그래서, 인삼 팅크처를 매일 아침 따뜻한 붉은 젖소 젖(우유)에 타서 먹였다(내 훌륭한 친구이자 절친한 친구인 프리머로즈 박사는 당나귀 젖보다 젖소 젖 더 좋아하는데, 그의 책인 Popular Errors에서 볼 수 있듯이 말입니다). 그리고 나는 그의 살이 아이처럼 다시 살아나는 것을 보았고, 잃었던 식욕이 회복되었고, 뺨에 본래의 붉은 안색이 되살아났습니다. 그의 낙담한 친척들은 그를 라자루스(Lazarus, 성경에 나오는 나사로) 2세라고 불렀습니다.

나는 모든 비밀을 가장하는 것을 싫어하며, 노스트럼과 개인 의약품을 가장하는 엉터리 처방전을 그저 사기꾼과 서민을 즐겁게 하거나 주머니를 털기 위한 속임수로 여긴다고 엄숙히 선언합니다. 하지만 어떤 사람이 좋은 약을 전할 수 있다면, 그는 자기 자신보다 자기 나라를 더 사랑하는 사람임을 보여주는 것이며, 인류의 감사를 받을 만합니다.

그리고 저는 스카버러 스포(Scarborough Spaw)의 미덕 다음으로(제가 충분히 추천했다고 생각하지만) 이것이 세상에서 가장 좋은 약 중 하나라고 진심으로 믿으며, 많은 경우 폐의 소모증과 질병에 더 효과적이라고 생각합니다.

오글비(Ogleby)는 그의 저서 중국 자연사에서 이 뿌리 1파운드가 그것이 자라는 나라에서 은의 무게의 3배에 팔리기 때문에, 매우 훌륭한 강장제로 여겨진다고 전합니다.

그리고 학식이 풍부한 피소(Piso)라는 의사는 인삼을 자연의 강력한 회복자이자 젊음을 되살리는 약재로 여겼습니다.

대중의 명성에 따르면, 로마의 교황은 매우 나이가 들었을 때 그 직책에 선출되어 이 (인삼)뿌리를 크게 활용하여 병적인(radical) 수분과 자연적인 열을 보존하고, 그래서 더 오랫동안 편안한 고위직(Preferments)을 누릴 수 있다고 합니다.

저는 한때 제 좋은 친구인 스틸(Steel) 목사에게 이 (인삼)뿌리를 추천했는데, 그가 말했듯이 인삼은 그의 건강에 특별한 이점이 있었습니다. 하지만 그가 훌륭한 의사의 보살핌을 받고 있는 것을 보고, 그가 처방한 것 외에는 모든 약을 제쳐두라고 조언했습니다.

사망률 목록을 읽고, 의사의 모든 합리적인 방법과 엉터리 의사와 광대의 허세에도 불구하고 1년 동안 3,000~4,000명의 환자가 사망한 것을 발견했을 때, 저는 더 이상 이 훌륭한 특효약(Specifick)을 숨길 수 없었습니다.

헐(Hull)에 사는 매우 부자인 사람이 매우 쇠약해져서 기침과 호흡 곤란, 빠른 맥박, 강렬한 열이 있었고, 어떤 때는 몸의 여러 부위에 방황하는 듯한 통증이 있었고, 밤에는 불안했고, 음식에 대한 식욕이 없었습니다. 제 조언이 필요해서, 이 뿌리로 만든 추출물(팅크처)을 매일 밤 아몬드 밀크에 타서 마시기를 바랍니다. 그러면 한 달 후에 살이 찌고 통통해졌고, 모든 병이 사라졌고, 그는 아직 살아 있으며, 신의 영광과 친척들의 위로를 위해 살고 있습니다.

한 가지 매우 주목할 만한 것은, 소모증의 원인이 무엇이든 간에, 즉 폐궤양, 혈액 속의 괴혈병, 또는 열병, 또는 정자 혈관의 감염은 시간이 지나면서 여러 가지 변명으로 신체의 전체 습관을 망치고, 신체 부위가 영양분을 소화하지 못하게 하여 야위고 소모증을 유발합니다. 저는 이 중 하나 또는 전부가 원인이 될 수 있다고 말하지만, 이 뿌리는 경험이 증명하듯이 이로운 것으로 판명되었습니다.

요크셔 리즈(Leeds)에 사는 한 숙녀(gentlewoman)의 사례는 매우 주목할 만한데,

그녀는 누워 있을 때 감기에 걸려 심한 쇠약, 마른기침, 가슴과 옆구리 통증, 손바닥과 발에 열이 나고, 감각 없이 쇠약해졌습니다. 많은 의사들이 상담했지만 모두 소용이 없었습니다. 마침내 저는 그녀에게 저녁 식사 후에 오래된 말라고 컵 한 잔에 이 뿌리로 만든 추출물(spirits, tincture와 비슷)을 한 번에 열 방울 정도씩 복용하라고 조언했습니다. 얼마 지나지 않아 그녀는 살을 모으고 다섯 명의 아이를 가졌습니다.

리폰(Rippon)에 살고 있는 상당한 재산을 가진 나의 좋은 친구가 있었는데, 그의 외동아이가 치아가 나는 동안 심한 폐병에 걸렸습니다. 부모는 상속자가 없어 거의 정신이 없었고, 죽음 외에는 아무것도 기대하지 않았으며, 아이는 다른 약으로 지쳐 있었습니다. 나는 이 뿌리로 만든 팅크제(스피릿) 추출물을 추천했습니다. 그리고 6주 만에 아이는 회복되어 강하고 튼튼해졌고, 어른이 되었습니다.

이러한 예와 이와 비슷한 많은 예를 들 수 있는데, 이러한 잘 알려지고 안전하며 경험이 풍부한 치료법을 사용하는 데 큰 격려가 되며, 이 치료법은 매우 즐겁고, 소량의 방울(Droppings)로만 복용하면 됩니다. 이를 통해 아이들이 치아가 나는 어린 시절 동안 병들어가는 것을 매일 경험하면 많은 다정한 어머니들의 큰 슬픔을 느끼게 됩니다.

요크에서 여섯 아이를 묻은 내 친구는 이 뿌리로 일곱 번째(신의 보호 아래)아이를 살렸습니다. 그것은 열이 없고, 매우 온화하며, 모든 음식과 숟가락 고기에 넣어 먹을 수 있습니다.

보일 씨는 한때 그것이 하늘에서 수천 명의 남자, 여자, 어린이의 생명을 구하기 위해 보내진 약이라고 생각했다고 나에게 말했습니다.

끝.

원본 부록 2

SOME OBSERVATIONS Made upon the ROOT called Nean, or Ninsing, IMPORTED From the*EAST-INDIES.* SHEWING Its wonderful Virtue, in curing *Consumptions, Ptissicks, Shortness of Breath, Distillation of Rhume,* and restoring Nature after it hath been Impaired by Languishing Distempers, and long Fits of Sickness. Publisht by a Doctor of Physick in *York-shire,* in a Letter to Mr.*Colwell,* a Member of the *Royal Society,* 1680. *LONDON,* Printed for the Author.

SIR,

I Have read that some famous Divines have not spared to report in Print, that they believed Cardan Physician to King Edward the Sixth, was now in Heil, because he refused to tell the World a Secret with which he wrought great Cures. And therefore for my part, I am resolved to prevent the Occasion of any such Censure, and freely Communicate this Noble and Excellent Medicine, that hath done such great Cures in China, Japan, and many other parts of the World, when abundance of compounded Elaborate Remedies have proved ineffectual.

When I lived at Hull in Yorkshire, a parcel of it was given me for a Present, which I used with wonderful success: And particularly, to a Relation of Mr. Andrew Marvel's, who was much emaciated, and reduced unto a perfect Skeleton, a meer Bag of Bones, by a long Hectick Feaver, joyned with an Ulcer of the Lungs; being despaired of by all Friends, I was resolved to try what the Tincture of this Root would doe, which I gave every Morning in Red Cows Milk, warm from her Duggs, (which my worthy Friend and intimate Acquaintance, Dr. Primrose, preferrs before Asses Milk, as you may see in his Book called Popular Errors): And I found his Flesh to come again like that of a Child, and his lost Appetite restored, and his natural Ruddy Complexion revived in his Cheeks, to the Amazement of his desponding Relations, that he was called Lazarus the Second.

I solemnly profess, that I hate all Pretences to Secrets, and I look upon the Printed Bills of Quacks, who pretend to Nostrums, and private Medicines, to be meer Cheats, and Tricks to amuse the common People, and to pick their Pockets: But if any Man can communicate a good Medicine, he shews himself a Lover of his Countrey more than of himself, and deserves Thanks of Mankind.

And for my part, I verily believe, that next unto the Virtue of Scarborough Spaw, (which I suppose I have sufficiently recommended) I think this is one of the best Medicines in the World, and in many cases better against Consumptions and Distempers of the Lungs than that.

Ogleby in his Natural History of China, tells the World, that a Pound of this Root is sold in the Countrey wherein it growes, for three times its weight in Silver, it is looked upon as so great a Cordial.

And Piso that Learned Physician esteems it a mighty Restorer of Nature, and as far as may be a Renewer of Youth.

Publick Fame saith, that the Popes of Rome, who are chosen to that Office when they are very Old, doe make great use of this Root, to preserve their Radical Moisture and natural Heat, that so they may the longer enjoy their Comfortable Preferments.

I once recommended this Root to my good Friend Mr. Steel the Minister, with singular advantage to his Health, as he told me; but finding him under the Care of an Excellent Physician, I advised him to lay aside all Medecins but what he prescribed.

When I read the Bills of Mortality, and find three or four Thousand dye in a Year of Consumptions, notwithstanding all the rational Methods of Physicians, and the boasting Pretences of Quacks and Mountebanks, I could no longer conceal this Excellent Specifick.

A very considerable Person at Hull, who was ve ry much pined away, had a Cough and Shortness of Breath, a Quick Pulse, and an intense Heat, at some certain times, with wandering Pains in several parts of his Body, and restless Nights, and no Appetite to Food; my Advice being desired, I wisht him to take the Extract made with this Root every Night in Almond-Milk, and in a Months time he gtew fat and plump, and all his ill symptoms left him, and he is yet alive, to the Glory of God, and the Comfort of his Relations.

One thing is very remarkable, that let the Cause of the Consumption be what it will, viz. an Ulcer of the Lungs, or a Scorbutick sharp Humour in the Blood, or a Hectick Feaver, or the Infection of the Spermatick Vessels, which in time and in various Disguises spoyls the whole Habit of the Body, and by disabling the parts to digest their Nourishment, bring Leanness and Consumption; I say let any of these, or all of them, be Causes, yet this Root proves advantageous, as Experience testifies.

The Case of the Gentlewoman at Leeds in Yorkshire is very remarkable, who catching cold in her Lying in, fell under great Weakness, a dry Cough, Stitches in her Brest and Sides, Heat in her Palms and Feet, pining away insensibly; many Physicians were consulted, but all in vain; at last I advised her to take the Spirit made of this Root, about ten Drops at a time, in a Glass of old Mallago after Dinner. In a short time after she gathered her Flesh, and had Five Children.

At Rippon there was a Good Friend of mine, of a considerable Estate, whose only Child falling into a deep Consumption upon his Breeding of Teeth, the Parents being almost distracted for want of an Heir, nothing else being expected but Death, and the Child being tyred out with other Medicines, I recommended the Tincture, Spirit and Extract made of this Root; and in six Weeks time the Child mended and grew strong and lusty, and is like to be a Man.

These and many such Examples might be given, which are great Encouragement to make use of such a known, safe, and experienced Remedy, and so very pleasant as this is, being taken only in Drops, whereby it becomes extreamly agreeable unto Children, who pine away upon breeding their Teeth, as daily Experience shews, to the great Grief of many tender Mothers.

A Friend of mine at York who buried Six Children, preserved the seventh (under God) with this Root; for it hath no manner of Heat, but is exceeding temperate, and may be given in all their Victuals and Spoon-meat.

Mr. Boyle once told me, he thought it was a Medicine sent from Heaven, to save the Lives of Thousands of Men, Women and Children.

FINIS.

5 인삼 자생지가 한국이라는 최초 언급과 만병통치약이라는 명칭의 탄생

영국 왕립학회에서 1665~1666년 처음 발간한 **철학 회보 1** (Philosophical Transactions 1)[15]에 중국 의사들의 질병 진단법(특히 진맥)과 치료법과 인삼이 함께 소개된다. 철학회보에서 인삼은 회복제와 강장제로 사용되며, 은 무게의 3배로 교환된다고 서술되고 있다. 아래 내용은 철학회보에 실린 번역 내용이다.

중국의 의사들은 질병을 매우 쉽고 빠르게 치료합니다. 약초, 나무, 돌의 성질과 장소에 관한 매우 오래된 서적을 보유하고 있습니다. 현대 의사들(그리고 고대 의사들)은 질병의 예후, 원인과 결과 등에 대해 기록합니다. 그들의 치료법은 대부분 사혈을 사용하지 않고 단약, 탕약, 찜질, 마찰로 구성됩니다. 그들은 맥(진맥)을 감지하는 뛰어난 기술과 방법을 가지고 있어, 이를 통해 질병의 가장 잠재적인 원인까지 발견합니다. 환자를 방문할 때 맥을 감지하고 검사하는 데 무려 30분이 걸립니다. 그들은 약초를 많이 사용합니다. 그리고 그들이 마시는 것이 무엇이든지 항상 따뜻합니다. 두 나라의 관습에 따르면, 중국 사람들은 침을 거의 뱉지 않고, 결석이나 통풍에 걸리지 않습니다. 그들은 인삼을 특별한 회복제이자 강장제로 높이 평가하며, 고통받는 사람을 자주 회복시키는데, 인

15 철학회보 : "영국 왕립학회 철학회보"를 지칭하는 것으로, 영국 왕립학회가 발행하는 과학 학술지를 뜻한다. 즉, 과학 연구와 관련된 논문, 연구 결과, 관찰 내용 등을 싣는 학술지다. 철학적 거래라는 명칭은 자연철학을 의미하며, 이는 현재의 과학과 유사한 개념이다. "철학회보"는 1665년에 설립된 세계에서 가장 오래된 과학 학술지 중 하나다. 왕립학회의 공식 회보로, 왕립학회의 과학적 성과를 널리 알리는 데 중요한 역할을 했다. 따라서, "철학회보"는 학문과 과학, 특히 자연철학 분야의 중요한 학술적 자료를 제공하는 매체로 이해할 수 있다.

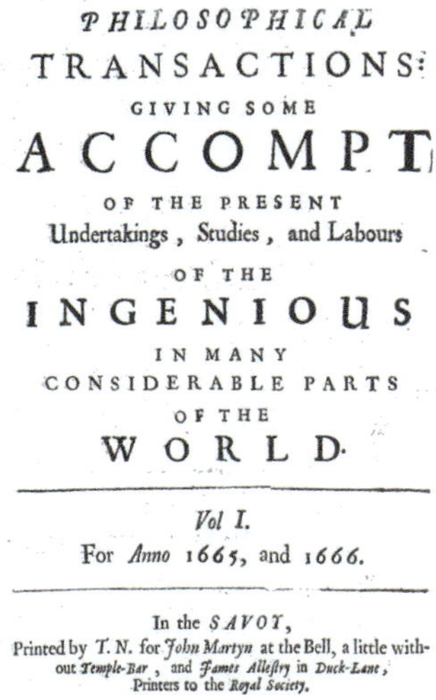
PHILOSOPHICAL
TRANSACTIONS:
GIVING SOME
ACCOMPT
OF THE PRESENT
Undertakings, Studies, and Labours
OF THE
INGENIOUS
IN MANY
CONSIDERABLE PARTS
OF THE
WORLD.

Vol I.
For *Anno* 1665, and 1666.

In the *SAVOY*,
Printed by *T. N.* for *John Martyn* at the Bell, a little without *Temple-Bar*, and *James Allestry* in *Duck-Lane*, Printers to the *Royal Society*.

그림 5-1 1665/1666년에 발간된 철학 회보.

표지명: 세계 여러 지역의 독창적인 연구, 노력, 사업에 대한 일부 설명(Philosophical transactions: giving some accompt of the present undertaking, studies, and labours of the ingenious in many considerable parts of the world). 인삼에 대한 간단한 소개는 p.249에 있다.

> 삼 1파운드를 은 3파운드와 교환합니다. 그들의 약사들(그들도 많은 약사들을 보유하고 있습니다)은 우리보다 더 뛰어난 약사들입니다. 금을 만들 뿐만 아니라 불로불사를 주겠다고 약속합니다.
>
> Philosophical Transactions 1(1665~1666), p.249

이어서, 17세기 말인 1688년, 영국의 **존 레이**(John Ray, 1627~1705년, 자연주의자/동식물연구가)가 출간한 "Historia Platarum" 3권의 책을 출간하였다. 인삼에 대한 소개는 vol 2의 p.362에서 인삼을 간단하게 소개한다. 존 레이는 인삼이 자라는 자생지는 **"Coreæ(한국)"**이며, 중국 본초강목에 나온 인삼의 다양한 효능들을 한마디로 **"만병통치약(Panacea)"**이라고 처음으로 기술한다(그림 5-2).

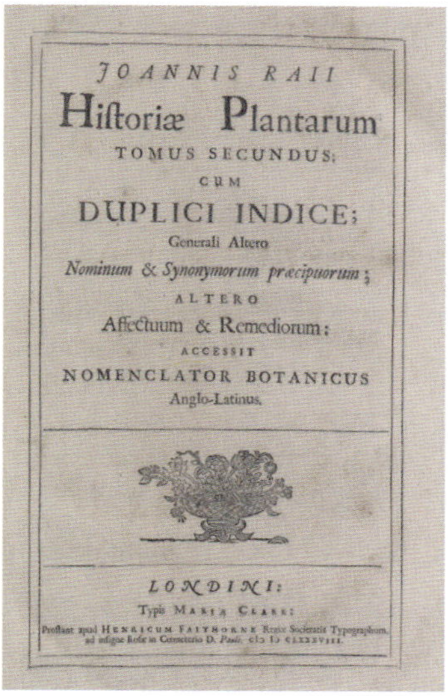

JOANNIS RAII

Hiſtoriæ Plantarum

TOMUS SECUNDUS;

CUM

DUPLICI INDICE;

Generali Altero

Nominum & Synonymorum præcipuorum;

ALTERO

Affectuum & Remediorum:

ACCESSIT

NOMENCLATOR BOTANICUS

Anglo-Latinus.

LONDINI:

Typis MARIÆ CLARK:

Proſtant apud HENRICUM FAITHORNE Regiæ Societatis Typographum, ad inſigne Roſæ in Cœmeterio D. *Pauli*. CIƆ IƆ CLXXXVIII.

그림 5-2 **영국의 존 레이가 1688년 라틴어로 쓴 Historia Platarum이란 문헌에서 처음으로 인삼 자생지가 Corea라고 언급함.**

비록 인삼에 대한 짧은 소개이지만, 그 당시 유명한 과학지에 다른 식물과의 인삼의 유사성, 인삼 효능과 인삼을 복용하는 국가들과 복용 방법들을 서술하고 있다. 또, 한 가지 흥미로운 것은 처음 인삼이 서구 사회에 동인도 회사를 통하여 소개돼서 그런지 "닌진(Ninzin)"이라는 일본식 인삼 명칭을 사용하고 있다. 아마 17세기 당시, 일본을 통하여 인삼을 서구 사회에 전달되었기 때문으로 예상된다(제3장). 또, 존 레이가 기술한 내용 중 지금과는 맞지 않은 내용들이 있다.

존 레이 기술한 번역한 내용과 원문은 아래에 인용되어 있다(본 원본 내용은 **라틴어**로 되어있어 번역이 약간 잘못되어 있을 수 있다).

> 라딕스 닌진 피소니 만티프 뿌리, 방향성 냄새, 어떤 사람들은 인삼 혹은 젠싱이라고 부릅니다.

벨기에 파스닙인 헬핀의 잎은 매우 비슷합니다. 파스닙의 뿌리는 크기가 훨씬 큰 반면, 디지탈리스의 뿌리는 길이와 둘레만 커지고 끝은 실처럼 납니다. 색깔은 희끄무레한 노란색이며, 맛은 달콤하고 불쾌하지 않은 풍부한 맛이 납니다. 이 나무가 자라는 곳은 지중해 연안의 한국 왕국뿐이며, 바다로부터 200리그(약 300 km) 이상 떨어져 있습니다. 이 유명한 만병통치약은 Corea 왕국의 주민들뿐만 아니라 중국과 일본의 주민들도 사용하며, 그들은 마치 신성한 닻에 매달리듯이 이것에 매달립니다. 그러나 그들은 항상 어리석게나 암묵적으로 그것을 사용하는 것은 아니고 어떤 식으로든 다른 토착 치료법과 섞어서 사용하는데, 이것이 닌진 조성물의 기초로 남아 있습니다. 하지만 첨가된 약재들은 한국 주민들이 감추고 자신만의 비밀로 간직합니다. 그러나 간질성 운동 이상, 현기증, 경련, 부종, 저체온증, 콜레라 등과 같은 엄청난 자연의 악을 극복해야 할 때에는, 그러면 의사들은 이 뿌리에 강력한 첨가물을 매개체로 첨가하여 강도를 더합니다. 그러나 사실 이 혼합물은 기운이 없고 무기력한 사람들이 사용할 뿐만 아니라, 악성 및 독성 질환에 대한 방부제로 국내외에서 항상 비축해 둡니다. 예를 들어, 그들은 하루에 두 번 신선한 뿌리를 작은 조각으로 씹습니다. 이를 통해 모든 사람이 힘과 마음, 그리고 활력이 기적적으로 회복되었다고 증언합니다. 지금까지 피소. 파스닙과 비슷하기 때문에 책으로 다시 쓸 수도 있습니다. 제9장. 19.

◆ 참고문헌

Philosophical Transactions 1(1665~1666), p249.

John Ray, *Historia Plantarum* (The History of Plants)(1686, vol2, p362).

Philosophical Transactions 1(1666년, p249)

That the Physicians of China do cure Sickness with much ease, and in a short time: That they have very ancient Books of the nature and venues of Herbs, Trees and Stones: That their Modern Physicians (as well as their Ancient ones did) write of the Prognosticks, Cause and Effects, etc, of Diseases. That their Remedies consist for the most part of Simples and Decoction, Cauteries, Frictions; without the use of Blood-letting: That they have such an excellent skill and method in feeling the Pulse, that by the means thereof they discover even the most latent causes of Diseases; taking a good half hour, when they visit a Patient, in feeling and examining his Pulse: That they prescribe much the use of The; and the drinking always warms, whatever they drink: To the custome of both which its imputed that the inhabitants of China do spit very little, nor are subject to the Stone or Gout: That they prise highly the Root Ginseng, as an extraordinary Restorative and Cordiall, recovering frequently with it agonizing person; one pound of it being paid with 3 pounds of silver. As for their Chymists, (of which they have also good store); they go beyond ours; promising not only to make Gold but go give Immortality.

John Ray

Cap. XX,

Radix Ninzin Pisonis Mantis. Arom. Quibusdam Ginseng & Gensing,

Folia Pastinacæ sativæ Geel-peen Belgis dictæ fimilia sunt. Radix magnitudine Pastinacis multùm cedit, ut quæ digitalis tantùm fit longitudinis & craffitiei, in fine filamentosa: colore ex flavo albescente, sapore subdulci, non ingrato, pingui.

Nullibi quàm in Regno Coreæ crescit, inq, mediterraneis ejus partibus, 200 plus leucis à mari remotis.

Hujus decantatæ Panaceæ usus eft non solùm apud incolas Regni Coreæ, sed & Tankinde Chinæ & Japonia, adeóque ad illam tanquam ad sacram anchoram configiunt, quâ tamen non semper folâ & limplici utuntur, sed utcunque aliis remediis nativis mixtâ, manente Ninzin Compositionis basi. Illa autem medicamenta quæ adduntur Coreæ incolæ celant & tanquam arcanum fibi reservant. Quando autem animus est expugnare magnos aliquos naturæ hoftes, ut motus Epilepticos, Vertigines, Spalsmos, Hydropes, Lipothymias, Choleras &c. tunc medici robur addunt huic radici ex valido aliquo additamento pro vehiculo. At verò nulli alteri mixta omnibus languidioribus & cachecticis non solùm in usu est, sed eam tanquam præservans contra malignos & venenatos affectus domi forísque perpetuò ad manus habent, atg, bis térve de die exiguam particulam recentis radicis masticant; unde mirificè virium restaurationem, cordísq, refectionem omnes se experiri testantur. Hactenus Piso. Ob Similitudinem ad Pastinacam reterri potest, lib. 9. cap. 19.

6 프랑스 예수회 신부들에 의한 고려인삼의 세계화를 시작 알리는 편지와 메모

프랑스를 포함한 유럽에서는 인삼이 자생하지 않았다. 예수회 신부 선교사들이 유럽에 고려인삼을 소개하는 선구자 역할을 한다. 전 세계 사람들에게 예수의 복음을 전파하는 선교 활동 중에 신부들이 세계 각처에서 활동과 경험을 보고서 형식으로 예수회에 보고한다. 이 보고서들은 전 세계에 파견된 다른 신부들과 같이 공유하게 된다.

1711년 프랑스 예수회 자르투 신부는 만주 지도 작성 중에 **타타르인**[16]이 제공하는 야생삼(산삼)을 직접 경험하게 된다. 또, 자르투 신부가 야생삼에 대한 생생한 경험을 프랑스에 보고하자, 1718년 캐나다에 있던 라피토 신부가 이 보고서를 읽고 북미에서 자생하는 인삼(서양삼)을 발견하게 된다. 각기 다른 대륙에서 두 신부에 의한 인삼 발견에 대한 이야기를 아래에 요약하였다.

◆ 유럽 예수회와 피에르 자르투 신부

예수회는 어떤 단체이며 이 단체의 목적은 무엇인가 먼저 알아보자. 유럽의 예수회는 아시아 포함하여 전 세계에 기독교 전파하기 위해서 선교사를 양성하는 기관이자, 양성한 선교사를 세계 각 지역에 파송하는 단체이다. 창립자인 로욜라의 성 이냐시오(1491~1556년)

16 타타르 지역과 타타르인 : 유럽·러시아 지역 사람들이 튀르크-몽골-퉁구스 계통의 중앙아시아 및 동아시아 지역이나 거가에 사는 종족을 통칭하는 말

는 스페인 바스크 귀족 가문의 기사 출신이다. 1537년 이후로는 로마 가톨릭교회의 은수자이자 사제, 신학자이다. 그는 **예수회의 창립자 이자 초대 총장**이기도 하다. 이냐시오는 가톨릭 개혁 시기에 특출한 영적 지도자로 급부상하였다. 가톨릭교회에 대한 그의 충성은 가톨릭 교회의 권위와 제도 확립에 기여하였다.

피에르 자르투 신부(Pierre Jartoux, 1669-1720년)는 1669년 프랑스 엠브룅에서 태어났다. 자르투는 예수회 신부의 일원으로 1701년 다른 신부들과 중국에 입국하게 된다. 자르투는 수학을 잘하고, 지도 제작(cartographer)과 측량 전문가로서 다른 신부들과 중국인과 함께 기독교 포교 활동에서 1707년부터 중국 전역 측량 사업에 참여하였다. 그 당시 중국 북만주 지역을 **타타르 지역**이라고도 불렀다. 여기에 사는 주민들을 그 당시에는 **타타르인**(tartarian)이라고 불렀다. 자르투는 지도를 작성하기 위하여 가마(sedan chair)나 말(horse)을 타고 만주 지역을 수백 km씩 여행하였다. 북만주 지역 지도를 작성하기 위하여 장거리를 여행하다 보니, 매우 지치고 피곤해서 조선 국경과 매우 가까운 작은 마을에 도달했을 때, 그 마을 타타르인 주는 야생삼(산삼)을 먹는 경험을 하게 된다. 아래 내용은 43세가 되던 해 1711년 4월 12일에 북경에서 프랑스로 보낸 "**중국 예수회 선교사 편지**"라고 쓴 내용 중에 자르투 본인이 산삼을 복용한 후에 직접 경험한 생생한 기록 내용이다,

> "인삼 생근(살아있는 산삼)을 실물에 맞게 그린 다음(사생한) 뒤(그림 6-1), 나는 인삼 절반을 날것 그대로 먹었다. 그 한 시간 후 맥이 살아나고 식욕이 생기며 기력, 능력의 향상을 자각했지만, 휴식에 의한 것일지도 모르기 때문에 나흘 후 일 때문에 심한 피로 상태가 되었을 때, 지난번과 마찬가지로 나는 나머지 반을 먹어봤다. 그러다 한 시간 만에 피로가 풀렸다"(원기 회복)

또 다른 내용으로 다른 북미 대륙 존재 가능성, 화학적 조성 분석의 필요성과 질병 치료에 응용 가능성과 산삼 보관 방법을 여기에 직역한 원문 번역 내용 일부를 그대로 소개한다.

존경하는 신부님들,

"중국 황제"의 명령으로 만든 타타르 지도는 중국에서 매우 존경받고 유럽에서는 거의 알려지지 않은 유명한 식물인 인삼을 볼 수 있는 기회를 제공했습니다. 1709년 7월 말에 우리는 조선(kingdom of Corea)에서 좀 떨어진, 4개의 작은 집들이 모여서 몇 채 안 되는 마을에 도착했는데, 그곳에는 Calca tatze라고 불리는 타타르족이 살고 있었습니다. 이 타타르족 중 한 명이 가서 인근 산에서 인삼 4뿌리를 발견하여 바구니에 담아 우리에게 가져왔습니다. 저는 그중 하나를 가져다가 가능한 한 정확한 크기로 그릴 수 있도록 디자인했습니다. 제가 여기에 그 그림을 보내드리고, 이 편지의 마지막 부분에서 설명을 드리겠습니다(그림 6-1).

중국인과 타타르인이 이 뿌리를 그렇게 높이 평가할 것이라고는 상상도 할 수 없을 것입니다. 만약 그것이 지속적으로 좋은 효과를 내지 않는다면 말입니다. 건강한 사람들은 종종 그것을 사용하여 자신을 더 활기차고 강하게 만듭니다. 그리고 저는 그것이 약학을 이해하는 유럽인의 손에 있다면, 만약 그가 그것의 본질을 화학적으로 조사하고, 그것이 유익할 수 있는 질병의 본질에 따라 적절한 양을 적용하는 데 필요한 시험을 할 만큼의 충분한 양만 가지고 있다면, 그것은 훌륭한 약이 될 것이라고 확신합니다.

그것은 혈액을 미묘하게 하고, 움직임을 증가시키고, 따뜻하게 한다는 것은 확실합니다. 소화를 돕고, 매우 현명하게 활력을 북돋아 줍니다. 내가 이후에 설명할 뿌리를 설계한 후, 맥박 상태를 관찰한 다음, 아직 생것이고 준비되지 않은 뿌리의 절반을 먹어보았습니다. 1시간 후에 맥박이 훨씬 더 충만하고 빨라졌습니다. 나는 식욕이 생겼고, 훨씬 더 활력이 넘쳤고, 이전보다 훨씬 더 잘, 그리고 힘든 업무(labour)을 견딜 수 있었습니다.

하지만 나는 이 시련에만 의존하지 않았고, 이 변화가 그날 우리가 가진 휴식에서 비롯될 수 있다고 생각했습니다. 하지만 4일 후, 나는 피곤하고 지쳐서 말을 탈 수조차 없을 때, 우리와 함께 있던 관료가 그것을 알아차리고 나에게 이 뿌리 중 하나를 주었습니다. 나는 즉시 절반을 가져갔고, 1시간 후에 나는 조금도 지치지 않았습니다. 나는 그 이후로 종종 그것을 먹었고, 항상 성공이라는 명성을 얻었습니다. 또한, 녹색 잎과 특히 섬유질 부분을 씹으면 명성과 비슷한 효과가 나타난다는 것을 관찰했습니다.

타타르족은 종종 차 대신 인삼잎을 가져오는데, 저는 항상 그 후에 기분이 좋아져서 최고의 차보다 인삼 잎을 더 선호합니다. 인삼잎 달인물은 은혜입은 색깔(a grateful color) 색깔이며, 두세 번 마시면 맛과 향이 매우 좋아집니다.

이 뿌리가 자라는 장소에 관해서는, 당신이 새로운 타타르 지도에 표시된 것을 볼 수 있기 때문에, 우리가 프랑스로 보낼 사본을 가지고, 나는 여기서 일반적으로 그것이 북위 39도에서 47도 사이, 동경 10도에서 20도 사이에 있다는 것만 지적할 것입니다. 베이징 경도에서 계산합니다. 이러한 사실로 미루어 보아, 이런 자연경관을 세계 어느 나라에서도 찾아볼 수 있다면, 아마도 특히 캐나다일 것이라고 확신하게 되었습니다. 캐나다의 숲과 산은, 거기 살았던 사람들의 관계에 따르면, 이곳의 숲과 산과 매우 흡사합니다.

이 식물은 시들어지고 매년 다시 돋아납니다. 그해 연수는 돋아난 줄기의 수로 알 수 있으며, 줄기에는 항상 어떤 표시가 남습니다. 그림에서 b. b. b & c라는 글자로 볼 수 있듯이요. 여기서 뿌리 A는 7년 되었고 뿌리 H는 15년 되었다는 것이 나타납니다(그림 6-1, 오른쪽 쪽 뿌리 노두 숫자).

이 식물을 채취하는 사람들은 뿌리만 보존하고, 10일이나 15일 안에 얻을 수 있는 모든 것을 땅속의 어떤 특정한 장소에 함께 묻습니다. 그들은 그것을 잘 씻고, 솔로 모든 이물질을 깨끗이 씻습니다. 그런 다음 끓는 물에 담그고, 일종의 노란 기장의 수증기(fume)에 준비하는데, 이것이 기

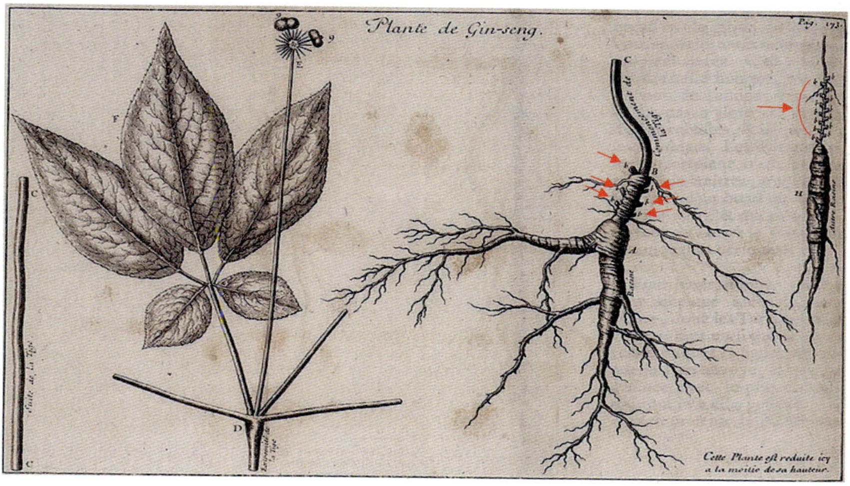

그림 6-1 자르투가 조선 국경과 가까운 만주의 작은 마을에서 타타르인이 산속에서 채취하여 가져온 인삼을 보고 직접 그린 줄기(왼쪽 C), 잎(F), 씨앗(E) 그림과 가운데 뿌리(A), 노두(B) 그림. 자르투는 인삼 그림에서 노두 숫자로 인삼 나이를 계산할 수 있다고 하였다. 그 예로, 가운데 인삼 뿌리(A)에서 노두(B) 밑에 "b(붉은 화살표)"가 6개 있다. 이 숫자로 가운데 인삼은 7년생이라고 하였다. 또, 오른쪽 끝 다른 인삼에서 "b(붉은 화살표)"가, 즉 노두가 14개 있는 것으로 보아 15년생이라고 하였다. 따라서, 타타르인이 자르투에게 가져다 준 산삼 4뿌리 중 2뿌리는 각각 7년생과 15년생이었다.

> 장의 색깔의 일부를 전달합니다. 기장을 약간의 물이 담긴 용기에 넣고 온화한 불 위에서 끓입니다. 뿌리는 그릇 위의 작은 가로 나무 조각 위에 놓고, 린넨 천이나 그 위에 놓인 다른 그릇으로 덮어서 준비합니다. 그들은 또한 햇볕이나 불에 말릴 수 있습니다. 그러나 그렇게 건조하면 인삼의 효능을 충분히 잘 유지하지만 중국인들이 그렇게 칭찬하는 그 노란색을 갖지 못합니다. 뿌리를 말릴 때, 그들은 매우 건조한 곳에 가까이 보관해야 합니다. 그렇지 않으면 부패하거나 벌레에게 먹힐 위험이 있습니다.

추가로 자르투는 계속되는 문장에서 타타르 지역의 야생 산삼 자생지, 타타르인의 산삼 채취 방법과 산삼을 채취하는 사람들(심마니)의

삶의 비참함, 연근에 따른 산삼 조직 변화와 자르투가 그린 산삼을 설명하는 것으로 한다. 끝으로는 만주 서쪽과 북쪽의 지도를 아직 완성하지 않아서 그것을 마무리하기 위하여 떠난다고 기록하고 있다.

여기서 강조하고 싶은 것은 자르투가 만주 지도 작성을 위하여 아주 먼 거리 이동으로 인한 몸의 피곤하고 힘들 때, 타타르인 근처 산에서 캐온 4뿌리의 산삼을 2번에 걸쳐서 직접 먹고 난 후 몸에서 나타나는 서양인을 대상으로 한 임상 체험이다. 처음 먹었을 때 자르투가 느낀 것은 혈액 순환의 변화와 소화기에 대한 영향과 기력을 복 돋아 주는 느낌을 받은 것으로 기록하고 있다. 산삼을 먹기 전 미리 산삼 그림을 그리고 나서 먹으니, 맥박이 빨라지고 식욕이 생기며, 활력이 넘쳐 힘든 노동에도 견딜 수 있다고 기술하고 있다.

이와 더불어 자르투는 “**인삼 복용 방법과 복용량**”에 대해서도 썼다. 환자에게 인삼을 처방할 때, 인삼 처방량은 “건조한 뿌리 1온스의 5분의 1정도(약 5.7 g)을 넘는 일은 거의 없다고 한다” 복용 방법은 “인삼 뿌리를 작은 조각으로 잘라 약 250 ml의 물과 함께 도자기로 걸쭉한 불에 삶는다. 한 컵 양이 되면 설탕을 조금 넣고 바로 마신다. 남은 찌꺼기는 다시 한번 똑같이 삶(재탕)는다. 이렇게 아침과 저녁에 한 번씩 복용한다”고 편지에 기록하고 있다

자르투도 과학적인 사고방식을 가진 사람이다. 그 이유는 처음 산삼을 먹고 나서 느꼈던 신체 변화가 산삼의 효과가 아니고, 혹시 휴식으로 인한 회복이라는 의심하게 된다. 휴식이 아니라 산삼 효과라는 것을 증명하기 위하여, 처음 산삼을 먹고 나서 4일 후 다시 말을 탈 수 없을 만큼 피곤을 느낄 때 타타르인이 눈치를 채고 다시 산삼을 자르투에게 건넨다. 자르투는 이를 먹은 후 피곤함이 사라지고 몸이 활력이 넘치는 것을 느꼈다. 자르투는 자기 몸이 좋아진 것은 휴식으로 인

한 것이 아니고, 산삼의 효과에 기인함을 예수회에 알리고 있다. 또, 반복해서 산삼을 먹어도 항상 같은 효과를 얻었다고 부언하고 있다.

또, 채취한 인삼의 나이 판별법과 그 당시 채취한 인삼을 어떻게 **장기 보관**할 수 있는가를 보여주는 문장들이 있다. 이때 인삼 장기 보관 방법으로는 인삼을 끓는 물에 살짝 데친 후, 인삼을 흰 광목으로 싼 후 약한 불에 끓이는 기장(식량 작물 중의 하나) 냄비 위에 올려서 기장의 노란 수증기가 물들게 하는 방법을 사용하는 것으로 보인다. 그 뒤, 햇빛이나 불에 말려서 부패나 벌레로부터 보호하는 방법을 사용하고 있다고 기술하고 있다.

자르투가 서양에 전체 인삼 형태를 보여주는 그림을 보내기 전에는, 유럽 사람들이 아는 인삼의 형태는 무역을 통한 건조한 크기가 10 cm 미만의 뭉툭한 인삼 뿌리 형태로만 알려졌었다. 자르투는 처음으로 만주에서 직접 인삼을 보고, 먹어보고 생생하게 인삼 전체 형태를 그림으로 서양 사회에 전달하여 신선한 충격을 주었다. 그리고, 북아메리카 신대륙에도 동북아시아와 유사한 인삼이 자생하고 있을 것으로 예측을 내놓았다. 7년 뒤에 라피토는 그 예측을 실행하고 증명하여 미국 인삼(서양삼)을 발견하게 된다. 그 후 미국 인삼은 중국으로 수출되어 광동 인삼의 기원이 된다.

그러나, 자르투에 의한 이런 산삼을 복용 후 원기 회복 경험은 뒤에 다른 사람들에게 중국과 인삼 편애로 인한 과장된 효능 평가라는 비판을 받는다(제16장).

◆ 조셉 라피토 신부 "메모"라는 보고서를 통한 유럽에 서양삼 소개 내용

조셉 라피토(Joseph François Lafitau, 1681~1746년) 신부는 1681

년 프랑스 보르도에서 태어나, 15세에 예수회에 입문하였다. 1711년 4월, 캐나다의 인디언 이로쿼이 부족 선교에 합류하였다. 그는 그곳에서 거의 6년 동안 선교사 활동을 하였다. 선교 활동 중, 위에서 서술한 바와 같이 라피토는, 자르투 신부가 중국 만주 지역에서 지도 작성 중 만주 타타르 지역에서 경험한 산삼에 대한 편지를 접하게 된다. 자르투가 작성한 편지에 기술된 내용 중, 만주 지역 외 "인삼이 자생하는 곳은 만주 지역과 위도와 경도가 비슷한 캐나다일 것으로 예견"한 내용을 읽어보고 본인이 캐나다 온타리오 지역에서 인삼을 찾기로 결심한다.

라피토는 평소 캐나다 원주민들과 친밀한 교류(언어 소통 및 질병 치료 등을 상호 신뢰 획득)을 통하여 원주민 고유의 천연 약재를 사용하여 질병을 치료하는 약물들 및 방법들을 전수 받았다. 그런 친밀한 기반 위에서 라피토는 원주민에게 자르투가 그렸던 인삼의 형태를 설명하면서 그것이 숲에서 찾을 수 있는지 물어본다. 아래 번역 내용은 라피토 신부가 캐나다에서 자생하는 인삼을 찾는 과정을 잘 묘사하고 있다.

◆ 캐나다에서 서양삼 발견

원주민의 도움을 받으면서 3~4달 숲속 인삼을 찾았지만, 결국 찾지 못하게 된다. 그러나, 라피토가 건축하고 있는 집 근처에서 처음으로 빨간 열매가 달리 식물과 그 뿌리를 발견하지만, 자르투가 만주에서 그렸던 그림에는 빨간 열매가 없어 확인이 불가능하였다. 그 후 몬트리올에 선교하러 갈 기회가 있었다. 거기서 다시 자르투가 그렸던 인삼 그림과 식물 전문가인 지인과 함께 숲속에서 인삼의 모습을 지닌 식물 여러 개를 발견하고 자르투가 그린 그림하고 비교하니 일치하는 것으로 나타났다. 이를 원주민에게 보여주었다.

◆ 아메리카 원주민이 부르는 인삼의 이름과 만주 타르타르인 부르는 인삼 이름

원주민은 라피토에게 그 식물은 자기들이 약용으로 사용하는 식물이다라며 확인하여 주었다. 원주민들은 인삼을 Garento-guen(가렌토긴)으로 부른다고 하였다(그림 6-2). 가렌토긴의 뜻은 사람의 다리 근육인 허벅지라는 뜻의 "Garenta"와 두 개로 분리된 모습의 "Oguen"의 두 단어의 합성어라고 하였다. 신기하게도 자르투 신부가 만주에서 인삼은 사람 모양을 가진 최고의 약초로 알려져 있는데 여기에서도 중국에서처럼 인삼에 사람 형상을 가진 약초의 이름을 공통적으로 가지고 사실

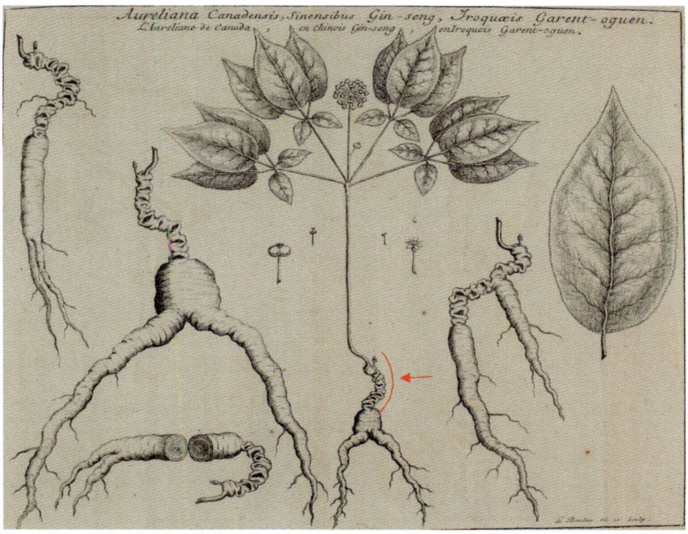

그림 6-2 라피토가 그린 서양삼 모양. 라피토가 그린 서양삼의 노두 모양은 자르투가 만주에서 발견한 인삼을 그렸던 노두 모양이 다르게 그리고 있다. 그림 상단에 "Gin-seng"이라는 단어와 이로쿼이족(Iroquaeis) 말로 인삼을 "Garent-ogeun"라고 부른다고 기록하고 있다. 라피토는 인삼 노두 모양을 보고 적어도 15년 생일 것이라고 주장하고 있다(붉은 화살표). 또, 노두를 기준으로 했을 때 라피토는 100년 이상, 혹은 100년 가까운 서양삼을 관찰했다고 프랑스 예수회에 보냈던 "메모"에 서술하고 있다.

에 놀란다. 이를 통하여, 라피토는 아주 옛날에 아시아 대륙과 아메리카 대륙이 서로 연결되어 있었을 가능성을 제시하고 있다(제20장).

◆ 인삼 형태와 100년이 넘은 서양삼 발견과 기술

라피토는 박물학에 조예가 깊은 선교사로서 자르투보다 캐나다에서 발견한 인삼의 형태에 대한 더 자세하게 잘 묘사하고 있다. 라피토가 그린 그림 6-2에서 보는 바와 같이, 캐나다에서 발견된 인삼 역시 뿌리의 상단에 머리(두부) 위치에 노두가 층층히 겹쳐 있으며, 각 노두 흔적에서 뻗어 자란 줄기의 흔적이 남아 있다. 노두에서 발생한 줄기 흔적은, 인삼의 나이와 일치하여 노두와 줄기 흔적은 매 1년에 1개씩 생성된다. 또, 자르투가 만주에서 발견한 인삼의 줄기, 잎, 꽃자루, 꽃, 열매, 씨 등 인삼과 관련 형태와 캐나다에서 발견된 인삼 형태를 비교하고 있다.

또, 서양삼 나이에 대해서도 기술한다. "내가 본 매듭은 뿌리였고, **거의 100년**이 되었습니다(En comptant les noeods j'ai vû des racines qui marquoient prés de cent ans). 확실한 것은 이 식물이 어려움을 겪는다는 것입니다. **100년 가까이 된 것도 몇 개 있어요**(Ce qu'il y a de certain c'est que cette plante vient avec peine. J'en ai ttoovê qui avoient prés de cent ans)."

◆ 서양삼 효능과 복용법

라피토는 중국이나 일본인들이 인삼에 대하여 알고 있는 효능들을 그대로 인용하면서, 인삼은 "기력을 돋우고 원기 회복에 도움이 된다"고 하고 있다. 한 가지 주의할 점은, 기본적으로 강인하고 튼튼한 기질(체질)을 가지고 있고, 열이 많은 사람이 인삼 복용하면 활력과 열이 크게 상승하여 오히려 생명이 위태로울 수 있다고 기술하고 있다. 그래서, 오랜 투병으로 몸이 약해진 사람이나 환자들의 기력을 회복시키는 데 좋은 약재로 기술하고 있다. 자르투가 몸소 경험했고 인용한 중의학 의사들이 주장을 기술한 보고서 책 내용 중에 "신체와 정신적으로 과로로 인한 피로를 회복시키는데 탁월하고, 가래를 없애고 약한 폐와 늑막염을 치료하고, 위를 강하게 하여 구토를 완화시키는 효능이 있다"고 하였다.

◆ 원주민의 서양삼 사용법 기술

인삼은 어린아이들의 장세척 용도 사용하였다고 했는데, 아마도 장내 기생충 제거 용도로 사용되지 않았나 추측된다고 기술하고 있다. 그래서. 어린이 약물로 불렸다(표 6-1).

◆ 인삼의 간단한 물리 화학적 특징 검사 실시

아직 인삼을 분석한 사람은 없다고 기술하고, 라피토 본인이 인삼에 불을 붙여 보았을 때 불이 붙지 않은 것으로 보아 수지(resin)[17] 성분을 많이 함유하고 있지 않았다. 인삼을 가열할 경우, "탁탁" 소리가 나지 않아 염류(salt)[18]를 포함하지 않은 것으로 보이며, 분석할 수 있는 인삼의 양이 풍부하다면, 추후 더 미국 인삼에 대하여 연구를 할 예정이고, 그 전에 원주민, 중국인, 일본인들을 통해서 정보를 더 얻을 것이다라고 서술하고 있다.

◆ 인삼 자생지 특징 및 인삼 년근

조선과 중국의 만주 지역과 같은 조건에서 자란다. 즉, 산자락의 경사면, 울창한 숲속 근처, 계곡, 바위 주변, 나무 밑에서 잘 자라지만 개

17 수지(resin) : 유기 화합물 또는 그 유도체로 구성된 비결정성 고체 또는 반고체 물질입니다. 천연 수지(예: 송진)와 합성 수지(플라스틱)로 나눌 수 있음.

18 염류(salts) : 바닷물에 녹아있는 여러 가지 성분, 소금 성분이 대부분임.

방된 평야에서는 잘 자라지 않는다. 또, 태양 빛이 뜨거운 지역을 피해서 자란다.

자루투 의견은 인공 재배가 쉽지 않고, 적절한 자연 생태계에서만 오랫동안 자란다고 합니다. 앞에서 언급한 바와 같이, 라피토가 발견한 서양삼은 약 100년 가까이 된 인삼도 있었다. 인삼 채취 시기는 인삼 성장이 끝난 시기로 하고 있다. 즉, 9월부터 눈이 오는 기간을 의미한다.

라피토 신부는 자르투 신부처럼 "인삼이 예민하여 상하기 쉬운 식물이다"라고 기술하고 있다. 그래서, 습한 곳에 두면, 곰팡이가 슬고 오래 두면 벌레가 생긴다고 한다. 라피토 신부는 자르투 신부가 소개한 타타르 지역에서 채취한 인삼 보존 방법에 대하여 기술하고 있다.

여기서 라피토는 나중에 서양삼을 인삼 수요가 많은 중국에 수출하기 위하여서는 장기 저장이 필요함을 역설하고 있다. 따라서, 라피토는 캐나다 인삼도 옥수수나 원주민들이 사용하는 곡물을 이용하여, 타타르인이 하는 방법과 동일한 방법을 사용할 것을 제안하고 있다(표 6-1).

자르투가 중국에서 경험한 산삼의 피로 회복 효능과 복용 방법과 산삼 그림을 프랑스에 보낸 것 외에 산삼이 중국 외에 다른 대륙에서도 발견될 수 있다는 결정적 정보를 아래와 같이 제공한다. 즉, 자르투는 지도 제작자답게 유럽으로 보낸 중국 지도에 인삼의 자생지를 기입했다. 산삼 자생지 위치는 "**북위 39도와 47도 사이**", 북경을 본 자오선이라고 하면 "**동경 10도와 20도 사이**"라고 하고 있다. 현재 이 경도·위도에 둘러싸인 지역은 중국 동북부 랴오닝성, 지린성, 헤이룽장성 각각 일부, 러시아 우수리강 유역, 북한 중부와 북부가 포함된다. 인삼 자생지는 이 범위 밖에도 있었겠지만, 대부분은 이 안에 들어가 그 지리상 설정은 정확하다. 또, 경도와 위도가 비슷한 다른 대륙에도

표 6-1 자르투의 타타르 인삼과 라피토의 캐나다 인삼 비교

	자르투 신부의 고려(타타르) 인삼	라피토 신부의 캐나다 인삼
인삼 발견 연도 및 보고서 명칭	1709년, Letters Edifiantes et Curieuses	1715년, MÉMOIRE
명칭 유사성	사람을 닮은 약초 혹은 오르호타(Orhota, king of plants, 식물의 왕)	가렌토긴(Garent-oguen, 뿌리가 사람 하체의 두 다리, 허벅지처럼 보이는 형태)
식물 종명	Panax ginseng C.A. Meyer	Panax quinquefolium Linn.
관찰한 인삼 년생 및 형태 기술	7년 및 15년생(인삼 노두 근거)	다양한 연근 관찰(노두를 근거로 한 100년이상 부터 100년 이하까지), 인삼 부위마다 세밀한 특징 기술
인삼 가치	매우 비싸서 왕족이나 귀족만 사용가능	아메리카 원주민 각 부족마다 다양한 용도의 의료용으로 활용
본인 및 주변 사람이 복용 후 얻은 효과	서양인으로서 지도 작성 중 발생하는 극심한 피로로부터 원기 회복에 대한 생생한 경험담을 최초로 기록 (본초강목에서 기록된 효능과 비슷)	본인: 류마티즘 증상 개선/원활한 혈액 순환 용도로 계속 복용 주변 여인: 만성 위장병 환자가 복용 후 식욕과 수면 정상화 후 회복
장기 보존 방법	홍삼 제조 방법이 개발되기 이전 방법 활용	아메리카 원주민들에 의한 장기 저장 방법에 대한 설명은 없음
보고서 발간 년도	1711년	1718년
파급 효과	• 처음으로 서양에 구체적으로 동아시아 인삼의 생생한 효능 전달 및 유럽 사회 관심 유도(제5장) • 인삼 자생지역으로 만주지역(타타르 지역) 외에 만주와 경도와 위도가 비슷한 아메리카 신대륙 위치(캐나다) 추측 지정(제5장) • 야생 산삼 연근 판별법과 산삼 보관 방법 기술 • 브레크만의 근무 환경이 열악한 사람 대상(간호사, 군인 및 전화 교환수 등) 시험에서 인삼의 항피로 효과 연구 영향(제18장)	• 자르투가 지정한 예상 지역에 따라 라피토는 원주민의 도움으로 몬트리올 근처에서 최초로 야생(미국) 인삼을 발견하여 프랑스 학계에 보고 • 미국산 인삼의 중국/일본을 포함한 아시아 국가로 대량 수출 계기 마련하여 광동 인삼 용어 탄생 • 1757년 청나라의 오의락吳儀洛이 저술한 "본초종신本草從新"이라는 중국 본초서에 최초 서양삼 기록이 있음

인삼이 자생할 수 있다는 가능성을 추가로 기록하였다. 자르투가 프랑스 예수회에 보낸 편지를 그 당시 캐나다에서 근무하고 있던 라피토라는 신부가 읽어보고, 라피토는 아마 쾌재를 불렀을 것이다. 그 이유는 "중국에서 다른 약재와 비교할 수 없을 정도로 귀하게 여긴다"는 내용이 있기 때문이다. 그 귀한 인삼이 신대륙에도 자생할 수 있다는 가능성이 있기 때문이다. 라피토는 지체하지 않고 바로 자르투가 그린 인삼 그림을 아메리카 인디언 이로쿼이 부족 원주민에게 보여주었다. 그 원주민 그림을 보고, 산속에서 그림 속의 산삼과 비슷한 미국 인삼을 채취하여 라피토에게 가져온다. 이것이 라피토가 아메리카 대륙에서 미국 인삼을 발견하게 된 결정적인 계기다. 약 315년 전에 있었던 "**프랑스 예수회 글로벌 네트웍**"이 잘 작동하여 서로 다른 대륙에 근무할지라도, 신부들이 각기 다른 대륙에서 자생하는 인삼 발견하는 계기를 마련한 셈이다.

끝으로, 자르투 신부와 라피토 신부가 인삼과 관련된 다양한 정보들을 수집하여 작성/보고한 두 건의 예수회 출판물은, 1736년 2월 19일 뤼카 오귀스탱 폴리오 드 생바스의 "인삼은 환자들에게 강장제 역할을 하는가?"라는 박사 학위 논문 작성에 영향을 미친다(제7장). 드 생바스는 그 후 파리 의과대학 박사 및 교수로 재직했다.

◆ 참고문헌

Jartoux, Pierre, "The Description of a Tartarian Plant, Call'd Gin-seng, with an Account of Its Virtues. In a Letter from Father Jartoux to the Procurator General of the Missions of India and China," Philosophical Transactions 28 (1713).

Joseph FranÇois Lafitau, "Mémoire presenté a son altesse royale Monseigneur le duc d'Orleans, regent du royaume de France, concernant la précieuse plante du gin-seng de Tartarie, découverte en Canada par le P. Joseph François Lafitau, de la Compagnie de Jesus, missionnaire des Iroquois du Sault Saint Louis., Paris, chez Joseph Mongé, ruë S. Jacques vis-à-vis le Collége de Louis le Grand, à Saint Ignace, 1718".

장일무, 한국인삼산업사 제2권 (2018)

원본 부록

자르투 신부가 보고한 보고서 발췌한 원문 일부

Philosophical Transactions of the Royal Society of London Volume 28, Issue 337Dec 1713 XXV. The description of a tartarian plant, call'd gin-seng; with an account of its virtues. In a letter from Father Jartoux, to the Procurator General of the Missions of India and China. Taken from the tenth volume of letters of the Missionary Jesuits, printed in Paris in octavo, 1713

Reverend Fathers,

The Map of Tartary, which we made by order of the Emperor of China, gave us an opportunity of seeing the famous plant ginseng, so much esteemed in China, and so little known in Europe. Towards the end of July 1709. we arrived at a Village not above four small Leagues distant from the Kingdom of Corea, which is inhabited by those Tartars called Calca tatze. One of these Tartars went and found upon the neighbouring mountains four Plants of the Ginseng, which he brought us entire in a basket: I took one of them, and designed it, in its exact dimensions as well as I could possible do it; the figure of which I here send you, and shall give you the explanation of it at the end of this Letter.

Nobody can imagine that the Chinese and Tartars would set so high a value upon this Root, if it did not constantly produce a good effect. Those that are in Health often make use of it to render themselves more vigorous and strong: And I am perswaded that it would prove an excellent Medicine in the Hands of any European who understands Pharmacy, if he had but a sufficient quantity of it to make such Tryals as are necessary, to examine the Nature of it chemically, and to apply it in a proper quantity according to the Nature of the disease for which it may be beneficial.

It is certain that it subtilizes, increases the motion of and warms the blood; that it helps digestion, and invigorates in a very sensible manner. After I had designed the root, which I shall hereafter describe I observed the state of my Pulse, and then took half of the Roof, raw as it was and unprepared; In an Hour after I found found my Pulse much fuller and quicker; I had an appetite, and found my self much more vigorous, and could bear Labour much better and earlier than before.

But I did not rely on this Trial alone, imagining that this Alteration might proceed from the Reft that we had that Day; But four Days after, finding myself fo fatigued and weary that I could scarce set on Horse back, a Mandarin who was in company with us perceiving it, gave me one of these Roots; I took half of it immediately, and an Hour after I was not the least sensible of any weariness. I have often made us of it since, and always with the fame Success. I have observed also, that the green Leaves, and especially the Fibrous part of them chewed, would produce nearly the fame effect.

The Tartars often bring us the Leaves of ginseng instead of Tea and I always find myself so well afterwards, that I should readily prefer them before the best Tea. Their Decoction is of a grateful Colour; and when one has taken it twice or thrice, its Taste and Smell become very pleasant.

As to the Places where this Root grows, because you will see them marked in the new Map of tartary, a Copy of which we shall send into France, I shall only observe here in general, that it is between the thirty ninth and forty seventh Degree of Northern Latitude, and between the tenth and twentieth Degree of Eastern Longitude, reckoning from the Meridian of Peking,

All which makes me believe, that if it is to be found in any other Country in the World, it may be particularly, Canada, in where the Forests and Mountains, according to the relation of those that have lived there, very much resemble these here.

This Plant dyes away and springs again every year. The number of its years may be known by the number of Stalks it has shot forth, of which there always remains some Mark; as may be seen in the Figure by the Letters b. b. b & c. From whence it appears that the Root A was seven Years old, and that the Root H was fifteen.

Those that gather this Plant preserve only the Root, and bury together in some certain place in the Earth all that they can get of it in ten or fifteen Days time. They take care to wase it well, and cleanse it with a Brush from all extraneous Matter. Then they dip it into scalding Water, and prepare it in the fume of a sort of yellow Millet, which communicates to it part of its Colour. The Millet is put into a Vessel with a little Water, and boyles over a gentle Fire; the Roots are laid upon small transverse pieces of Wood over the Vessel, and are thus prepared, being covered with a Linnen cloath or some other Vessel placed over them. They may also be dryed in the Sun, or by the Fire; but then, tho' they retain their Virtue well enough, yet they have not that yellow Colour which the Chinese so much admire When the Roots are dryed, they be kept close in some very dry Place; otherwise they are in danger of corrupting, or being eaten by Worms.

7 세계 최초로 고려인삼을 주제로 한 프랑스 박사 학위자

◆ 프랑스 파리 의과대학의 루카스 오귀스탱 폴리오 드 생바스

세계 최초로 인삼을 연구 주제로 하여 박사학위를 받은 사람은 누구일까? 서양 사람일까 아니면 동양 사람일까? 세계 최초로 인삼 박사는 지금부터 289년전, 1736년 프랑스의 루카스 오귀스탱 폴리오 드 생바스(Lucas Augustin Folliot de Saint-Vast)라는 사람이다. 드 생바스의 출생일과 사망일은 알려져 있지 않다. 단지, 드 생바스는 학위 수여 후 파리 의과대학 박사 및 교수로 재직했다는 기록이 있다.

◆ 박사 학위 논문 제출 배경

드 생바스가 박사 학위 논문 제출 당시, 프랑스 예수회 신부 자르투(1711년)와 라피토(1718년)가 만주와 캐나다에서 각각 동양 인삼과 서양삼을 발견/소개하였다. 그들의 경험담을 프랑스 예수회에 보내서 프랑스 사회에서는 인삼의 의학적 치료 가능성에 관심이 많았을 것으로 예상된다(제6장). 또, 뒤 알드가 1735년 "**중국 통사**"를 프랑스어로 발간하였다(제16장). 뒤 알드의 중국 통사에는 이시진의 "**본초강목**"에 기록된 인삼의 다양한 효능들이 수록되어 있었다. 그에 대한 증거로, 드 생바스 박사학위 논문(그림 7-2)에 한자로 "이시진 본초강목"이란 단어가 한자로 기술되어 있다. 드 생바스는 자르투와 라피토 신부의 편지 및 메모와 뒤 알드의 중국 통사에 수록된 본초강목에서

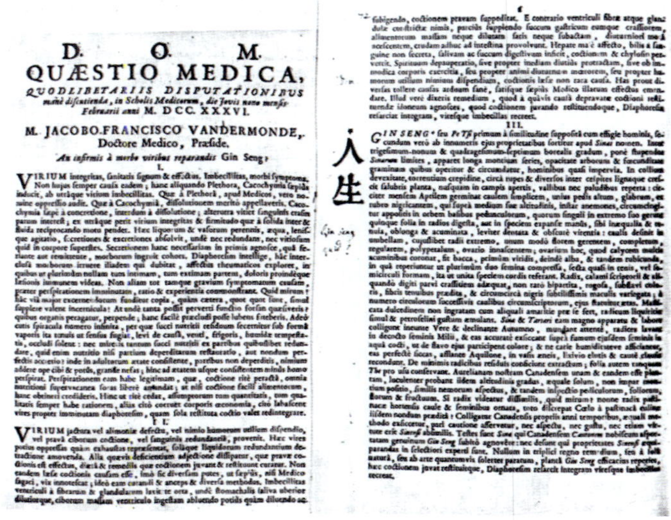

D. O. M.

QUÆSTIO MEDICA,

QUODLIBETARIIS DISPUTATIONIBUS

manè discutienda, in Scholis Medicorum, die Jovis nono mensis Februarii anni M. DCC. XXXVI.

M. JACOBO-FRANCISCO VANDERMONDE, Doctore Medico, Præside.

An infirmis à morbo viribus reparandis Gin Seng?

人生

그림 7-1 프랑스의 루카스 오귀스탱 폴리오 드 생바스(Lucas Augustin Folliot de Saint-Vast) 드 생바스의 학위 논문의 첫 번째 부분(Fig. 1. Première partie de la thèse de Lucas Augustin Folliot de Saint-Vast). 인삼과 관련된 학위 논문에서 한자로 인생人生이란 단어가 중앙에 왜 있는지 흥미롭다. "人生"을 일본말로 발음하면 "진세에じんせい"로 발음된다. 아마도 그 당시 인삼人參이라는 한자 단어를 찾지 못하여 대신 "人生"을 쓰고 일본식 발음으로 "진세에"라고 부르지 않았나 추측된다.

인삼에 대한 지식을 1736년 기반으로 병자에게 인삼은 회복을 위한 강장제 역할을 할 것인가?란 주제로 본인의 박사 학위 논문을 발표한 것으로 추측된다.

◆ **심사 위원장: Vandermonde Jacques-Francois, 의학박사, 회장.**

박사학위 논문 제목: 의학적 질문, "인삼은 질병으로 약해진 사람에게 힘을 회복시켜 줄 수 있을까?"(라틴어 논문 제목: Resp. Quæstio

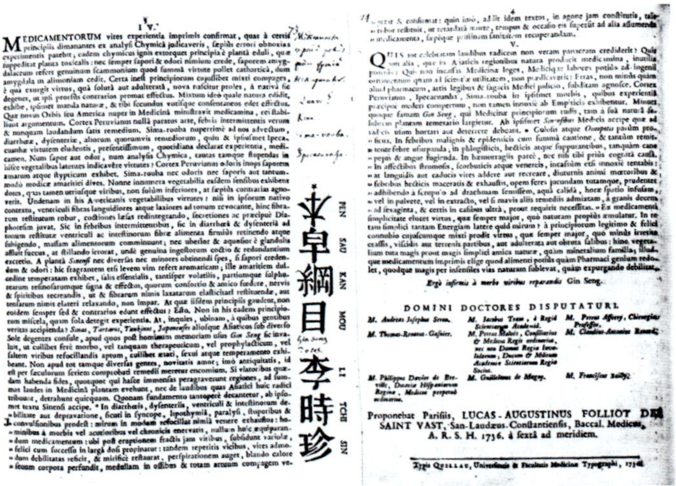

그림 7-2 **Lucas Augustin Folliot de Saint-Vast의 논문의 두 번째 부분 (Fig. 2. Seconde partie de la thèse de Lucas Augustin Folliot de Saint-Vast). 한자로 이시진의 본초강목이 있다.**

medica, An infirmis à morbo viribus reprandis Gin Seng?)

심사 일시: 1736년 2월 9일 목요일, Lucas Augustin Folliot de Saint-Vast가 제안한 중요한 의견(Quodlibetarian) 논문—Paris, Quillau, 1936 — 4p.

드 생바스의 박사 학위 논문의 라틴어 원문(그림 7-1과 7-2)은 해독하기가 어려워 1973년 "**극동 프랑스 학교 소식지(bulletin)**"에 실린 아래 논문을 이용하여 간접적으로 드 생바스 논문을 소개한다. Huard 등이 소개한 프랑스어로 된 드 생바스 논문 일부를 발췌하여 아래에 번역하였다.

저자: P. HUARD, M. J. IMBAULT-HUART, Th. VETTER et M. WONG.

논문 제목: 1736년 장 프랑수아 방데르몽드가 의장을 맡았으며, 인삼에 대한 파리의 논문입니다(UNE THÈSE PARISIENNE-CONSACRÉE AU GINSENG EN 1736ET PRÉSIDÉE PARJEAN-FRANÇOIS VANDERMONDE).

학술지: 극동 프랑스 학교 소식지(Bulletin de l'École française d'Extrême-Orient), 제60권, 1973년, p359-374.

◆ 논문 내용 도입부

우리가 번역하려는 논문은 1736년 2월 9일 목요일 오후 6시부터 정오까지 파리 의학부에서 쿠탕스 교구의 생로 출신인 루카스 오귀스탱 폴리오 드 생바스가 심사위원단의 질문에 자기 논문의 정당성을 방어했습니다. 심사위원단은 Jacques-François Vandermonde 회장, André Joseph Séron, Jacques Trant, Pierre Afïorty, Thomas René Gasnier, Pierre Maloët, Claude-Antoine Renard, Philippe Davier de Bréville, Guillaume de Magny 및 François Bailly, 평가자로 구성되었습니다. 뤼카 오귀스탱 폴리오 드 생바스의 논문을 검토하고 그 범위를 더 잘 이해하기에 앞서, 혁명 이전 파리 의대의 시험이 무엇이었는지, 그리고 의대생이 박사 학위를 받기 전까지 학업 내내 방어해야 했던 다양한 이름의 여러 논문이 무엇에 해당했는지 간략히 회상해 보는 것이 적절할 듯합니다. 의학 연구는 학사 학위, 의사 면허, 박사 학위의 세 단계로 이루어졌으며, 섭정법에 의해 새로운 의사가 의학부에 입학할 수 있었습니다. 섭정법[19]은 동시에 학교이자 법인이 되었지만, 섭정자 지위는 동료들의 존경과 신뢰를 얻은 사람에게만 부여되었습니다. 시험에 앞서 협조가 이루어졌습니다.

19 섭정법 : 섭정법은 군주가 위중하거나 미성년일 때, 또는 다른 이유로 국정 수행이 불가능할 때, 군주를 대신하여 나라를 다스리는 사람을 섭정으로 임명하기 위한 법률.

◆ 서문

서문에 정상인과 비정상인의 신체 상태를 기술하고, 아래와 같이 인삼에 대하여 소개한다. 아래 인삼에 대한 내용은 자르투와 라피토가 인삼에 대하여 기술한 내용에서 발췌해 온 듯하다

◆ 발췌한 인삼을 소개하는 본문 일부

진셍(gin-seng)이나 펠시(Pelsi)라는 이름은 중국인이 처음 만든 것인데, 첫째는 인체와 비슷해서이고 둘째는 수많은 효능이 있어서입니다. 북방 39도선과 47도선 사이에는 거의 중국의 특별한 경계에 가까운 긴 산맥이 솟아 있으며, 울창한 숲과 무성한 초목으로 덮여 있어 사람이 거의 뚫을 수 없습니다. 급류 가장자리, 바위가 많은 더러운 곳 주변, 허브와 나무 사이에 흩어져 있는 이 약초는 다른 곳에서는 볼 수 없는 약초입니다. 들판, 계곡, 습지 등에서 4월경에 높이 1피트의 단순하고 검붉은 줄기가 땅에서 나옵니다. 높이가 절반이 조금 넘으면 아네모네처럼 꽃자루의 면류관으로 둘러싸여 있습니다. 각각의 끝에는 광선 모양으로 배열된 다섯 개의 잎이 있거나 손가락을 뻗은 손처럼 서로 같지 않고 약하고 길며 뾰족하고 약간 톱니 모양이며 짙은 녹색입니다. 줄기는 우산 모양으로 끝나며, 각 광선의 끝에 일종의 꽃이 피는데, 완전하고 규칙적이며 다발성이며 난소가 있습니다. 수많은 점으로 구성된 꽃받침으로 장식된 이 씨방은 처음에는 녹색, 그 다음에는 **흰색, 마지막에는 불그스름한 열매를** 맺습니다. 여기에는 신장(콩팥)처럼 갈라지거나 모양이 반원형인 수많은 쌍의 단단한 씨앗이 있습니다. 전체가 마음을 닮아가는 방식입니다.

뿌리는 거위털 만큼 굵거나 심지어 새끼 손가락처럼 굵으며, 종종 갈래로 갈라지고, 거칠고, 연한 노란색을 띠고, 미세한 잔뿌리가 있으며, 아주 작은 검은 반점들로 얼룩져 있습니다. **인삼의 나이는 줄기에**

있는 고리의 수에 따라 결정될 수 있습니다. **씹으면 감초와 세르 빌(야생 약초의 하나)을 연상**시키는 **기분 좋은 단맛과 약간의 쓴맛**이 나옵니다. 중국인과 타타르인들은 봄이 시작될 때와 가을이 끝날 때 매우 엄숙하고 조심스럽게 그것을 선택합니다. 그들은 그것을 조심스럽게 청소하고 기장 씨앗의 달인 물로 뿌리를 씻은 다음 물에 삶은 동일한 씨앗의 연기 위에서 조심스럽게 말려 노란색을 얻습니다. 그런 다음 습기와 부패로부터 보호하기 위해 바람에 의한 건조를 완벽하게 하고 철제 용기에 담아 매우 깨끗하고 조심스럽게 밀봉하여 보관합니다. 나머지 작은 뿌리에서 추출물을 만듭니다. 그러나 잎은 차를 준비하기 위해 그대로 보관됩니다(자르투가 보낸 편지 내용들을 거의 그대로 인용함, 제6장).

◆ 동양에서의 인삼 활용법 소개

중국인, 타타르인, 통킹인(지금의 베트남), 일본인 및 다른 태양 아래 살고 있는 아시아인들을 살펴보면, 그들의 살아있는 기억 속에서 진생은 널리 사용되었으며, 어떤 질병이든 치료적 또는 예방적으로 사용되었습니다. **나이, 성별, 기질에 관계없이 약해진 체력을 회복할 수 있는 능력을 보이기 때문**입니다. 그것은 다양하고 수많은 사람들이 모여 사는 곳에서 새로운 것을 추구하는 것이 아닙니다. **오랜 세월, 다시 말해 여러 세기에 걸쳐 입증된 치료법**이라는 이름을 얻었습니다.

이 광대한 영토를 여행한 여행자들에게 공을 돌려야 한다면, 이 민족들은 수가 많음에도 불구하고 의학에서 식물을 사용하는 것을 가장 크게 칭찬합니다. 그러므로 아시아인들이 이 뿌리에 쏟아붓는 칭찬을 어느 누구도 빼앗아서는 안 됩니다. 이러한 명성의 이유를 이해하려면 한자 자체를 살펴봐야 합니다. **설사, 이질, 위장 장애, 실신, 마비, 무**

감각, 경련에 효과적입니다. 엄청난 업적으로 지친 사람에게는 놀라울 정도로 **기력을 회복**시켜 주고, 급성 또는 만성 질환으로 기운이 쇠약해진 사람에게는 다른 어떤 약과도 비교할 수 없습니다. 천연두 발병 후 우울증이 지속될 때, 강한 용량의 약을 복용하면 "행복한 성공"을 거둘 수 있습니다. **반복적으로 복용하면 약해진 체력을 회복**하고, 땀을 많이 흘리게 하며, 신체에 기분 좋은 온기를 주고, 뼈와 관절의 골수를 강화하고 강화합니다. 게다가 같은 문구에 따르면, 이미 고통에 가까운 환자에게는 "죽음이 지연되면" 다른 약을 투여할 시간과 기회가 생겨 환자가 **"건강을 회복"**할 수 있는 힘을 준다고 합니다.

◆ 인삼 활용 시 주의 사항들

의학의 원리를 모르는 사람이 본래 활성도가 뛰어난 이 식물을 무분별하게 주는 것은 인삼의 영광을 떨어뜨리는 일입니다. 우리는 이 뿌리를 사용할 때 무엇을 취하고 거부해야 하는지 같은 중국 의사에게서 배워야 합니다. **"미식가와 알코올 중독자는 그것으로부터 거의 이익을 얻지 못합니다"**. **"악성 및 전염성 발열에는 주의해서 사용해야 하며"**, 완치되는 경우에만 사용해야 합니다. **염증성, 급성적, 화농성 열병에는 피해야 하며, 특히 개나 뱀에 물렸을 때는 더욱 피해야 합니다. "출혈"의 경우 원인을 알지 못하는 한 조심하십시오**. 당신은 갑상선 질환, 괴혈병 및 성병에 걸릴 경우 헛되이 시도할 것이지만 위험은 없을 것입니다. 그러나, 여러분은 **노약자와 허약자, 장기간의 정신 상태, 허약함과 함께 나타나는 심한 피로 상태에서 힘과 활력을 회복**할 것입니다. 심한 열병. 뜨거운 물에 씨앗 한 스크루에서 한 드라크마를 조심스럽게 투여하고 한 시간 동안 우려내거나 가루나 추출물로 투여하거나 원하는 경우 다른 치료제에 10~60그레인을 첨가하여 유용하고 안전한 작업을 수행할 수 있습니다. 그리고, 꼭 필요한 경우에는 더 많이 할 수도 있습니다. **"이 약의 단순함은 자연 그 자체를**

자극하기 때문에 그 효능이 더욱 뛰어납니다. 이렇게 간단한 것에 이렇게 큰 힘이 숨겨져 있다는 게 놀랍지 않나요?" 원칙을 정당하고 행복하게 결합하면 이러한 혼합물에서 효능의 탁월성이 생겨나는데, 이 탁월한 효능은 두껍고 점성이 있거나 흙탕물 같은 부분이 없고 소금에 의해 덜 변형되므로 더욱 위대합니다. 그러므로 식물계는 광물계보다 단순한 자연에 더 가깝습니다. 우선, 약보다 음식의 성질이 더 많고, 자연을 약화시켜 바로잡는 것보다는 눈에 띄지 않게 자연에 도움이 되는 약을 선택하는 것이 중요합니다.

그러므로, **"인삼은 질병으로 인하여 약해진 기력을 회복시켜 줍니다"**.

◆ 논문의 주제

베이징 선교단의 예수회 수사들은 일찍부터 도가에서 '왕성(王性)'이라 불리는 인삼의 효능을 배웠습니다. 그것은 "만병통치약(Panax schin-seng Nées, Panax wangianum, Panax pseudo-ginseng Wall)"입니다. 치료 목적으로 사용되는 유일한 부분인 뿌리의 형태는 그것을 나타내는 최초의 특징의 기원이었습니다. 일반적으로 사람의 형태(jen-cheng, 젠셍)를 띠며, 그 이야기는 맨드레이크 이야기를 떠올리게 합니다. 식물의 부풀어 오른 부분은 머리와 몸통을 구성하고, 가지는 꼭대기의 팔, 아래의 아랫부분을 나타냅니다. 따라서 젠셍이라는 이름은 광둥어 방언으로 인삼(Ginseng)으로 발음되는 젠셍(Jen-cheng, 사람을 뜻하는 jen과 생명을 뜻하는 cheng의 합성어)입니다. 강희제의 수학자였던 피에르 자르투 신부(1688-1720년)는 인삼에 대한 유명한 명언을 남겼습니다. 그 내용은 다음과 같습니다. "중국의 가장 유능한 의사들은 이 식물의 특성에 대해 방대한 저서를 남겼습니다. 그들은 거의 모든 치료법에 인삼을 포함시켰습니다. 그들은 왕실 가족이나 귀족에게만 처방합니다. 왜냐하면 일반 대중에게는 너무 비싸기 때문입니다. 그들은 ***그것이 심신의 과로로 인한 피로에 탁월한 약재라고 주장합니다. 가래를 녹이고, 폐의 허약함과 흉막염을 치료하고, 구토를 멎게 하고, 위를 튼튼하게 하고 식욕을 돋우고, 폐의 나쁜 가래를 없애고, 가슴을 튼튼하게 하여 호흡이 약하고 성급한 것을 고치고, 정력을 강화하고 혈액에 림프를 생성하고, 마지막으로 현기증과 어지럼증에 좋으며, 노인의 수명을 연장한다고 합니다. 이 뿌리가 꾸준히 좋은 효과를 내지 않았다면 중국인과 타타르인이 이 뿌리를 그렇게 많이 만들었을 것이라고는 상상하기 어렵습니다. 건강한 사람들조차도 몸을 더욱 튼튼하게 만들기 위해 이를 사용하는 경우가 많습니다. 저는 약학을 이해하는 유럽인의 손에 들어간다면, 필요한 시험을 수행하고 화학적 방법으로 그 본질을 조사하고 질병의 특성에 따라 적절한 양을 적용할 수 있을 만큼의 충분한 능력이 있다면, 그것은 훌륭한 치료제가 될 것이라고 확신합니다. 확실한 것은 그것이 움직이는 피를 미묘하게 하고, 따뜻하게 하고, 소화를 돕고, 눈에 띄게 강화한다는 것입니다.** 나중에 설명할 그림을 그린 후, 나는 그 상태를 알아보기 위해 맥박을 짚어보았습니다. 그런 다음 아무런 준비 없이 이 생뿌리의 절반을 가져갔습니다. 그리고 한 시간 후, 맥박이 훨씬 더 활기차고 충만해졌고, 식욕도 돋았고, 훨씬 더 활력이 넘쳤으며, 전에는 없었던 일하기 수월함을 느꼈습니다."

*자르투 신부가 이시진의 본초강목에서 가져온 내용들을 번역한 것을 포함하고 있다.

◆ 참고문헌

P. HUARD, M. J. IMBAULT-HUART, Th. VETTER and M. WONG. UNE THÈSE PARISIENNECONSACRÉE AU GINSENG EN 1736ET PRÉSIDÉE PARJEAN-FRANÇOIS VANDERMONDE. Bulletin de l'École française d'Extrême-Orient, Tome 60, 1973. pp. 359-374

부 록

Le nom de Gin Seng ou Pelsi a été inventé par les Chinois, d'abord à cause de la ressemblance qu'on lui trouvait avec le corps humain, et, ensuite, du fait de ses innombrables vertus. Entre le trente-neuvième et le quarante-septième parallèle septentrional, presqu'aux extraordinaires limites de la Chine, s'élève une longue chaîne de montagnes, recouverte et envahie de forêts denses et d'une luxuriante végétation, presqu'impénétrable à l'homme.Sur le flanc des collines, en bordure des torrents, autour des défilés rocheux, disséminée dans les herbes et les arbres, croît cette plante médicinale qui n'est jamais rencontréeni dans les champs, ni dans les vallées, ni dans les marais : c'est aux alentours du mois d'avril qu'elle sort de terre par une simple tige nue d'un rouge foncé, haute d'un pied. A un peu plus de la moitié de sahauteur, elle est entourée, comme les anémones, d'une couronne depédoncules. Chacun d'eux porte à son extrémité cinq feuilles disposées en rayons, ou encore avec des doigts comme une main en extension, inégaux entre eux, frêles, allongés et pointus, peu dentelés et de couleurvert foncé. La tige se termine en ombrelle, portant à l'extrémité de chaque rayon une sorte de fleur, complète, régulière, polypétale, avecun ovaire. Cet ovaire, que couronne un calice formé de nombreuses pointes, produit des baies initialement vertes, puis blanches et, enfin, rougeâtres, dans lesquelles on aperçoit de nombreuses paires de graines serrées, fendues comme un rein, ou de forme semi-circulaire, de telle façon que l'ensemble rappelle un cœur. La racine, épaisse comme uneplume d'oie ou encore comme le petit doigt, assez souvent fourchue, rugueuse, de couleur jaune clair, munie de radicelles ténues, est mouchetée de très petites taches noires. On peut déterminer l'âge de la plante par le nombre d'anneaux de la tige. La mastication entraîne une douceur agréable et une certaine amertume, rappelant à la fois le goût de la réglisse et du cerfeuil. Les Chinois et les Tartares la cueillent avecune grande solennité et avec précaution au début du printemps et à la fin de l'automne. Ils la nettoient soigneusement, lavent les racines dans une décoction de graines de mil et la sèchent avec attention audessus de la fumée de ces mêmes graines, bouillies dans l'eau, pour leur donner la coloration jaune ; puis, pour les préserver de l'humidité et de la pourriture, on parfait la dessication, par le vent, et on lesconserve dans des récipients en fer, bien propres et soigneusement clos. Des petites racines restantes, ils confectionnent un extrait ; mais les feuilles sont conservées telles quelles pour la préparation du thé.

Consultons les Chinois,les Tartares, les Tonkinois, les Japonais et d'autres Asiatiques vivantsous des soleils différents, chez lesquels, de mémoire d'homme, l'usagedu Gin Seng est répandu, de telle façon que dans quelque maladieque ce soit, il est employé comme thérapeutique ou prophylactiquementquand il se montre apte à reconstituer les forces défaillantes, quelsque soient l'âge, le sexe et le tempérament. Ce n'est pas par amourde la nouveauté chez des peuples aussi nombreux et aussi divers. Dufond des âges, c'est-à-dire depuis une série de siècles, il a mérité le nomde remède éprouvé. Si quelque crédit est à accorder aux voyageursqui ont parcouru ces immenses territoires, tous ces peuples, tant qu'ilssont, font les plus grands éloges de l'emploi des plantes en médecine ;que personne donc n'enlève rien aux louanges que les asiatiquesprodiguent à cette racine. Il faut considérer le texte chinois lui-même, pourconnaître quelles sont les raisons de cette renommée : « Elle est utile« dans les diarrhées, les dysenteries, la faiblesse ou le trouble de l'estomac« et les intestins, de même que dans la syncope, la lipothimie, la paralysie,« les engourdissements et les convulsions. Elle reconstitue de façon« étonnante les forces de ceux qui sont épuisés par des prouesses araou-« reuses : pour ceux qui sont abattus par des maladies aiguës ou chroni-« ques, on ne peut lui comparer aucun autre médicament. Lorsque,« dans la période d'abattement consécutive à l'éruption variolique,« les pustules subsistent, on l'administre en potion à fortes doses, avec« un heureux succès. Prise de façon répétée, elle reconstitue les forces« affaiblies, les restaure admirablement, augmente la perspiration,« donne au corps une chaleur agréable, consolide et fortifie la moelle« des os et les jointures des articulations. Bien plus, ajoute le même« texte, aux sujets déjà proches de l'agonie elle rend une force telle que, « la mort étant retardée, on a le temps et l'occasion d'administrer« d'autres médicaments, au point de permettre souvent au malade de« recouvrer la santé. »

Celui qui, ignorant les principes de la médecine, donne de façoninconsidérée cette plante si active par sa propre nature, amoindritaussi la gloire du Gin-seng ; II faut apprendre de ces mêmes médecinschinois ce qu'on doit prendre et rejeter dans l'usage de cette racine.« Les gourmands et les alcooliques en tirent peu de profit. Dans les« fièvres malignes et épidémiques, il faut l'employer avec précaution,« et aussi longtemps qu'elles sont rémittentes ; elle est à proscrire« dans les fièvres inflammatoires, hectiques, suppuratives et encore« plus dans les morsures du chien et du serpent ; sois prudent dans« les hémorragies, à moins d'en connaître auparavant la cause. Tu« l'essayeras en vain mais sans danger dans les affections goitreuses,« dans le scorbut et les maladies vénériennes : mais tu rendras force« et vigueur aux vieillards et aux débiles, dans les états de l'âme pro-« longés, et dans les états de faiblesse et de grande fatigue accompagnant« les fièvres hectiques. Tu feras œuvre utile et sûre en administrant« prudemment de un scrupule à un drachme de graine dans de l'eau« chaude, en laissant infuser une heure, ou encore en poudre ou en« extrait, ou si tu préfères, ajoutée à d'autres remèdes, de dix à soixante« grains, et davantage dans certains cas, si la nécessité l'impose. » Parla simplicité même de ce médicament, se montre une vertu d'autantplus grande qu'elle stimule la nature elle-même. N'est-il pas étonnantqu'une si grande force soit cachée dans une chose si simple? A partird'une union légitime et heureuse de principes, une vertu s'élève de cemixte, qui est d'autant plus grande qu'elle est débarrassée de partiesépaisses, visqueuses ou terreuses et qu'elle est moins altérée par dessels. Ainsi la famille des végétaux est plus proche de la simple natureque celle des minéraux. Il importe de choisir, en premier, cemédicament qui possède davantage les propriétés d'un aliment que celles d'unmédicament et qui aide plus la nature par des voies insensibles, qu'ellene l'affaiblit en la corrigeant.

Donc, le Gin-Seng répare les forces diminuées par la maladie1.

Le sujet de la thèse

Les Jésuites de la mission de Pékin apprirent de bonne heure lesvertus du Ginseng, appelée « essence souveraine » (wang-lsing) par lestaoistes. C'est la « panacée ь [Panax schin-seng Nées, Panax wangianumSun et Panax pseudo-ginseng Wall.)1. La morphologie de la racine,seule partie de la plante utilisée en thérapeutique, fut à l'origine despremiers caractères qui la représentent. Elle revêt généralement uneforme humaine (jen-chen) et son histoire évoque celle de la mandragore. La partie renflée de la plante constitue la tête et le tronc ; lesramifications figurent en haut les bras, en bas les membres inférieurs ; delà, son nom de jen-cheng (de jen, homme et de cheng, vie), prononcéGinseng en dialecte cantonais.Le R. P. Pierre Jartoux (1688-1720), mathématicien de l'empereur K'ang-hi, nous a laissé une apologie célèbre du Ginseng. La voici2 :« Les plus habiles médecins de la Chine ont fait des volumes entierssur les propriétés de cette plante : ils la font entrer presque dans tousles remèdes qu'ils donnent aux grands seigneurs, car elle est d'un tropgrand prix pour le commun du peuple. Ils prétendent que c'est un remèdesouverain pour les épuisements causés par des travaux excessifs decorps et d'esprit, qu'elle dissout les flegmes, qu'elle guérit la faiblessedes poumons et la pleurésie, qu'elle arrête les vomissements, qu'ellefortifie l'orifice de l'estomac, et ouvre l'appétit, qu'elle dissipe lesvapeurs, qu'elle remédie à la respiration faible et précipitée en fortifiantla poitrine, qu'elle fortifie les esprits vitaux, et produit de la lymphedans le sang, enfin qu'elle est bonne pour les vertiges et les éblouissements, et qu'elle prolonge la vie aux vieillards. On ne peut guère s'imaginer que les Chinois et les Tartares fissentun si grand cas de cette racine, si elle ne produisait constamment debons effets. Ceux-mêmes qui se portent bien, en usent souvent pourse rendre plus robustes. Pour moi je suis persuadé qu'entre les mainsdes Européens qui entendent la pharmacie, ce serait un excellent remèdes'ils en avaient assez pour en faire les épreuves nécessaires, pour enexaminer la nature par la voie de la chimie, et pour l'appliquer dans laquantité convenable, suivant la nature du mal, auquel elle peut êtresalutaire.Ce qui est certain, c'est qu'elle subtilise le sang qu'elle met enmouvement, qu'elle l'échauffé, qu'elle aide la digestion, et qu'elle le fortifie d'une manière sensible. Après avoir dessiné celle que je décriraidans la suite, je me tatai le pouls pour savoir en quelle situation il était :je pris ensuite la moitié de cette racine toute crue sans aucunepréparation ; et une heure après je me trouvai le pouls beaucoup plus pleinet plus vif, j'eus de l'appétit, je me sentis beaucoup plus de vigueur,et une facilité pour le travail que je n'avais pas auparavant, etc. ».

8 인삼을 서양 식물학 분류에 도입한 인물들

◆ Panax ginseng C.A. Meyer라는 고려인삼 식물 종명의 기원

Panax의 유래

동양의 신비한 인삼이라는 약초는 이시진이 저술한 본초강목이라는 중의학서를 통하여 서양에 소개되었다는 내용은 제2장에 서술하였다. 본초강목 전체 내용은 아니지만, 일부가 유럽 여러 나라의 언어로 번역되어 소개되었다. 특히, 동북아시아가 자생지인 인삼은 유럽 나라들에게 관심의 대상이었다. 그 이유는 약 10 cm 내외 정도 되는 작은 인삼 뿌리가 매우 다양한 의학적 효능으로 중국인들에게는 아주 옛날부터 가장 귀중한 의약품(Sovereign Remedy의 뜻; an extremely successful way of dealing with diseases, 질병을 치료하는 가장 성공적인 치료 방법)으로 대접받고 있다는 사실에 놀랐다. 더욱이, 본초강목에 수록된 약초 중에 인삼의 의학적 효능에 대한 내용이 많은 포함되어 있었다.

이시진의 본초강목과 같은 중국 의학서에 기술한 인삼의 다양한 약리학적 효능들을 서구 사회에서는 인삼의 탁월한 효능(virtues)을 한마디로 "만병통치약(Panaceæ)"라고 표현하였다. "Panaceæ"라는 용어를 처음으로 사용한 사람은 중국의 "본초강목"이 출간된 지 약 92년 후인 1688년, 존 레이(John Ray)가 출간한 "Historia Platarum" 책에 언급되어 있다(제5장).

특히, 중국에 파견된 프랑스 선교사 자르투가 1711년 소개한 인삼 그림과 본인이 극도로 피로할 때 인삼을 먹고 극복한 경험담과 타타르들이 주장하는 인삼의 다양한 효능들에 대한 보고서가 프랑스를 중심으로 유럽에 소개되었다. 이어서 자르투의 다른 대륙에 인삼 자생지 예언에 영감을 받아 캐나다에 파견된 프랑스 선교사가 라피토가 캐나다 몬트리올 근처에서 발견한 동양의 인삼과 비슷한 식물을 발견하고, 그곳 원주민 인디언들이 미국삼의 의학적 활용에 대한 내용들을 1718년 본국에 보낸 보고서들은 유럽 전역에 그들의 언어로 번역되어 퍼졌다. 더욱이, 1736년 프랑스 의과대학의 드 생바스는 "**인삼**"이라는 주제로 최초로 박사학위를 받은 내용들이 알려졌다. 드 생바스의 박사 학위 논문 내용은 본초강목과 자르투와 라피토가 그들의 편지와 보고서에 기록된 내용을 근거로 실제 인삼이 다양한 효능 발현을 통하여 질병으로 허약해진 사람 치료에 응용하는 것이 가능하다는 것을 강조한 것이다.

식물학적 인삼 명칭 배경

16~17세기 유럽이 남·북아메리카 대륙으로 세력을 확장하고, 이어서 동양 쪽으로 눈길을 돌리면서 대항해 시대와 식민지 건설이 한창 이루어질 때였다. 이로 인하여 전 세계 식민지로부터 유럽으로 들어오는 다양한 동식물이 유입되었다. 17세기 자연과학(자연사)이 발달함에 따라 유럽 외에서 들어오는 수없이 많은 동물과 식물을 분류하여 거기에 알맞는 학문명을 붙일 필요가 생겼다. 그렇지 않고는, 유럽 외에 다른 아메리카 대륙이나 아시아에서 발견되어 유럽으로 유입되는 동식물을 구분하는 것이 너무나 다양하고 어렵기 때문이었다. 유럽의 동물학자나 식물학자들이 새롭게 발견되거나 동물이나 식물을 종에 따라 구분하는 방법을 찾아내는 방법을 모색하였다. 여러 학자들이 자기들의 개별적으로 개발한 동·식물 분류법을 학계에 보고

하였으나, 최종적으로 채택된 동식물 분류법은 칼 폰 린네(Carl von Linné, 1707~1778년)가 제시한 방법이 유럽 과학계에서 채택되었다.

인삼 분류와 관련한 내용을 간단하게 기술하면, 린네는 유럽에 소개된 아주 멀리 아시아에서 온 동양 인삼과 또 북아메리카 대륙에서 새롭게 발견된 동양 인삼과 비슷한 약용 식물을 그냥 두고 보고만 없었을 것이다. 그 당시 유행했던, 18세기 초반 린네와 같은 식물 분류와 관련된 연구를 수행하는 식물학자의 입장에서는 처음 서양에 소개된 동양의 신비한 인삼이라는 식물을 분류하는 것이 하나의 중요한 과제일 것이다.

1753년 린네는 자기가 고안한 방법에 따라, 먼저 라피토가 북미 캐나다에서 발견한 인삼의 명칭을 두릅나무(오가피)과(*Araliaceae*) 파낙스속(Panax genus) 다섯 잎 종(quinquefolius species)으로 하였다(그림 8-1)(부록 참조). Panax는 그리스어로 "**Panakeia**"를 의미하고, 그 의미는 "만병통치약an universal remedy"의 의미다. 따라서, Panax의 어원은 **이시진**의 본초강목에 기술된 인삼의 다양한 효능과 **존 레이**가 붙인 "Panaceæ"을 "Panax"로 명칭을 붙이는데 참조했을 것이다(제5장). 유럽에서 발견된 약초 중에 인삼만큼 다양한 효과를 발휘한다고 주장하는 식물은 없다. 다만, 인삼과 비슷한 형태의 맨드레이크[20](혹은 "만드라고라"라고도 부르고 지중해 지역에서 자생함)가 있었을 뿐이다. 특히, 식물을 분류하는 린네는 그 식물의 특징에 알맞은 명칭을 붙이기 위하여 고심하였을 것이다. 본초강목에 포함된 인삼의 다양한 효능이 유럽 여러 나라의 언어로 번역이 되었을 때 유럽 학자들이 관심을 갖는 것은 당연하다.

20 맨드레이크 : 맨드레이크 또는 만드라고라는 가지과 맨드레이크속에 속하는 식물들의 일반적인 명칭이다. 맨드레이크의 뿌리 모양은 사람의 손가락과 유사하기 때문에 마법 의식에서 오랫동안 사용되어 왔다.

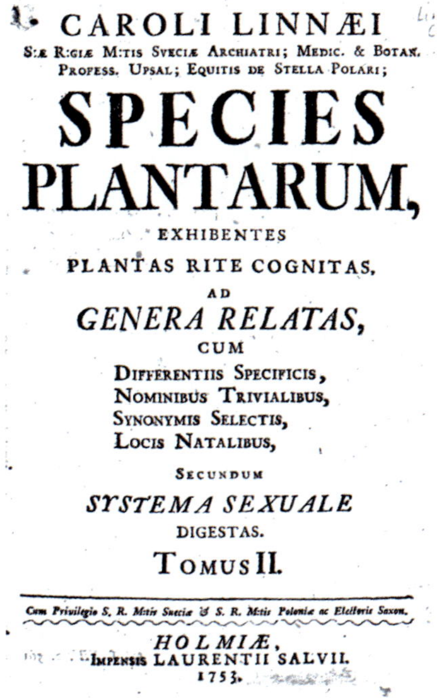

CAROLI LINNÆI
S:Æ R:GIÆ M:TIS SVECIÆ ARCHIATRI; MEDIC. & BOTAN. PROFESS. UPSAL; EQUITIS DE STELLA POLARI;

SPECIES PLANTARUM,
EXHIBENTES
PLANTAS RITE COGNITAS,
AD
GENERA RELATAS,
CUM
DIFFERENTIIS SPECIFICIS,
NOMINIBUS TRIVIALIBUS,
SYNONYMIS SELECTIS,
LOCIS NATALIBUS,
SECUNDUM
SYSTEMA SEXUALE
DIGESTAS.
TOMUS II.

Cum Privilegio S. R. M:tis Sueciæ & S. R. M:tis Poloniæ ac Electoris Saxon.

HOLMIÆ,
IMPENSIS LAURENTII SALVII.
1753.

그림 8-1　인삼에 학문명을 부여하여 처음으로 식물학에 편입시킨 문헌.

문헌 제목: 식물종(Species Plantarum)은 관련 속으로 잘 알려진 식물들을 구체적인 차이점, 명칭, 선택된 이명, 원산지, 생식 기관에 따라 분류하여 예시한 책이다. 제2권. HolmiÆ, 1753년(Species Plantarum, exhibentes plantas rite cognitas ad genera relatas, cum differentiis specificis, nominibus, synonymis selectis, locis natalibus, secumdum systema sexuale digestas, Tomus II. HolmiÆ, 1753). p.1058~1059에 서양삼 분류가 있다.

Ginseng의 유래

린네가 서양삼에 Panax quinquefolius Linn.이라고 학명을 부여한 후, 1833년 독일의 식물학자인 테오도르 네스는 동양 인삼을 자기의 이름을 붙여 “Panax Schinseng var. Coraiensis T. Nees”라고 이름을 붙였다. 1753년 린네가 분류한 서양삼과 분류 차이는 린네가 분류한 서양 인삼과 동양 인삼이 다르다는 것을 보여주기 위함이었다. 여기서 “**Coraiensis**”는 한국의 “**Corea**”를 의미한다. “Schinseng”인 인삼의 중국식 발음이다. 그러나, 네스가 제안한 인삼 분류는 최종적으로 국제적으로 받아들이지 않았다. 그 후 Schinseng은 **ginseng**으로 바뀌었다. 1795년 독일에서 태어났지만, 러시아로 귀화한 러시아 학자인 **칼 안톤 폰 메이어(Carl Anton von Meyer, 1795-1855년)**가 **1843년** 세계 식물학회에 인삼을 이종 명명법에 따라 "Panax ginseng C.A. Meyer"라고 등록하면서 공식화되었다.

C.A. Meyer의 유래

그 당시 인삼과 관련된 연구는 대부분 서양인이 아니라 동양인이 했지만, Meyer는 인삼 분류 하나로 유명해진 서양 학자다. 1843년 학술지에 동아시아 인삼을 미국 인삼과 구별시키면서 동아시아 인삼의 정식 학명을 "*Panax* ginseng C.A. Meyer"라고 한 것뿐이다. 이 학명은 현재까지 사용하고 있다. 옛말에 "호랑이는 죽어서 가죽을 남기고, 사람은 죽어서 이름을 남기다"는 말이 틀린 것은 아닌 것 같다. 우리가 자랑스럽게 학술지에 우리나라 고유의 고려인삼 성분이나 효능 연구 결과를 보고할 때, 의식적으로 혹은 무의식적으로 항상 따라다니는 인삼의 학명을 기술하게 되는데, 인삼학명이 C.A. Meyer라는 단어가 따라다닌다. Meyer가 인삼을 학문적으로 분류하는데 얼마나 많은 노력을 기울렸는지는 몰라도, 인삼 species 분류를 한 공로로 인삼 역사에 남게 되었다. Meyer가 인삼을 *Panax* ginseng C.A. Meyer를 명명했다고 주장했던 학술지는 알려져 있으나, 인터넷을 통하여 원본을 찾기가 어려워 원본 내용은 생략한다.

그 후 인삼과 유사한 다른 인삼 종들이 발견되면서 그들의 이름들도 등록되었다.

Panax japonicus C.A. Meyer = Panax pseudoginseng Wall. Subsp. japonicus (일본 인삼, 죽절인삼)

Panax notoginseng E.H. Chen (중국 전칠인삼)

Panax pseudoginseng Wall. subsp. himalicus Hara (네팔 히말라야 인삼)

Panax vietnamensis (베트남 인삼)

한 가지 독자에게 꼭 전달하고 싶은 말이 있다. "**Panax**"라는 이름을 가지 식물 종(species)들이 인삼을 포함하여 전 세계 61종들이 있다는 것을 알았으면 한다. 인삼만이 Panax란 이름을 가지고 있다고 상업적 목적으로 선전하는데, Panax라는 용어는 인삼 전유물이 아니라는 것이다.

◆ 참고문헌

Caroli Linnaei "*Species plantarum exhibentes plantas rite cognitas, ad genera relatas, cum differentiis specificis, nominibus trivialibus, synonymis selectis, locis natalibus, secundum systema sexuale digestas*. Tomus II(vol 2) (1753). p.1058-1059.

Panax ginseng C.A. Mey. *Rep. Pharm. Prakt. Chem. Russ*. 1: 524 (1842), wfo-0000263606. Aralia ginseng, (C.A.Mey.) Baill. Hist. Pl. 7: 197 (1879).

https://wfoplantlist.org/taxon/wfo-4000027849-2024-06?page=1

부 록

문헌 제목

Species Plantarum, exhibentes plantas rite cognitas ad genera relatas, cum differentiis specificis, nominibus, synonymis selectis, locis natalibus, secumdum systema sexuale digestas, Tomus II. HolmiÆ, 1753. 아래 인삼 분류에 대한 소개는 p1058~1059에 있다.

PANAX.

1. RANAX foliis ternis quinatis.- Gros. virg.. v 147: Mat. med. 11 . Aureliana tov it s. Lafi. gizf. s e T. 1d care 3. £-.16. t. 16

Araliastrum, quinquefolii folio, majus Ninsin vocatum. Vaill. fex. Habitat in Canada, Pensylvania, Virginia. Semina producunt folium: ternatum CA cótyledonibusuti monacotyledones.

2. PANAX foliisternis ternatis. Gros. virg. 3s. c trifoliym. Araliastrum, fragariz folio, minus, PaL. fex. 43.Naíturtium marianum, anemones fylvatice foliis, enncaphy lon, floribus exiguis. Pink: mant, r 135: z. -4357.

Habitat i in Virginia, Y. ; ` Přecedenii maxime ‘affinis forte varieti, i mari dhoris facie EF parvitate.

(위 내용은 린네가 처음 분류한 서양삼에 대한 기술 내용이다. 원본 상태가 안 좋아서 라틴어어 번역 해상도가 떨어져 번역문은 생략함).

9 조선인삼경작기

동북아시아 국가들이 고갈되는 야생삼(산삼) 채취 방식에서 밭 인삼재배로 전환하도록 하였다. 조선인삼경작기는 일본이 조선에 가져간 고려인삼의 대량생산 계기를 마련한 세계 최초의 인공 인삼재배 참고서적이다.

◆ 사카노우에 노보루의 고려인삼 인공 재배 성공과 세계 최초 인삼 인공 재배 관련 전문 서적

사카노우에 노보루(坂上登, 1717~1776년)는 일본에서 조선에서 가져간 고려인삼 인공 재배 시도 및 성공을 "**조선인삼경작기**朝鮮人蔘耕作記: 최초 조선종 고려인삼[21] 인공 재배 전문 서적"라는 세계 최초의 인삼 재배 전문 서적을 **1764**년 출간하였다. 일본으로 가져간 조선 인삼재배 어려움을 극복하고, 자생지가 아닌 다른 나라에서도 재배하기 어려운 고려인삼을 인공 재배할 수 있다는 직접 경험을 살려서 저술한 서적이다. 물론 그 전부터 조선에서는 일부 농민들이 인삼을 산삼이 아닌 밭에서 재배(가삼家蔘)하였다는 기록들이 있다. 일본과 달리, 우리 조상들은 인삼 인공 재배의 단적인 표현 "인삼재배는 호랑이 길들이는 것보다 더 어렵다"고 말하면서도, 인삼재배의 어려움을 극복하는 방법을 후

21 조선종朝鮮種 인삼 : 일본이 조선에서 가져간 고려인삼(종자포함) 재배 성공 후 얻은 인삼을 조선종 인삼이라 부름

손에게 기록으로 남기거나 문헌으로 전달하려는 것과는 거리가 있었다. 그러나, 그 당시 이 책만큼 성공적인 인삼재배를 위하여 구체적이고 실용적으로 자세한 기록한 책은 없다. 2009년 농촌진흥청의 후원하에 구자옥具滋玉과 이미애李美愛가 "조선인삼경작기"를 한국어로 번역한 것을 참조하였다.

◆ 일본의 조선인삼 인공 재배 시도 배경

조선 인삼 수입 대체 효과 기대

17~18세기 일본은 조선에서 인삼을 수입하여 의약재 재료로 조달했다. 조선 인삼 수입이 급증하자, 수입대금인 은이 고갈되었다. 일본 정부 차원에서 일본 내에서 조선에서 가져온 생삼 및 종자로 인삼 인공 재배를 시도한다. 1737년 여름, 사카노우에 노보루가 20세 때, 쇼군 요시무네로부터 조선인삼 종자 20개를 받아 이를 자신 밭에 뿌리고 번식시킨 과정을 그림까지 곁들여 상세히 기록하였다. 그 후 지속적인 노력으로 조선에서 생삼과 종자 도입 27년에 만에 성공한다.

일본은 3단계를 거쳐서 고려인삼 인공 재배와 재배한 인삼을 일반국민들이 활용할 수 있게 한다.

첫 번째 단계는 앞에서 기술한 바와 같이, 18세기 초 일본 정부가 쓰시마 번주에게 명령하여 조선 남해안 왜관(부산포 포함)이라는 항구에서 생삼과 종자 입수다. 다년간에 걸쳐서 생삼과 종자를 쓰시마 번주를 통하여 일본 정부에 인삼이 전달된다. 또, 일부는 중국에서도 생삼을 가져온다.

두 번째 단계는, 정부에서 직접 관리하는 약원(어약원御藥園, 국가에서 관리하는 약초밭)을 설치한다. 또, 정부에서 어약원을 관리하는 관리인을 파견하고, 약초 전문가(본초가)들에게 명령하여 조선이나 중국에서 가져온 생삼이나 종자를 직접 재배하여 조선종 어종 인삼(조선에서 들어온 인삼)을 생산할 수 있도록 지시한다.

세 번째 단계는, 정부에서 관리하는 인삼이 어느 정도 궤도에 올랐을 때, 조선종 인삼 종자를 일반 농민들에게 팔거나 나누어 주고, 어약원에서 시행했던, 인삼재배 기술을 농민들에게 전수한다. 그래서, 인삼재배를 장려하고, 인삼을 대량 생산할 수 있는 시스템을 갖추도록 하는 단계이다. 또, 농민이 수확한 인삼을 정부에서 전적으로 수매하고, 인삼 판매소를 설치하여 일반 국민들도 수확한 인삼을 구입하여 질병 치료로 백성을 위하여 활용할 수 있도록 하는 과정을 거친다.

즉, 왕실이나 귀족 위주의 인삼 소비에서 일반 국민들도 질병 치료에 인삼을 사용할 수 있는 정책을 실시하였다. 그럼에도 불구하고, 그 당시, 일본에서 인공 재배한 인삼의 가격은 다른 약초에 비하여 비쌌다.

일본 정부가 시행했던 인삼 인공 재배 정책은, 그 당시 인삼 자생지인 조선이나 중국과는 달랐다. 즉, 인삼 자생지인 조선이나 중국은 조금이라도 많은 인삼을 산에서 채취(착취)하여 약용으로 활용한다는 개념이 주요 정책이었다. 반면에, 일본 정부는 인삼을 잘 번식시켜 활용한다는 개념에 중점을 두었다. 이를 위하여 아래에 기술한 것과 같이, 이런 일본 정부의 정책에 따라 인삼 번식(재배)을 잘 시키기 위한 서적이 나오는 것은 자연스러운 현상이라고 생각할 수 있다.

일본의 조선 인삼 입수 과정 기록

18세기 초중반 조선에서 산삼이 점차 고갈되자 산삼을 밭에서 인공 재배를 시도해서 공납이나 중국 사절단을 통한 거래 혹은 일본으로 수출이 이루어졌을 것으로 추측은 가능하지만, 조선에서의 인삼 인공 재배는 문헌상 명확하게 기록되어 있지 않다. 다만, 일부 숙종 때 기록된 문헌에 인삼 묘목이라는 기록이 있다. 또, 공식 기록으로는 정조 때라고 되어 있는 기록들이 있다. 일본으로 유출된 것은 살아있는 생삼과 종자라고 기록이 있으나, 조선에서는 일본보다도 훨씬 먼저 인삼 인공 재배(가삼 재배)가 이루어지고 있지 않았을까 추측은 할 수 있다. 그러나, 공식적으로 일본에서 출간된 "조선인삼경작기"보다 더 빠른 공식적 기록을 가진 조선의 서적은 없다. 조선은 조선인삼경작기가 나온 뒤 34년 뒤, 인삼재배와 관련된 "삼서蔘書"(조선에서 1800년 이학규가 출간한 인삼재배와 관련된 문헌)라는 책이 왜 늦게 나왔을까? 그 이유는, 조선 시대 가삼 재배 방법은 인삼재배 농민 자신들의 노하우(know-how)가 아니었을까? 그래서, 인삼재배 기술을 기록으로 남기지 않고, 자손/친척이나 이해관계가 같은 사람끼리 입에서 입으로 혹은 직접 재배 기술을 전수하지 않았을까 추측해 본다.

아래 내용은 조선 인삼을 일본으로 가져오는 과정을 일본 "조선인삼비사 내용 중 **쓰시마 문서**"에 기록된 대화를 소개한다.

교호享保 4년(1719년) 기해 6월 19일, 노중老中 쿠제 야마토모리시게노久世大和守重之[에도 막부幕府에서, 쇼군将軍에 직속되어 정무를 통할하던 최고의 사람]가 에도 쓰시마 저택対馬屋敷에 있는 사람을 호출했다. 주인이 없는 집이었고, 집을 지키는 겐타쿠에몬原宅右衛門이 나가보니 한 봉지 안에 들어있는 인삼과 같은 것을 보여주면서, 이것은 조선에서 약재으로서의성질은 좋은 것인지 어떤지, 들어가서 잘 조사해서 서면으로 결론을 내일 아침에 내놓으라고 하는 것이었다. 저택으로 돌아와 집안사람들에게 보여주었는데, 조선에서는 이러한 인삼은 본 적도, 생산한다는 것을 들어본 적도 없고, 따라서 약으로서의 성질도 알 수 없다는 것이 개인적인 결론이었다. 이것은 죽절인삼(당시 명칭은 불명)의 지상부와 지하부의 견본으로, 인삼을 취급하고 있는 쓰시마섬 저택의 사람이 이것을 보고 뭐랄까 시험한 것이 아닐까? 혹은, 당시 일본에서는 죽절인삼의 약물로서의 평가가 정해져 있지 않았기 때문에 조선에서의 죽절인삼 평가를 물었을 것이라고도 추측된다. 이때부터 막부의 인삼재배 행보가 시작되었다. 죽절인삼 재배 시작을 생각하고 있었는지도 모른다. 1719년 6월 22일, 즉 3일 후에 다시 쿠제 야마토마모루久世大和守의 하인으로부터 쓰시마 저택対馬屋敷의 집을 지키는 사람 1명이 호출되었다. 이에, 스즈키 사지에몬鈴木木左治右門이 야마토마모루 집을 방문하자 인삼 그림을 제출하도록 요구받았다. 이때 인삼은 땅 위에서 몇 자 정도 자라느냐는 질문에 줄기, 잎 모두 두 자(약 60 cm, 한 자의 길이는 약 30.3 cm) 정도라고 대답한다.

그 다음 23일, 상세하지는 않지만, 인삼을 보고 기억하고 있는 것의 대강을 그림으로 그린 것과 7, 8월에 천료千両(죽절초)와 같은 붉은 열매가 달리고, 9월에 뿌리를 캐는 것, 북향의 수풀에 자연적으로 자라는 것으로, 재배는 불가능하다고 조선에서도 알려져 있는 것을 포함하는구상서口上書(인사말이나, 회의 순서 등을 기록한 것)와 함께 인삼 그림을 쿠제 야마토마모루의 저택에 보냈다. 다음날 제출하는 것은 느리기 때문이다. 어떤 사람이 무엇을 근거로 그린 것인지 매우 흥미롭다. 여기에 제시한 그림을 보면, 원래 그림을 보지 못하였으나, 채색되어 있다는 것이다(그림 9-1). 사진으로 보면 열매를 맺은 삼백오엽三栢五葉(뿌리가 하나, 줄기가 셋, 잎이 다섯이 난다는 것, 삼지오엽이라고도 함)의 지상부와 하부에 직근直根이 그려져 있다. 심지어 여백에 꽃도 그려져 있다. 약도(略図, 요점만 간단하게 그린 그림)이면서, 대략적인 특징을 나타내는데, 정확하게 묘사한다면, 잘못된 부분으로 잎자루 끝에 5장의 소엽小葉(중앙엽 1, 제1 측엽 2, 제2 측엽 2)이 달려야 할 곳을 소엽 자루를 전혀 그리지 않고, 단풍잎처럼 5장의 소엽이 한 장으로 이어져 있다. 현재 알려진 이 속(파낙스속 중국 인삼속)의 식물에는 이런 엽형이 없다(그림 9-1).

교호享保 6년(1721년) 10월 23일, 쓰시마번주의 하인 스즈키 사지에몬鈴木木左治右門이 노중老中 미즈노 이즈미 마모루水野和泉守의 저택을 방문하였다. 스즈키 사지에몬은 쓰시마 영지로부터 인삼의 생근生根 3개가 도착했으므로 진상하고 싶다는 뜻을 전달하였다. 이는 쇼군 요시무네吉

그림 9-1 쓰시마 번주(쓰시마시키)가 조선에서 가져온 인삼을 쇼군에게 전달하기 전 그린 인삼 그림. 원래 인삼잎은 잎자루가 있고, 잎자루에 인삼잎이 달려 있는데, 이 그림에서는 잎자루 없이 가지에 인삼 잎이 바로 달려 있는 것으로 나와 잘못 그려졌다(붉은 원 화살표).

宗 시의侍医 임양희林良喜를 통하여 미리 내의内意(요시무네 속마음)가 비밀리에 전해진 것이었다. 그래서, 쓰시마번이 부산의 왜관에 명령하여 비밀리에 조선에서 인삼 생근을 입수하도록 하고, 쓰시마번주 주군主君과 함께 에도에 도착한 것이다. 그 헌상献上 지시를 노중老中에게 부탁할 때, 마모루의 하인 아카호시 야산자에몬赤星弥三左衛門은 사지에몬左治右門에게 어느 분으로부터의 내의인가 하고 묻고 있다. 쓰시마번 내에서도 조선으로부터의 인삼 생근 반입 및 쇼군 진상에 대하여 신중한 배려가 있었을 것이다.

다음 날 24일 저녁, 쓰시마 저택에 이즈미 마모루和泉守의 하인으로부터 내일 아침에 오라는 편지가 도착했다. 사지에몬左治右門이 다음날 아침 6시에 이즈미 마모루和泉守의 저택에 방문하자, 이즈미 마모루和泉守의 하인인 야산자에몬弥三左衛門이 이르기를 조선 인삼 생근의 진상은 준비가 되어 있으면 오늘이라도 가져오라는 것이었다. 그 외 질문으로, 쓰시마 영지에서는 인삼을 들여와 심은 적이 있는지, 그 방법을 알고 있는지 묻고 있다. 사지에몬은 그것들에 대해 아무것도 모르고, 단지 이번 인삼 생근도 매우 어렵게 겨우 구한 것으로, 이식植付의 모습은 알고 있는 사람도 있기 때문에 서면으로 진술한다고 하고 돌아가고 있다. 양자 간의 주의 깊은 응대가 엿 보인다. 그리고 낮에는 인삼 생근을 심은 상자를 보관 박스(box)에 넣고 목록과 책갈피를 첨부하고, 오늘 아침 질문이 있었던 인삼을 이식하는 것에 대한 줄거리를 적은 자료와 함께 내밀고 있다. 사지에몬은 이즈미 마모루가 즉시 막부에 출근해야하는 뜻을 쓰시마 번주에게 전하고 있다.

다음날 25일 저녁, 사지에몬은 이즈미 마모루의 하인으로부터 호출되었다. 이즈미 마모루의 하인은 "인삼의 생근을 바쳤더니 희귀한 것이므로 어떻게든 뿌리내리도록 하고 싶으니"라고, 사지에몬에게 말하니 사지에몬은 "듣는 것처럼 조선에서는 재배하는 것이 아니라, 자연적으로 산에 자라고 있는 것이므로 손질 방법은 없다"라고 말씀드렸다. 그러나, 이즈미 마모루의 하인은 사지에몬에게 어쨌든 생근을심는 방법, 사계절 관리법을 써서 제출하라는 것이었다.

다음날 26일, 이른 아침 6시에 사지에몬은 이즈미 마모루야시키에 참배하고 이미 지참한 글을 아카호시赤星라는 하인에게 제출했다. 지참한 글에는 조선에 파견하고 있는 관리에게 인삼 생근을 어떻게든 입수하도록 명령했을 때, 심는 방법과 손질 방법을 알아보게 했지만아는 것은 없다. 산중에서 캐는 인삼은 크기가 2~3 cm에서 4~5 cm 정도로, 흙 속에서 줄기가 생기고, 북향에서 잘 자라고, 여름에는 나무그늘이나 약간 밖에 해가 비치지 않는 곳에서 자란다고 한다. 이건 이국인異国人(여기서는 조선인을 지칭)이 하는 말이라 확실하지 않을지도 모르지만, 질문을 받았기 때문에 말씀드립니다, 라고 적혀 있었다. 덧붙여 25일의 헌상이 무사히 종료된 것은 이즈미 마모루로부터 쓰시마야시키에 알려져 있다.

이상은 "쓰시마문서対馬文書"라고 불리는 쓰시마번의 기록문서에 조선에서 인조선 인삼 생근이 일본으로 넘어왔고 헌상 과정을 일부 현대어로 발췌한 것이다. 이러한 당시의 일이 자세하게 기록되어 있는것이 아니다. 또한, 조선의 인삼자원 감소로 쓰시마번의 대조선 무역은 불황으로 막부로부터 자금을 빌리지 않고는 협력하지 않을 수 없는 상황에 있었으므로 방법은 없고, 위기감 속에서 막부의 의도는 알수 있다고도 할 수 있을 것이다. 또한, 쇼군 요시무네将軍吉宗의 의도가 측근, 노중, 하인 등을 통해 잘 전달되어 신중하고 신속하게 일이 처리되고 있으며 쓰시마 집만 해도 영지에서 멀리 떨어져 있는 출처 기관이면서 어려운 문제에 빠르게 대응하고 있다. 또한, 엄격한 신분제도 속에서 비교적 행동이 자유로운 의사의 입장에서 임양희(林良喜, 요시무네의 시의, 아버지는 기슈번의 임량이林良以)와 같이 적재적소에서 사용되어 막부의 명령에 의한 것이 아니라 쓰시마번으로부터의 헌상으로 한 것에도 충분한 배려인지 알 수 있다. 사실 일은 순조롭게 진행됐고 모두 만족스러운 결과로 끝났다.

요약하면, 고려시대 문익점이 중국에서 목화씨를 가져오듯, 일본으로 건너간 조선 인삼은 부산포(왜관 포함) 일본인 상인→쓰시마 번주 전달→막부에 전달→쇼군이 일본 의료 관계자 재배 지시→조선에서 가져간 인삼을 25년 만에 일본에서 재배에 성공한다.

사카노우에 노보루의 조선인삼경작기 저술 경위

사카노우에 노보루가 "조선인삼경작기"를 저술한 경위는 다음과 같다. 즉, 사카노우에 노보루가 젊었던 시절 일본이 인삼재배를 여러 차례 시도하였으나, 매번 실패하였다. **만약에 조선과의 교역 단절되어 인삼 수입이 막힌다면, 인삼을 의료용으로 사용할 수 없어 일본 의료계는 혼란에 빠질 것을 우려하였다. 그런 상황에 대비하기 위한**

것이었다고 한다. 위에서 서술한 바와 같이, 1728년에 일본의 막부幕府는 조선의 인삼 종자를 니코日光 지역의 산지밭山間田에 심어서 드디어 첫 성공사례를 거두게 되었다. 이때 사카노우에 노보루는 막부의 어용계御用係에 임용되어 매년 두어 차례에 걸쳐서 니코의 관영 인삼 시작장官營人參試作場 현지 포장에 머물며 인삼에 대한 본격적인 관찰·시험·연구를 하게 되었다.

특히, 사카노우에의 실제 인삼재배를 통한 체험적 지식과 함께, 1763년 이래로 막부의 신전조실정神田組室町에 설치하였던 "인삼좌人參座" 즉, 인심 수집 판매장의 업무차 수행하였던 동북지역 현지 출장에서 수집할 수 있었던 더 많은 인삼재배 자료 및 정보를 추가하여 본책의 체계적 정리와 집필이 가능케 되었던 것이다. "조선인삼경작기"의 초판본인 『인삼경작기』는 1747년에 저자인 사카노우에 노보루에 의하여 집필이 완성되었다. 이듬해인 1748년에 초판본이 출간되기에 이르렀으나 1761년(寶歷10), 불행하게도 화재를 만나 그 원본이 소실되었다. 그러나 저자는, 자신의 다년간 경험을 통하여 터득하였던 인삼의 재배법이나 약제 제조법을 보다 쉽고 실용적인 글로 써서 전문의나 취급상 및 재배농과 제조 기술자들에게 일반화시키고 보급을 촉진하려는 의도를 되살려 1764년 증보판을 쓰기에 이르렀다(그림 9-2).

사카노우에 노보루가 스스로 밝히고 있는 바와 같이, 일본은 인삼재배 조건이 조선과 모든 것이 달랐기 때문에 인삼재배와 관련된 지식과 기술을 스스로 실험하여 알아내는 도리밖에 없는 것으로 판단하고 고심하였다고 한다. 그러나, 실제 재배 경험으로 알아낸 바는, 결국 조선의 인삼재배법과 같았다고 한다(즉, 이 의미는 조선에서는 책으로 나오지 않았지만 이미 인삼 인공(가삼) 재배가 진행되고 있었다는 의미다). 즉 조선의 전통 기술을 따라서 하는 것이 최선일 수밖에 없음을 알게 되었던 것이다. 따라서, 조선 인삼의 재배 방법이 일본 인삼

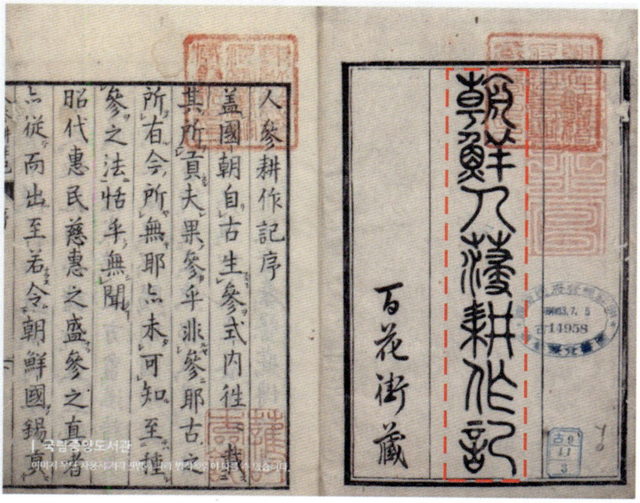

그림 9-2 사카노우에 노보루가 저술한 조선인삼경작기 제목(붉은 점선 box).

인공 재배의 기반이 될 수밖에 없었던 이유다. 이런 사실들을 기반으로 사카노우에 노보루의 저술이 이루어졌을 것이다.

조선인삼경작기 주요 내용

조선인삼경작기 내용은 인삼 싹이 나고 자라서 4년째 꽃이 피고 씨를 맺을 때, 1) 인삼 종자 수집 시기, 2) 종자 씻는 방법, 3) 종자 심기, 4) 어린 인삼 뿌리나누기, 5) 1년생 이식 및 밭 벌채법, 6) 인삼밭 토양 종류 만들기, 7) 인삼 해충의 형태와 피해 상황 및 병충해 방제법, 8) 수분 관리, 9) 경엽 제거, 10) 뿌리 형상 구분 등으로 나누어 순서대로 다양한 29개 그림들을 통하여 알기 쉽게 자세하게 기록하고 있다. 그늘을 만들기 위하여 인삼밭 주변에 심어야 할 나무 종류와 인삼 가공법과 인삼 품질을 구분하는 법 등을 체계적으로 기술하고 있다(그림 9-3). 특히, 인삼 해충의 종류와 그 해충이 인삼에 손상을 입히는 방법과 부위 및 방제법을 자세하게 기술하고 있다. 끝으로 자신이 관리하는 밭에서 수확한 28년 된 조선종 인삼 그림을 보여주면서, 일본에서

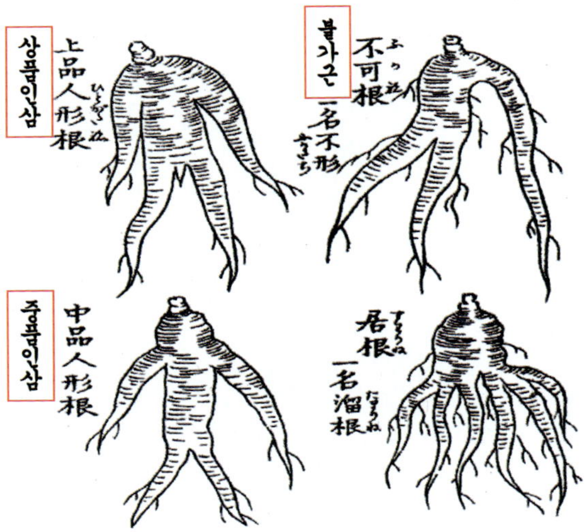

그림 9-3 조선인삼경작기에 나온 인삼 등급. 사람 모양을 잘 닮을수록 인삼 등급이 높은 것으로 나온다. 이것은 아마도 이시진의 본초강목에 나온 인삼의 사람 모양에 영향을 받지 않았나 생각된다(제2장). 아이러니하게도 인(홍)삼이 사람 모양을 닮아야 효능이 좋고 비싸다는 전통이 아직도 동북아시아에 남아 있다. 그러나, 서구 사회에서 인삼의 형태를 중요하게 여기지 않는다(제16장).

도 조선에서 가져온 인삼의 장기 재배 가능하다는 것을 증명하고 있다(그림 9-4).

◆ 18세기 인삼 인공 재배 성공과 재배 방법에 대한 서적 출간의 파급 효과

일본은 일찍이 서양에 문호를 개방하여 서양 문물을 받아들였을 뿐만 아니라, 동양 고유의 것들을 서양으로 전파하는 중계 역할을 한다. 조선에서 가져간 고려인삼 인공 재배와 관련하여 일본어로 된 “조선인삼경작기”가 영어나 프랑스어 혹은 다른 유럽 국가의 언어로 번역되어 출간되었는가에 대한 것은 확실하지 않다. 그러나, 조선에서 수입한 인삼이든지 혹은 일본에서 재배된 인삼이 서양과의 무역을 통하

그림 9-4 사카노우에 노보루가 직접 자신의 인삼밭에서 채취했다고 하는 28년생 인삼 그림. 이 인삼은 해마다 옮겨 심으면서 잔뿌리는 제거한 것으로 보인다. 흥미롭게도 그림 9-3의 기준에 따른다면, 품질이 제일 낮은 인삼 등급에 해당된다.

여 서구 세계에 전달된 것은 확실하다. 그에 대한 증거는, 제2장에서 콕스라는 동인도 회사 직원이 일본에서 구입한 고려인삼을 유럽에 보내는 편지가 있다. 또, 서양 학자들에 의한 인삼을 "Ninzin닌진" 혹은 "Ninsi닌시"이라는 일본식 표기를 "ginseng"과 병행하여 사용하는 경우가 많기 때문이다. 따라서, 일본은 인삼을 유럽 국가들에 판매하여 인삼을 유럽에 알리고 인삼의 세계화에 기여한 것으로 예상된다.

두 번째는 경제적인 효과이다. 그 동안 조선에서 수입하여 사용하여 왔던 인삼을 장기 자체 생산을 통하여 의료용 인삼을 자급자족하는 수입대체 효과를 거두었을 것으로 예상된다. 또 인삼 생산국으로서 조선에 역수출을 했는지는 불확실하지만, 많은 양은 아니지만 "동양삼"이라는 이름으로 중국에 수출하여 인삼으로 인하여 경제적인 도움을 받았을 것으로 예상된다.

마지막으로, 일본에서 조선종 고려인삼 재배 성공은 20세기 초 일

그림 9-5 일경삼아오엽(一莖三椏五葉)이라 하였는데, 이것은 뿌리가 하나, 줄기가 셋, 잎이 다섯이 나고 열매는 붉다는 것이다. 인삼(산삼)의 특징이다.

본이 인삼과 관련한 연구에서 선두적인 역할을 할 수 있는 토대를 마련한 것으로 생각된다(제17장). 서양 과학의 빠른 도입으로 아시아 국가들 중 과학이 제일 발달한 일본은 이를 기반으로 20세기 초부터 일본 학자들이 인삼 연구를 시작하였다. 그들이 사용한 인삼은 조선이나 중국에서 수입한 인삼이 아니다. 비록, 조상은 조선일지라도 일본에서 자체 생산한 일본산 고려인삼을 사용하였다. 특히, 인삼 사포닌 구조를 처음 밝힌 시바타 쇼지 교수는 일본에서 생산한 인삼을 사용하여 인삼 사포닌 구조를 밝혔다(제17장). 일본에서 생산된 고려인삼이 일본의 인삼과 관련된 연구를 발전시키는 기초가 된 셈이다. 한국에서 생산한 홍삼을 이용한 연구는 일본으로 홍삼이 수출된 뒤에 이루어졌다,

천연 인삼 자생지 외에 다른 나라에서 인삼재배는 조건만 잘 맞추면 인삼 인공 재배 가능성 처음으로 열어둔 것에 큰 의의가 있다(그림 9-5).

◆ 참고문헌

조선인삼경작기 한국어 번역본, 농촌진흥청, 2009년

조선인삼비사(카와시마 유지, 1993)(나승열 번역본, 2025)

https://folkency.nfm.go.kr/topic/detail/9011

10 인삼 성분 연구 시작

18~19세기 유기화학 분야가 유럽에서 발전하자 인삼 성분에 대한 궁금증이 서구 사회에서 생겼다. 인삼에 대하여 아직 정밀한 성분의 화학적 분석은 이루어지지 않았지만, 본초강목과 같은 중의학서 기술된 인삼의 외형 및 맛 등의 특징보다 약간 진보된 분석들이 나왔다. 라피토가 서양삼에 불을 붙여 보았을 때 불이 붙지 않아 **수지 성분**이 많지 않았고, 서양삼을 가열할 경우, "탁탁" 소리가 나지 않아 **염류(salt)**를 포함하지 않은 것으로 파악했다(제6장). 또, 아래 서술된 내용에서 보는 바와 같이, 19세기가 되자 인삼 성분에 대한 이름이 붙여지고, 그 성질에 대한 진보된 정성적 분석(qualitative analysis) 결과들이 발표되었다.

◆ 윌리암 우드빌에 의한 인삼 특성 분석

윌리암 우드빌(William Woodville, 1752~1805년, 영국의 의사이자 식물학자)은 "Medical botany, vol2, p.270, 1792년 출판"에서 인삼 성질을 소개하고 있다. 즉, 영국으로 수입된 인삼의 말린 뿌리는 새끼손가락 두께에 불과하고, 길이가 약 3~4인치이며, 자주 갈라지고, 가로로 주름지고, 각질 질의 질감이며, 안팎으로 황백색이라고 하였다. 또, "**맛은 감초**에 가까운 **끈적끈적한 단맛**을 발견하는데, 약간의 **쓴맛**과 약간의 **향기로운 따뜻함**이 동반되며 거의 냄새가 나지 않는다. 그것은 **회향**[22] 뿌리보다 훨씬 더 달콤하고, 더 **상쾌한 냄새**가 난다. 내가 볼

22 회향(fennel) : 미나리과에 속하는 다년생 식물로서 회향속의 종을 말함

때는 회향 뿌리와 비슷하다고 생각되는 사람도 있고, 활성 성분의 본질과 약리적 특성에서 그 뿌리와 현저하게 다르다. 인삼의 달콤한 물질은 물과 증류주 추출물에 모두 보존되는 반면, 회향 뿌리의 달콤한 물질은 물 팅크제의 농축으로 파괴되거나 사라진다. 인삼은 약간의 **방향성 냄새(aromatic impregnation)**는 **물 추출물에 어느 정도 유지되고, 알코올 추출시에는 완벽하게 유지**된다."

> The dried root of Ginseng, as imported here, is scarcely the thickness of the little finger, about three or four inches long, frequently forked, transversely wrinkled, of a horny texture, and both internally and externally of a yellowish white colour. " To the taste it discovers a mucilaginous sweetness, approaching to that of liquorice, accompanied with some degree of bitterishness, and a slight aromatic warmth, with little or no smell. It is far sweeter and of a more grateful smell than the roots of fennel, to which it has by some been supposed similar, and differs likewise remarkably from those roots, in the nature and pharmaceutic properties of its active principles the sweet matter of the Ginseng being preserved entire in the watery as well as the spirituous extract, whereas that of fennel roots is destroyed or dissipated in the inspissation of the watery tincture. The slight aromatic impregnation of the Ginseng is likewise in good measure retained in the watery extract, and perfectly in the spirituous."

◆ 제이콥 비글로(Jacob Bigelow)에 의한 서양삼 분석

제이콥 비글로(1787~1879년)는 미국의 의사, 식물학자로 알려져 있다. 제이콥 비글로는 1817년과 1821년 사이에 "**America Medical Botany**"라는 3권의 책을 출간하였다. 책 내용은 미국 원산지 약용 식물을 모아 놓은 책으로, 식물학적 역사와 화학 분석, 의학, 식단, 예술에서의 특성과 사용법이 담겨 있으며, 60가지 약용 식물에 대한 컬러

그림 10-1 제이콥 비글로가 소개한 서양삼 그림.

사진이 포함되어 있다(그림 10-1).

인삼에 대한 일반적인 내용은 프랑스 예수회 자르투 신부가 쓴 자료를 인용함

서양삼에 대한 소개는 1818년 발간된 vol2(p.83-96)에 있다. 제이콥 비글로가 서술한 인삼에 대한 소개 내용은, 프랑스 예수회 소속 자르투 신부가 작성한 내용을 거의 그대로 옮겨 서술한 것으로 보인다. 즉, 인삼은 중국에서 비싼 가격으로 거래되고, 건강에 많은 도움을 주는 약재라는 것과 프랑스 예수회 소속 자르투 신부가 중국 타타르 지역에서 본 인삼을 그리고, 직접 먹어보고 극심한 피로 회복 효능 경험에 대한 내용 설명이 많은 부분을 차지한다. 또, 다른 대륙에서 인삼 자생지 존재 가능성에 대한 자르투 신부의 예측과 프랑스 신부 사라젠(Sarrasin)에 의한 캐나다 몬트리올 근처에서 서양삼 발견했다는 내용을 포함한다. 프랑스인들과 뒤에는 네덜란드와 영국인들은 인디언들을 동원하여 서양삼을 채굴하고, 중국으로 수출했다는 내용을 서술하고 있다. 린네에 의한 서양삼의 학문적 분류와 인삼 자체가 가지고 있는 특징들과 인삼 맛, 향, 및 성분 등의 특징을 설명하고 있다.

미국 약사들이 서양삼을 씹는 약으로 판매하는데, 많은 사람들이 습관적으로 인삼을 씹는 것을 좋아한다고 서술하고 있다. 이 목적에 가장 해롭지 않은 품목 중 하나하고 하고 있다. 인삼 추출물은 매우 깔끔한 제제를 형성하며, 결코 맛이 불쾌하지 않다는 것과 포트리어길(Fotliergill)이라는 의사는 "수년 동안 사람들에게 나타나는 계속되는 **만성 기침**에 인삼 달인물(decoction)이 먹으면 도움이 되었다. 인삼 달인물은 윤활성 점액질과 어느 정도 향기로운 따뜻함이 서로 결합된 것으로 구성되어 있다."라고 말한다.

서양삼 분석

제이콥 비글로는 인삼의 뿌리는 **달콤**하고 **쓴맛**이 섞인 유쾌한 맛을 가지고 있으며, 약간의 **향기로운 매운맛**이 있습니다. 차갑거나 따뜻한 물로 추출하면, 알코올에 의해 침전되는 **끈적끈적한 점액(gummy mucus)**이 생깁니다. 물 추출물은 뿌리의 맛과 냄새가 강합니다. 물 추출물을 증류하면, **휘발성 오일**의 증거를 제공하고 뿌리의 단맛 없이 향이 있습니다. 일반적인 테스트는 수지(resin)가 거의 없고 타닌[23](tanin)이 없음을 나타낸다.

23 타닌 : 떫은맛을 내는 폴리페놀 생체분자의 한 종류

The root of the Ginseng has an agreeable taste, consisting of a mixture of sweet and bitter, with some aromatic pungency. Water, both cold and hot, receives a gummy mucus, which is precipitated by alcohol. The watery extract has the taste and smell of the root in a strong degree. The distilled water gives evidence of a volatile oil, and has the aroma, without the sweetness of the root. The common tests indicate the presence of but little resin, and no tannin.

◆ 파나신Panacine

콘스탄틴 라피네스크가 처음으로 주장한 인삼 성분

콘스탄틴 라피네스크(Constantine S. Rafinesque, 1783~1840년)는 식물에 대한 관심이 많아 어린 나이 때부터 식물 채집(식물 표본집 제작)을 시작한 것으로 알려져 있다. 또, 성장한 후 사업에 수완이 있어 사업에 성공한 것으로 알려져 있다. 사업에서 은퇴 후 1819년, 라피네스크는 켄터키주 렉싱턴에 있는트랜실바니아 대학교에서 식물학 교수가 되었다. 콘스탄틴 라피네스크의 대표 업적은 **1828년과 1830년도**에 출간된 2권의 "**Medical flora(Vol. I과 II)**"이다. 이 책은 미국에서 자생하는 100가지 이상 종류의 다양한 허브들(medical plants)에 대한 그림, 이름, 허브에 대한 일반적인 특징 기술, 성질, 역사와 허브 효능들을 포함하고 있다. 서양삼에 대한 서술은 Vol. II의 **No. 71**번째에 소개하고 있다. 이 책에 실린 서양삼에 대한 그림은 아래와 같다(그림 10-2).

이 책에서 콘스탄틴 라피네스크는 미국 인삼의 계통 분류, 형태학적 특징과 인삼의 역사를 서술하고 있다. 인삼은 중국 만주 지역에서 유래하고, "ginseng"이라는 용어는 중국말로 사람의 건강(man's health)을 의미하며 영국과 프랑스에서 채택되었으며, 부르는 이름이

그림 10-2 **라피네스크가 그린 서양삼(American ginseng). 인삼 2뿌리가 한 줄기로 자라는 것을 보여주고 있다. 뿌리 모양은 그림 10-1과 유사하다.**

국가나 지역별로 다르다는 것을 보여준다. 또, 미국 인삼은 중국으로 수출되고 있으나, 중국 사람들은 자신의 나라에서 생산된 인삼보다 서양삼이 그 가치가 열등하다는 내용을 서술하고 있다. 그 이유는 아마도 아시아에서 생산된 인삼은 서양삼이 가지고 있지 않은 밝혀지지 않은 성분을 포함하고 있을 것으로 예상하고 있다. 따라서, 중국 사람들이 아시아 인삼을 비싼 가격이라도 구입하는데, 이에 대하여 비웃으면 안된다고 한다. 이 중국인 저자는 중국에서 생산된 아시아 인삼과 미국에서 생산된 인삼이 서로 다른 종(species) 가능성을 시사하고 있다(제8장).

또, 중국으로 수출되는 서양삼의 약리학적 효능이 과장되어 있고, 진정한 효능에 대하여 의심하는 회의론적인 사람들이 있는데, 중국 사람들은 오랜 세월 동안 인삼을 사용해 온 경험을 무시해서는 안된다고 서술하고 있다. 회의론자들의 주장은 아마도 아직까지 인삼에 함유된 성분에 대한 분석이 제대로 이루어지지 않은 것에 기인하는 것으로 파악하고 있다. 저자는 인삼에 **장뇌**[24]樟腦(camphor)와 비슷한 성분으로 인삼에 **파나신(panacine)이 들어 있다고 주장했지만, 실험을 통하여 파나신 존재는 문헌으로 남겨 두지 않았다**. 이는 제11장 거리게스 연구로 이어진다.

아래 내용은 서양삼 특성(properties)으로서 성분과 효능에 대한 자세한 내용을 번역하였다. 저자는 인삼은 본인이 많은 실험을 한 식물들 중 하나라고 주장한다. 그렇지만, 구체적으로 얼마나 많이 했는가에 대한 내용은 없다. 또, 서양삼에 장뇌와 비슷한 물질을 분리하였고, 이를 파나신(panacine)이라고 이름을 부르고 그 성분에 대한 간단한 특징을 서술하고 있다. 그러나, 라피네스크가 어떤 방식으로 이 성분을 분리하였는 가에 대한 자세한 방법은 없다. 이 성분이 서양삼의 효능을 대변할 것으로 서술하고 있으나, 효능의 종류와 내용은 16세기 말 이시진이 저술한 **본초강목** 내용과 프랑스 신부 **자르투**가 경험한 효능과 **제이콥 비글로**가 분석한 원본 내용 일부를 그대로 번역 인용하였다.

파나신 특성들(properties)

뿌리에는 기분 좋은 **장뇌**(樟腦, camphor) 냄새가 난다. 맛은 달콤하고 매콤하며 약간의 향기로운 쓴맛이 난다. 신선하고 건조한 것 모두 부드럽고 기분 좋은 **자극제**이다. 또한, 진정제, 강장제, 회복제, 진정제, 완화제, 진통제, 거담제, 위장제, 완화제, 방부제 등이다. 그 활성 특성은 **장뇌**와 매우 유사한 독특한 물질에 기인한다. 나는 이것을 **파나신**(Panacine)이라고 부르는데, **흰색**이고 매콤하며 알코올과 물에

24 장뇌 : 강한 향을 가진 왁스 같은 무색 고체

녹고 **장뇌**보다 더 고정되어 있다. 또한, **휘발성 오일, 설탕, 점액질, 수지 등이 포함되어 있다. 이것은 내가 많은 실험을 한 식물 중 하나이며**, 중국인이 뿌리에 부여한 특성 중 일부는 과장된 것이 아니라는 것을 확인했지만, 전체를 보증할 수는 없다. 따라서 나는 이것에 대한 중국인의 설명을 시작으로 삼을 것이다. 이 뿌리에 대해 많은 책을 쓴 중국 의학 저술가들은 가장 좋은 종류의 시험은 **씹거나 입에 넣고 걷는 동안 피곤함을 느끼지 않는 것**(자루투가 경험한 것, 제6장)이라고 말합니다. 저는 우리의 미국산 인삼이 이 시험을 견뎌낼 수 없다고 믿습니다. 가장 좋은 **인삼은 차가운 위와 장을 따뜻하게 합니다. 복통, 가슴의 장애 및 막힘을 치료합니다. 혈액과 체액을 약화시키고, 신체를 되살리고, 쇠약과 허약을 치료하고, 신체와 정신의 과도한 노동을 견뎌내고, 피로와 낙담을 예방합니다. 갈증을 해소하고 배고픔을 달래줍니다. 부종과 혈관과 장의 막힘을 예방합니다. 약한 위와 약한 폐를 강화합니다. 식욕을 주고 소화를 돕고, 괴로운 꿈, 실신, 심계항진 및 갑작스러운 공포를 예방합니다. 활력을 회복하고, 심장을 확장하고, 시력을 맑게 하고, 판단력을 강화하고, 신체를 가볍고 활동적으로 만들고, 정신을 더 강하고 활기차게 만듭니다. 그것은 노인을 활력화하고 수명을 연장합니다. 그것은 약한 호흡, 짧은 호흡 및 천식에 유용합니다. 그것은 모든 허약함과 허약함의 장애를 제거하고, 심지어 최음제이며, 우울증, 신경질 및 히스테리적 질환을 치료합니다. 그것은 또한 현기증, 어지러움, 두통, 이완증, 실신, 발한, 열, 바람에 휩싸인 목, 소화불량 및 구토 등을 제거합니다.** 이것이 2,000년 이상의 경험을 통해 중국 의사들이 이 식물에 기인한 놀라운 특성입니다. 의사들은 종종 효과를 돕기 위해 오렌지 껍질, 생강, 감초, 계피, 복숭아 알갱이, 꿀 등과 결합하고, 그것을 가루, 통약, 추출물, 알약 및 달인 물로 처방합니다. 그것에 기인하는 유일한 해로운 특성은 과도한 사용이 출혈을 일으킬 수 있다는 것입니다. 뿌리는 밀리엣 달인물 위에서 조심스럽게 말리고, 그 후 햇볕에 말려 노랗고 각질 같은 모양을 만들면 큰 크기로 뿌리의 세 가지 필수 특성이 됩니다. 복용량은 1 드라크마 입니다.

콘스탄틴 라피네스크가 서술한 미국 인삼 전체 내용에 대한 것은 원문은 **부록**에 있다.

◆ 참고문헌

William Woodville. Medical Botany, 1790, vol 2, 1792, vol 3, 1793, Supp 1794. Second edition 1810, 3rd edition 1832.

Jacob Bigelow, American Medical Botany, Vol.2 (1818): Being a Collection of the Native Medicinal Plants of the United States, Containing Their Botanical History and Chemical Analysis, and Properties and Uses in Medicine.

Rafinesque, C. S., Medical Flora; or Manual of the Medical Botany of the Untied States of North America, 2 vols. (Philadelphia: S. C. Atkinson, 1830), vol. 2.

부 록

Panax QUINQUEFOLIUM.

Names: American Ginseng. *Fr.* Ginseng: d'Amerique. *Vulgar.* Ginseng-root, Ninsin, Garantogen, R**ed** berry, Five-fingers, Gensang (인삼을 부르는 여러 종류의 별칭들 나열).

Classif. Nat Ord. Araliacea. Pentandria digynia L.

Genus Paxax. Calyx superior five toothed. Corolla of five petals. Stamens five. Styles two; berry two seeded; some flowers only staminate, or with one or three styles and seeds.

Sp. Panax quinquefolium. Root fusiform, wrinkled; stem with three verticillate leaves, digitate with five unequal petiolate folioles, umbel central pedunculate. Many varieties.

1. Var. Americanum. Raf. or Cuneatum, (figured here.) Three large folioles, cuneiform or oblong obovate, acuminate, equally serrate, two at the base much smaller, ovate, acuminate, sometimes missing; flowers white. In North America, in the Western States.
2. Var. Obovatum. Raf. (figured by Barton fig. 45). Three large folioles, obovate, acuminate, unequally an duplicate serrate, two smaller folioles, ovate or missing; flowers white. In North America, in the Atlantic States.
3. Var. Asiaticum. Raf. or Ovatum. (figured by Du-halde, &c.) Folioles nearly equal, all oval lanceolate, acute, serrulate; flowers purplish. In Central and eastern Asia, in Manchuria, Corea, &c.

DESCRIPTION of the variety Americanum. Root perennial, fleshy, yellowish white, fusiforn, wrinkled transveresly, often forked, sometimes fasciculated in one or two spinllles, ending in thick fibres, from two to six inches long. Stem one or two feet high. simple, erect, round, smooth, divided into three petioles, and a central peduncle at the end, petioles swelled at the base, bearing five folioles. each also petiolated, (sometimes three, very seldom seven) unequal, smooth, with some scattered bristles on the veins above; the lower ones very small oval acuminate, the three middle ones larger, cuneiform or oblong, broader above, acuminate; all with sharp equal serratures, except at the base; flowers in a globose umbel, supported by a central erect peduncle, and a short involucrum, subulate; these flowers are small, with white petals; ovary oval, adherent, with a five toothed calyx, and two styles clavate recurved ; petals five, oval, oblong, obtuse; five erect stamens, with round anthers; fruit, red berries, commonly bilobed, with two semi-globose seeds; sometimes only one style, and a dimidiate berry, or three styles, with a trilobe and three seeded berry; some flowers are abortive, or simply staminate, and some plants produce only such with larger petals; calyx nearly entire, &c.

HISTORY

This plant is the famous Ginseng of the Chinese, whose name, meaning man's health, has been adopted in English and French. The Manchus call it Orhota, meaning queen of plants. The Jesuits, who had known this plant in Tartary, found it afterwords in Canada, towards 1718, and a profitable trade was begun with China, which has since undergone many fluctuations. In 1748, the root sold over one dollar the lb. in Canada. And nearly five dollars in China; it has since been reduced as low as twenty-five cents, and some shipment to China have not paid the cost and duties. The Chinese, who have many kinds of Ginseng, admitted the American, but soon found out that it was an inferior kind. The large yellow forked roots, and those dried in their peculiar manner so as to be semi-transparent, were, and are yet, the almost saleable. Almost all the botanists have admitted to this day, that the American and Chinese roots were produced by the same species. Lourein was the first to doubt the fact, and I have ascertained by more close inspection of the Chinese accounts and our plants, that they are at least distinct varieties, if not peculiar species. Whoever will compare the published figures may become convinced of this.

Nay, it appears that there are even several varieties or species in North America, of which the figures of Bigelow, (or mine) and of Barton. form two at least. The same happens probably in Asia;_We have only the figure of one Asiatic kind ascertain well this fact; but thc medical writers of China distinguish at least ten kinds of ginseng, some of which must be produced by very different plant; they are,

1. The true Ginseng; Mancuria, My variety Asiaticum, with large juicy forked roots, yellow and strong.
2. Ginseng of Corea, with large soft roots, commonly four leaves.

3. Of Petsi and Taighan, white firm small roots, taste mild, leaves purple.

4. Of Sinlo, roots one foot long, with branches similar to the arms and legs of a man. . .

5. Of Chantang, long and thin roots, with many branches, very valuable.

6. Of Leaotong, roots smooth and yellow outside, white inside.

7. Of Iliang, with sweet roots.

8. Of Chaochu, small short roots, of little value.

9. Of Chaseng,' roots dry, insipid, with little strength.

10. Of Kikeng. firm, but bittter root.

There is, besides, a great difference in these roots, according to to the soils where growing, the time and mode of gathering &c. This explains, at least, the variety of opinions among medical men, on the value and properties of this plant. It has always appeared strange to me, that our medical sceptics should doubt the Chinese accounts; they may be a little exaggerated, but the experience of many ages ought not be ridiculed, because we are ignorant in Botany, have never properly analyzed this root, and have even none but an inferior kind to try. It is preposterous in Bigelow to call the Ginseng a mere demulcent, while it contains a kind of camphor, which he could not detect. 'The best Chinese kinds may contain other active substances, and although their high price precludes our using them, we ought instead of laughing at the Chinese for paying once $100 the lb. for them (as we did for Quinine and other drugs) to try how far our own kinds may be equivalents.

The American Ginseng has the same form taste, and smell; it must, therefore, possess nearly the same properties. although in an inferior degree perhaps; our lndian tribes did employ them: we may thus avail ourselves of them, and their cheapness ought not to make them the less available, as probably larger doses will answer all the indications. The Huron tribes call this root Garantogen, Meaning root like a man. They are scattered all over the Northern and Western States, from Canada to Missouri and Alabama, also in the Alleghany mountains as far as Carolina: the first, variety is the most common. the second is found in Pennsylvania and the South, seldom mixed with the other. They are rare plant in some parts, while in some districts they were very abundant, dclighting chiefly in deep ancl rich woods: but they have been nearly extirpated from several places by the collectors, and the annual supply is now lessened, coming chiefly from the remote western regions. It mav soon be needful to cultivate them, which can easily be done, by transplantation, and the Shakers have begun the attempt, under the shade of trees. These plants are, however, of very slow growth, the shoots of the three first years has only one leaf, from four to seven years only two, and at eight years of age the root sends forth thc three leaves, and begins to blossom; it is stated that when twenty years old, it often acquires four leaves, and even seven folioles in each leaf. All the roots that have not blossomed are small, and of little value; thc best for use must be from ten to fifteen years old. The stem and Ieaves are also useful ; but the berries are of no use, and not even edible. The blossoms appear in the spring, and the berries are ripe in the summer; they require two years to germinate.

PROPERTIES

The roots have a pleasant camphorated smell; the taste is sweet and pungent, with a slight degree of aromatic bitterness. They are a fine gentle and agreeable stimulant, both fresh and dry; also nervine, cordial, restorative, analeptic, demulcent, edulcorant, expectorant, stomachic, attenuant, deobstruent, &c. They owe their active properties to a peculiar substance, very similar to camphor , which l call Panacine, white, pungent, Soluble in alcohol and water, and more fixed than camphor; they contain also a volatile oil, sugar, mucilage, resin, &c. This is one of the plants upon which I have made many experiments, and ascertained that some of the properties ascribed to the roots by the Chinese are not exaggerated, although I cannot vouch for the whole. I shall, therefore, begin by giving the Chinese account of them. The Chinese medical writers, who have written volumes on these roots, say that the test of the best kinds consist in not feeling tired by walking while you chew them, or even keep them in your mouth. Our American Ginseng cannot stand this test, I believe. The best Ginseng warms the cold stomach and bowels ; it cures the belly-ache, disorders and obstructions in the breast. It attenuates the blood and humours, revives the body, repairs emaciation and debility, sustain excessive labours of the body and mind, preventing weariness and dejection. It quenches thirst, and assuages hunger. It prevents dropsies and obstructions of the vessels and bowels. It fortifies a weak stomach and weak lungs. It gives appetite, and assists digestion, preventing troublesome dreams, fainting fits, palpitations and sudden frights. It renovates the vital spirits, dilates the heart, clears the sight, strengthens the judgment, making the body light and active, and the mind stronger and vigorous.

It invigorates old people, and prolongs their life. It is useful for feeble breathing, short breath and asthma. It removes all the disorders of weakness and debility, nay, is also aphrodisiac, and cures hypochondriacal, nervous, and hysterical affections. It removes also vertigo, dimness, head-ache, tenesmus, fainting, sweating, fevers, windy bowcls, dyspepsia, and vomiting &c. Such are the wonderful properties ascribed to this plant by the Chinese authors, after the experience of 2000 years or more. The physicians often unite it to orange peel, ginger, liquorice, cinnamon, peach kernals, honey, &c. to aid the effects, and they prescribe it in powders, electuary, extract, pills, and decoction. The only detrimental property ascribed to it is that the excessive use may bring on hemorrhage. The roots are carefully dried over a decoction of miliet, and afterward in the sun to give them a yellow and horny appearance, which, with a large size are the three requisite qualities of the roots. Dose about a drachm

11 세계 최초로 인삼 성분에 분자식을 부여하고, 그 근거로 박사학위를 받은 연구자

사무엘 거리게스(Samual S. Garrigues, 1828~1898년)는 미국 필라델피아에서 약사 아들로 태어났다. 아버지에게서 약사 수업을 받았다. 그 후 독일에 있는 괴팅겐 대학에서 그는 프레드리히 뵐러(Friedrich Wöhler, 1800~1882년) 교수(동물 체내에서 만들어지는 유기 화합물[예, urea, 요소]을 체외에서 화학적 반응으로 합성할 수 있다는 것을 세계 최초로 증명함으로써 현대 유기화학의 아버지로 알려져 있음)의 지도로 26세인 1854년 박사학위를 받았다. 논문에 기술된 내용은 뵐러 교수의 제안(suggestion)으로 일부 실험을 수행했다고 표현하고 있다.

거리게스의 박사학위 논문 제목에서 보는 바와 같이, 그 당시 거리게스는 서양삼 한 가지만 가지고 연구한 것이 아니었다(그림 11-1). 인삼을 포함하여 세 가지 약용 식물들(인삼, 명아주속 오일과 스피어민트 오일을 이용하여 그들의 화학 분석을 각각 실시하였다. 그러나, 그 중 서양삼의 화학 분석에 대한 연구 결과만 별도 논문으로 발표한 것으로 보인다.

1854년 Garrigues 박사 학위 논문 제목

Chemical investigations on Radix Ginseng Americana, Oleum Chenopodii anthelmintici and Oleum menthae viridis (미국 인삼

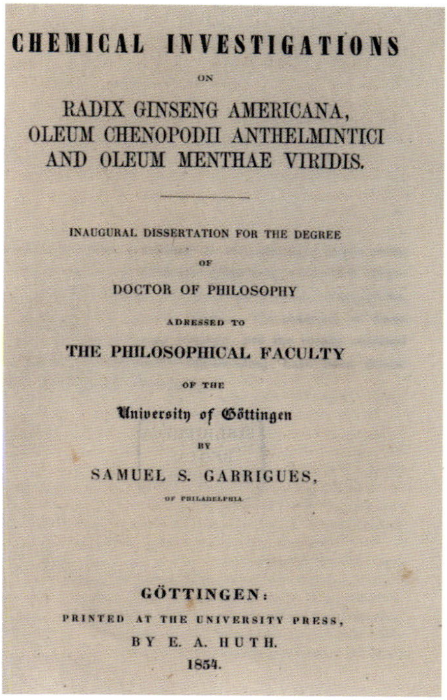

CHEMICAL INVESTIGATIONS

ON

RADIX GINSENG AMERICANA,
OLEUM CHENOPODII ANTHELMINTICI
AND OLEUM MENTHAE VIRIDIS.

INAUGURAL DISSERTATION FOR THE DEGREE

OF

DOCTOR OF PHILOSOPHY

ADRESSED TO

THE PHILOSOPHICAL FACULTY

OF THE

University of Göttingen

BY

SAMUEL S. GARRIGUES,

OF PHILADELPHIA

GÖTTINGEN:
PRINTED AT THE UNIVERSITY PRESS,
BY E. A. HUTH.
1854.

그림 11-1 **거리게스가 1854년 괴팅겐 대학에 제출한 박사 학위 논문 표지.**

뿌리, 명아주속 오일과 스피어민트 오일의 화학 조성에 대한 연구).

박사 학위 발표 내용 논문으로 출간

미국 인삼의 화학적 연구(Chemical investigations of Radix Ginseng Americana). 그해 11월에 학술지에 발표한 논문 제목: 새로운 식물성 물질 파나퀼론에 대하여(ON PANAQUILON, A NEW VEGETABLE SUBSTANCE).

저자: Garrigues S.S.

발표 학술지: American Journal of Pharmacy (1835~1907년); p. 511-512; Nov. 1854.

지도 교수: Friedrich Wöhler(1800~1882년, 독일), 현대 유기화학의 아버지로 알려져 있다. 뵐러 교수는 1832년부터 1882년까지 50년간 괴팅겐 대학에 근무하면서 놀랍게도 8,000명의 학생을 지도한 것으로 알려져 있다. 그 당시 거리게스도 그중 한 명이 이었을 것으로 추측된다.

학술지: American Journal of Pharmacy (본지 발행 기간: 1835-1907년); vol26, p.511-512 (1854)에 발표된 내용 번역문

인삼은 파낙스속의 뿌리로, 중국에서 매우 귀중한 약으로 알려져 있습니다. 1708년에 캐나다 숲에서 사라셍(Sarrasin, 프랑스 라피토 신부가 북미 인삼을 처음 발견 전에 이미 자신이 먼저 발견했다고 주장한 사람)이 오테랑웨(Oteeraagweh)*라는 이름으로 알려진 존재가 증명되었습니다. 이 미국산 인삼은 뿌리입니다. 깃털에서 손가락 길이까지 굵고, 몇 인치 길이에 불과하며, 갈색을 Panax quinquefolium띤 노란색이고, 일반적으로 내부가 황백색으로 미세하게 고리 모양으로 되어 있으며, 해면질(spongy)입니다. 신선할 때는 향기롭지만 마른 냄새가 나며, 그 정도는 미미합니다. 맛은 감초(liquorice) 뿌리와 비슷하며, 불쾌한 쓴맛이 납니다. 라피네스크(Rapinesque)라는 과학자가 처음 인삼을 화학적으로 검사했는데, 그는 일반적인 성분 외에도 장뇌(樟腦, camphor)와 같은 물체가 발견되었다고 기술하고 있다. 이 성분을 파나신(panacine)이라는 이름을 붙였다. 그러나, 라피네스크 진술의 불확실성 때문에, 나는 이 뿌리에 대한 새로운 조사를 착수했다. 인삼 안에서 즉, 인삼 뿌리 맛이 아마도 인삼 약효에 영향을 미치는 특이한 물질을 발견하게 되어 운이 좋았습니다. 나는 이 물질의 이름을 파나퀼론(panaquilon)으로 제안합니다.

추출(침출) 장치에서 추출한 인삼 뿌리 추출물에 차가운 추출 주입액을 넣으면 맑은 갈색과 달콤한 맛을 냅니다. 그것은 리트머스 paper에서 산(acid)과 반응하는 것으로 보아 산성 물질입니다. 열에 의해 상당한 양의 알부민 응고물이 그것에서 분리됩니다. 그런 다음 이것을 여과하고

상당히 농축된 산은 식은 후에 아무것도 배출하지 않으며, 그것은 처음에 이 뿌리의 달콤한 맛에서 예상할 수 있는 글리시리진(glycyrrhizine, 감초 성분)을 포함하지 않는다는 것을 증명합니다. 파나퀼론을 분리하기 위해, 나는 뵐러(Wöhler)교수의 실험 제안에 따라 시럽과 같은 주입액을 포화된 황산나트륨 용액과 섞었습니다.

이렇게 하여 농축된 접착성 침전물이 생성되었고, 염용액(salt solution)으로 가능한 한 많이 세척한 다음, 순수 알코올(absolute alcohol)로 처리하여 파나퀼론을 용해하고 소다 황산염을 남겨 두었습니다. 알코올을 증류한 후 남은 파나퀼론은 물에 용해하고 정제된 동물성 숯**(animal charcoal)으로 처리한 다음 용액을 다시 증발시키고 잔류물을 다시 순수 알코올에 용해했습니다.

이렇게 제조된 파나퀼론은 동물성 숯으로 탈색할 수 없는 갑옷 같은 노란색 분말입니다. 물과 알코올에는 쉽게 녹지만 에테르에는 녹지 않습니다(완전한 지용성은 아님을 의미). 글리시리진(감초 성분)과 비슷한 단맛이 나지만 쓴맛이 납니다(인삼 사포닌의 맛과 일치). 열에 의해 융합되고 분해됩니다. 잔류물 없이 타 버립니다. 용액은 수은과 백금의 산이나 염화물에 의해 침전되지 않지만, 타닌과 함께 침전물을 제공합니다. 알칼리에 의해 갈색으로 변합니다. 가성 칼륨(KOH)으로 가열하면 파나퀼론은 암모니아(ammonia)를 생성하지 않습니다(파나퀼론은 질소를 포함하는 화합물이 아니다, 즉 알카로이드(alkaloid) 계통의 성분이 아니라는 증거 제시).

화씨 212도(섭씨 100도에 해당함)에서 건조한 이 물질로 세 가지 분석을 한 결과, 아래에 관련된 파나퀼론의 거동과 일치하는 결과가 나왔으며, 이는 다음 공식으로 이어질 것입니다. 이는 성분 $C_{24}H_{25}O_{18}$을 표현한 것입니다.

강산(strong acid)에 반응하는 파나퀼론의 반응은 매우 특징적입니다. 따라서 탄산(carbonic acid)과 물을 이용하여 분리하면 물에 녹지 않는 흰색 물체로 전환되며, 이를 파나콘(panacon, 당이 일부 떨어진 일종의 사포제닌)이라는 용어로 제안합니다. 진한 황산을 사용하면 파나킬론이 미세한 붉은 보라색(red violet)으로 용해됩니다(파나퀼론은 "사포닌 일종이다"라는 증거 제시). 이 용액을 물에 부으면 흰색 침전물이 파나콘으로 생성됩니다. 특별한 연구를 통해 저는 이 변화가 설탕(sugar) 형성과 함께 발생하지 않는다는 것을 확신했습니다. 더 간단히 말해서, 파나퀼론의 농축된 염산이나 또는 적어도 질산과 혼합하고 부드럽게 가열하면 파나콘을 얻을 수 있습니다(사포닌에 결합된 당이 일부 떨어져서 어글리콘이 생성된다는 증거). 탄산이 약간 발생하면 파나콘이 흰색 분말로 분리되고 액체 아래에서 열에 의해 융합됩니다.

백색 분말로 파나콘를 형성합니다. 현미경으로 보면 결정질로 보입니다. 맛도 없고 물과 에테르에는 녹지 않지만 알코올에는 녹습니다. 뜨거운 농축 질산과 함께 사용하면 옥살산(oxalic acid, 사포제닌 분해산물)이 됩니다. 알칼리는 작용하지 않습니다. 진한 황산에서는 보라색 붉은색으로 녹고, 물에 의해 백색으로 침전됩니다. 매우 쉽게 녹고, 불꽃과 함께 타며, 잔류물이 남지 않습니다.

두 가지 분석을 통해 분자식이 $C_{22}H_{19}O_8$이라는 공식으로 표현할 수 있는 결과가 나왔습니다. 이 공식은 pannquilon에서 panacon이 형성됨에 따라 탄산 원자 2개($2CO_2$)와 물 원자 6개($6H_2O$)가 파나콘에서 분리된다는 가정에 근거합니다.

*오테랑웨(Oteeraagweh): 본 논문에 대한 참고문헌이 없어 이 용어 출처 검증이 불가능하나, 북미 원주민이 서양삼을 부르는 또 다른 이름으로 예측됨.

**동물성 숯은 동물의 뼈를 고온에서 태워 만든 검은색 물질이다. 주로 정제, 탈색, 흡착 등의 용도로 사용된다.

거리게스는 라피네스크가 제안한 파나신이라는 성분을 발표한 지, 24년이 지나서 인삼에서 **파나퀼론**이라는 새로운 물질을 분리하고 원소 분석을 통하여 **분자량이 441 Da**일 것으로 제안하였다. 또, 거리게스는 **파나퀼론을 강산**(strong acid)로 가수분해할 경우, 새로운 물질이 만들어지는 것을 확인하고 그것을 **panacon** 이라고 하였다. 파나콘의 추가 원소 분석을 실시하여 처음으로 **분자량이 411 Da**인 것을 제안하였다. 비록 파나퀼론과 파나콘이라는 용어는 현재 사용하지 않고, 그 당시 분리된 성분도 정확하지 않다. 그렇지만, 그 당시에는 인삼 성분을 분리해서 분자량까지 계산했다는 것은 인삼 연구에서 획기적인 진전이었다.

파나퀼론의 물리화학적 특징들 요약

파나퀼론의 물리화학적 특징은, 1) 라피네스크가 주장했던 장뇌는 아니다, 2) 달은 맛이 있으면서 쓰다(인삼 사포닌 성질과 비슷한 맛), 3) 알카로이드[25](alkaloid)는 아니다, 4) 완전한 지용성 물질은 아니다(진세노사이드와 비슷), 5) 황산을 가하면 보라색(violet)이 나타난다(식물 사포닌을 강산으로 처리하면 붉은 보라색이 나타난다. 이 정성 분석은 배당체의 특징이다), 6) 강산을 가하면 파나콘이라는 분해 산물이 나온다(사포닌에 강산을 가하면 당이 다 떨어지고 나머지 불용성 골격 성분이 남는다, 즉 어글리콘[26](aglycone)이 남아 배당체의 특징). 그 당시에는 파나퀼론 성분이 정확하게 몰랐지만, 1930년대 연구를 통하여 가리게스 미국삼에서 분리한 파나퀼론은 여러 불순물이 섞인 **인삼 사포닌 분획**일 가능성이 높다(제17장).

17~19세기 유럽에서 천연물에서 분리된 의학적(약리학적) 효능이 있는 성분들은 대부분 알카로이드(alkaloids) 계통의 화합물들이었다. 예를 들면, 진통제로 많이 사용했던 모르핀, 말라리아 치료제로 사용했던 키니네(퀴닌) 등을 들 수 있다. 아마도, 거리게스가 인삼 분석 결과 양귀비처럼 인삼에 알카로이드가 포함된 것으로 보고했다면, 서양 연구자들이 후속 연구를 위하여 벌떼처럼 달려들었을 것이다.

25 알카로이드 : 자연적으로 존재하면서 대개 염기로 질소 원자를 가지는 화합물의 총칭
26 어글리콘 : 배당체(글리코사이드)의 글리코실기가 수소 원자로 치환된 후에 남는 화합물

> THE researches contained in the following pages were conducted in the Göttingen Laboratory, under the direction of Prof. Wöhler, for whose aid in these investigations, I express my grateful thanks. The materials of these examinations are from America, and the results obtained seeming not alltogether uninteresting, have been chosen for the present dissertation.

그림 11-2 거리게스가 지도 교수인 뵐러 교수에 대한 감사한 마음을 표현한 글 번역문. 다음 페이지에 포함된 연구는 괴팅겐 대학 연구실에서 뵐러(Wöhler) 교수의 지도하에 수행되었으며, 이 연구에 도움을 준 것에 대해 감사의 말씀을 전합니다. 이 시험의 시료는 미국에서 가져온 것이며, 얻은 결과는 매우 흥미로워 이 논문을 위해 선택하였다.

또, 이 연구를 수행했던 거리게스의 지도 교수인 프레드리히 뵐러 교수가 인삼 성분 분석을 시도했다는 점이 흥미롭다. 또, 거리게스가 연구 지도를 받은 뵐러 교수에게 감사를 표현하고 있다(그림 11-2). 거리게스가 박사학위를 받은 후 독일 혹은 미국에서 대학교 교수로 근무나 인삼 연구 관련 행적에 대해선 알려진 바가 없다.

파급 효과

비록 거리게스가 제안한 인삼 성분인 파나퀼론의 화학 분자식은 1960년대 시바타 쇼지 교수 그룹이 밝혀낸 인삼 사포닌의 분자식에 맞지 않는다. 그러나, 거리게스가 인삼에서 분리한 파나퀼론의 물리화학적 성질들은 인삼(식물) 사포닌(배당체)에 가깝다는 것을 확인한 것이다. 흥미로운 것은, **거리게스의 논문 발표 후 약 50년간 서양 사회에서는 인삼 성분 연구의 공백기가 발생한다. 그 이유는 무엇일까? 아마 제1차 세계대전(1914~1918년)과 그 여파가 주요 원인 중의 하나가 되지 않을까 추측된다.** 거리게스가 발표한 논문은 약 100

년 뒤, 인삼 연구에서 일본 과학자들에게 인삼 사포닌이 주요 성분 중의 하나라는 아주 중요한 단서를 제공한다(제17장). 미국 거리게스에 의한 인삼 연구는 근·현대 인삼 성분(인삼 사포닌) 분석 연구의 원조라고 할 수 있다.

1900년도 초반부터 현재까지 인삼 사포닌을 연구했던 과학자들 대부분은 **Samuel S. Garrigues**가 발표한 논문을 인용할 때, **Samuel S. Garriques**로 잘못 표기하여 왔음을 확인할 수 있었다. 앞으로는 이를 바로 잡았으면 한다.

◆ 참고문헌

Garrigues SS, *On Panaquilon, a new vegetable substance*. American Journal of Pharmacy (1835–1907); Nov 1854; p.511–512.

Garrigues SS, *Chemical investigations on Radix Ginseng Americana, Oleum Chenopodii anthelmintici and Oleum menthae viridis*, Ph D. Thesis.

부 록

아래 논문은 거리게스가 제출한 박사학위 논문 내용 중 인삼 부분만 별도로 학술지에 발표한 것이다.

On Panaquilon, a new vegetable substance.

by S.S. Garrigues, of Philadelphia

(Garrigues, S.S. American Journal of Pharmacy. Philadelphia (Nov 1854): vol26, p.511-512, 1854) (본 학술지 발행 기간: 1835-1907).

Ginseng, the root of a kind of panax, is known in China as avery valuable medicine. In 1708, its existence was proved in the forests of Canada by Sarrasin, where it is known by the name of Oteerangweh. This American ginseng is the root Panax quinquefolium. It has a thickness from a quill to a finger, is only a few inches long, brownish yellow, generally finely ringed internally yellowish white, spongy; Fresh it smells aromatic but dry, only faintly so. To the taste it resembles liquorice root with a disagreeable bitter after taste. It has been chemically examined by Rafinesque, who stated that he found in it beside ordinary constituents, a. camphor-like body, to which he gave the name of panacine. On account of the uncertainty of his statements, I have undertaken a fresh investigation of this root, and been fortunate to discover therein a peculiar matter, on which chiefly depends the taste, and, probably, the medicinal activity of this root. I propose for the name of this substance panaquilon

A cold infusion of this root, prepared in a. percolating apparatus, has a clear brown color and sweetish taste. It reacts acid. By heat a considerable coagulation of albumen is separated from it. If this is then filtered and considerably concentrated acids throw nothing down after cooling, which proves that it contains no glycyrrhizine, which might be expected from the sweet taste of this root at the beginning, To separate the panaquilon, I mixed, at the suggestion of Professor Wöhler, the a syrup-like infusion with a saturated solution of sulphate of soda.

Hereby a dense adhesive precipitate resulted, which was washed as much as possible with the salt solution, and then treated with absolute alcohol, which dissolved the panaquilon and left the sulphate of soda behind, the panoquilon remaining after the alcohol has een distilled off, is dissolved in water, treated with purified animal charcoal, the solution again evaporated, and th residue once more dissolved in absolute alcohol.

The panaquilon thus prepared is armorphorous yellow powder, which cannot be decolorized by animal charcoal. It is easily soluble in water and alcohol, but insoluble in ether. It has taste resembling glycyrrhizine, but bitterish. By heat it fuses and is decomposed. It burns without residue. Its solution is not precipitated by acids or chlorides of mercury and platinum, but with tannin it affords a precipitate. By alkalies it is colored brown. Heated with caustic potash panaquilon gives no ammonia.

Three analyses made with this substance, dried at 212 Fahrenheit, gave results which in agreement with the behaviour of panaquilon below related, would lead to the following formula, as expressing its composition C24H25018.

The behaviour of panaquilon towards strong acids is very characteristic. It is thereby under the separation of carbonic acid and water, converted into a white body insoluble in water, for which I propose the term panacon. By concentrated sulphuric, panaquilon is dissolved with a fine purple red color. If this solution is poured into water, a white precipitate results of panacon. By an especial research I convinced myself that this change is not accompanied with the formation of sugar. More simply, panacon is obtained when a concentrated solution of panaquilon is mixed with muriatic acid, or, at least, with nitric acid, and gently heated. Under a slight evolution of carbonic acid, panacon separates as a white powder, which fuses by heat under the liquid.

Panacon forms a white powder, appearing under the microscope crystalline. It is tasteless and insoluble in water and ether, but is dissolved by alcohol. With hot concentrated nitric acid it affords oxalic acid. Alkalies are without action upon it.

In concentrated sulphuric acid it dissolves with a purple red color, from which it i's precipitated white by water. It is very readily fusible, and burns with flame, and leaves no residue,

Two analyses afforded results which may be expressed by the formula C22H1908. This formula is founded on the assumption that by the formation of panacon from pannquilon, the elements of 2 atoms of carbonic acid and of 6 atoms of water separate from latter.

12 홍삼 제조, 홍삼 포장법 및 흑삼 개발

홍삼은 인삼 저장 기간을 늘리고, 인삼 가치를 높이려는 조선 삼업인蔘業人의 노력과 땀의 결정체다. 홍삼과 더불어 최근에 흑삼도 개발되어 시중에 판매되고 있다.

◆ 필요는 발명의 어머니

한 가지 궁금한 것이 있다. 조선 시대 밭에서 인삼 재배가 큰 규모로 이루어지기 전, 심마니가 첩첩산중에서 채굴한(수확한) 산삼을 시들지 않은 상태로 사람들이 많이 사는 곳으로 가져오려면 시간이 걸릴 텐데 어떻게 장기 보관을 했을까? 즉, 산에서 채취한 귀한 산삼을 어떻게 보관했을까? 자르투가 했듯이 산속에서 채취한산삼을 그 자리에서 씻어서 바로 먹지 않은 이상, 바구니에 넣어서 집으로 가져와서 관청에 납품하거나 다른 산삼 소비자에게 팔면 경과된 시간으로 인하여 산삼이 썩거나 품질이 떨어지는 것은 당연하다.

조선 시대에는 냉장고도 없고, 따로 인삼을 썩지 않게 장기 보관할 만한 저온 시설도 없었다. 인삼밭에서 갓 캔 인삼의 수분 함량은 약 70% 이상이다. 산삼은 크기가 밭에서 재배한 인삼보다 더 작으므로 수분 함량이 더 적을 수도 있다. 어쨌든, 방금 수확한 인삼은 수분 함량이 높이 장기 보관을 위하여 처리하지 않으면 부패하기 쉽다. 그래서 밭에서 재배한 인삼을 채굴한 후, 조금만 오래 방치하면 인삼 뿌리

표면에 적갈색의 반점들이 나타나고 인삼 색이 변하는 것을 볼 수 있다. 가끔, 신문 지상에서 보듯이, 심마니가 산에서 채취한 산삼을 보여줄 때 축축한 녹색의 이끼 같은 것에 싸서 보관하는 것을 볼 수 있다. 그렇지만, 이렇게 저장한 인삼이 오래 갈 수 는 없었을 것이다. 옛날 심마니들도 이끼에 산삼을 보관했을까?

아마도 우리 조상들은 몇 날 몇일 산속을 돌아다니며 어렵게 발견한 산삼이 썩는 것을 앉아서 기다리지는 않았을 것이다. 당연히, 인삼과 관련된 업(심마니 등)을 하는 사람들은 인삼을 장기 보관하는 방법을 찾아내는 것이 시급했을 것이다. 이를 극복하는 초기 방법은 산삼의 수분 함량을 낮추는 방법이다. 그러면 산삼이 썩는 것을 지연시킬 수 있다. 아마 조선 시대 그 당시에는 햇빛에 말리거나, 아니면, 뜨거운 온돌방에서 건조하는 방법을 이용했을 것이다. 제6장에서 자르투가 기술한 것처럼, 우리 조상들도 타타르인이 만주 지역에서 채굴한 산삼을 약 2주 동안 흙 속에 묻어 놓았다가 깨끗이 씻은 다음에 기장이란 곡물의 증기에 노출시켜 노랗게 물들인 다음 햇빛에 말렸던 것처럼 했을까?(제6장).

건조한 산삼을 만들어 장기 보관이 어느 정도 가능하지만, 건조한 산삼을 멀리 중국이나 일본과 같은 다른 나라에 공식적인 수출이나 몰래 수출을 하게 되면, 백삼은 부서져서 형태 유지가 어렵다. 온전한 인삼 형태에 따라 가치를 평가하는 매수자가 중국인이라면, 품질이 떨어진다고 생각하고 제값을 못 받을 것이다. 그럴 경우, 어렵게 수확한 산삼의 크기와 가치가 많이 줄어들게 된다. 건조한 산삼의 경우 단기간 보관과 수출을 위한 장거리 이동에는 맞지 않았을 것이다.

예를 들어보면, 실제로 일본이 조선에서 입수한 백삼을 네덜란드 동인도 회사에 전달했을 때 인삼의 크기가 원래 크기보다 많이 줄어들고 볼품이 없었다는 기록들이 있다(제2장). 이렇게 생긴 백삼이 중국, 조선 및 일본에서 매우 비싸게 판매되고 있음을 서양 사람들은 의아하게 생각했을 것이다. 조선의 삼업인들은 썩기 쉬운 산삼 혹은 가삼家蔘[27]을 장기 보관 방법으로 어떻게 진화시켰는지 살펴보자.

◆ 우리나라에서 인삼 가공 기술 발전과 관련된 역사적 배경

식량의 보존성이나 이용 가치를 높이기 위해 생것을 건조시킬 뿐만 아니라, 끓이거나(탕이나) 증기로 가열한 후 건조하는 방법은 고대부터 있었음에 틀림없다. 이 가공법은 인삼과 같은 귀한 약물에도 응용되었을 것이다.

2000년 전, 옛날 "신농본초경神農本草經"이나 "상한잡병론傷寒雜病論"에 실린 인삼 보관법은 산속에서 자생하는 인삼을 캐내 지상부를 잘라내고, 흙을 씻어내 햇볕에 건조한 것, 즉 오늘날 껍질 있는 생生 건조 혹은 껍질이 있는 백삼에 해당하는 것으로 볼 수 있다. "명의별록名医別録"에는 "2월, 4월, 8월 상순 인삼 뿌리를 채취해 대나무 칼竹刀로 갈라서 바람에 노출시켜 말리되, 바람을 보여주지 말라"라고 되어 있다. 그러나, 초기 고대의 본초서에는 가열 처리한 후, 건조하는 듯한 가공修治은 보이지 않는다.

채취한 인삼을 가열 처리하고 나서 건조하는 가공 방법이 언제부터 행해지게 되었는지는 알 수 없다. 산삼 생산국인 고려 왕조 중엽 예종(1106~1122년) 때 송나라 휘종이 파견한 사절이 방문한 적이 있었다. 이 사절단 중의 1명인 서긍(북송의 사신)가 그때 고려방문기를 작성하였다. 그 이름은 "선화봉사고려도경宣和奉使高麗図経"(선화 6년, 1124

27 가삼(家蔘) : 산에서 채취한 인삼이 아니고, 집 근처 밭에서 재배한 인삼을 가삼이라고 부름

년)이다. 그는 방문기 가운데 고려의 특산물 중에 인삼에 대해 "그 특산지는 여러 곳이 있지만 춘천春川 것이 가장 좋다"고 하였다. 인삼 보관 방법에 대하여서는 "숙熟(익힌 것)은 가마솥에 끓인 것을 말리면 장기 보관이 가능하다"는 내용이 기술되어 있다. 이처럼 서긍이 기술한 12세기 고려에 이러한 인삼 가공이 행해졌음을 분명히 보여준 것이다.

◆ 인삼 장기 보관 기술의 진화

인공 인삼재배 기술 발달하지 않았고, 인삼 보관 기술이 발달하지 않은 조선 시대에는 인삼을 어떻게 장기간 보관했을까?

조선의 역사기록인 "실록"에 따르면 인삼은 정기적으로 중국으로 가는 사절단의 조선 관리들이 자기들 비용 충당과 중국 조공으로 보내는 품목들 중 손꼽히는 인기 약재였다. 또, 조공 인삼과 중국에서 판매를 위하여 산에서 채취한 산삼의 수요가 국내·외적으로 점점 늘어가자, 채취한 산삼의 양은 한정되어 있고, 최상급 산삼은 점차 고갈되는 형국에 조선 정부에서 사용하거나 중국으로 수출할 산삼과 중국에 진상할 산삼 재고가 부족한 상황에 이르게 된다.

초삼, 판삼 그리고 파삼

산에서 채취할 할 수 있는 산삼양은 줄어드는 반면에 산삼 수요(중국 사절단 예물용, 일본 수출용, 조선 정부 내수용 공납, 밀 수출 등)는 계속 늘어났다. 산삼 채취 혹은 고려인삼과 관련된 백성들은 산삼 수요 대응과 그들의 생존을 위하여 산삼양을 늘리고 산삼 저장 및 보존 기간을 늘리기 위하여서는 반드시 머리를 짜내야 했을 것이다. 여기서 우리 조상이 활용한 방법과 그와 관련한 인삼 용어 몇 가지를 살펴보자.

초삼初蔘은 산에서 갓 캐온 자연 산삼을 말한다. 밭에서 키운 인삼과 산에서 채취한 인삼의 크기가 다르다. 조선 시대 산삼은 아마 나이가 오래되었을지라도 크기가 현재 밭에서 키운 인삼보다 크기도 작을 뿐만 아니라, 생산량도 적었을 것이다. 조선 정부에서 내수용으로 사용하거나 중국으로 보낼 인삼의 양이 너무 적거나 인삼 모양이 볼품이 없을 때 공납으로 이를 맞추기 위하여 인삼 관련 백성들은 묘수를 찾아낸다. 바로 **판삼**板蔘을 만드는 것이다. 이때가 중종으로 기록되고 있다.

즉, 산에서 채취한 산삼을 쪄서 말린 다음 건조한 산삼 위에 무거운 것으로 올려놔 압력을 가하여 넓적하게 표면적을 넓히는 방법을 사용한 것이다. 즉 둥그런 산삼에 압력을 가하면 산삼이 눌리면서 표면이 넓어지는 원리를 이용한 것이다. 이렇게 하면, 개개의 산삼은 적지만 납작하게 눌러서 늘리면, 부피가 넓어져 산삼이 커 보이는 원리를 이용한 것이다. 넓힌 인삼 사이가 떨어지지 않게 풀칠을 하여 서로 연결하여 붙였다. 이렇게 만들어진 산삼을 **판삼**이라고 하였다. 어쨌든 부족한 산삼을 크고 많아 보이게 하는 고육지책이라고 추측된다.

판삼을 만들다 보니 문제점 발생했다. 작은 산삼을 압축하고 풀로 붙여서 커 보이는 것은 좋았는데, 풀이 마르면서 압축한 산삼 사이가 쉽게 떨어지는 일들이 자주 발생하게 된다. 이를 해결하기 위하여 또 다른 방법이 개발되었다. **파삼**把蔘이라는 방법이다. 파삼은 판삼에서 사용하는 방법을 그대로 사용하면서, 인삼이 서로 떨어지는 것을 방지하기 위하여 실이나 철사줄로 꼬치를 만들 듯이 서로 길게 연결하는 방법을 사용한 것이다(그림 14-1). 이렇게 하면, 서로 떨어지는 것을 방지할 수 있다. 이렇게 연결된 파삼은 새 모양을 가지고 있었다. 문제는 그 다음에 발생하게 된다. 산삼 부패를 막고 수요를 충족시키려는 백성의 고충을 모르는 조선 정부는 초삼이 아니고 판삼이나 파삼은 이미 한번 쪘기 때문에 산삼 약효가 없어졌다고 믿었다. 선조를 비롯한 조선 관리들은 파삼 제조가 사람들의 상업적 이득을 취하기 위한 불법적인 방법이라고 단속하였다.

그러나, 극적인 반전이 일어난다. 중국에서 온 상인이나 관리들은 초삼보다 판삼 혹은 파삼을 선호한다는 것이다. 그들이 볼 때 초삼은 중국으로 돌아갈 때 지금처럼 비행기 타고 바로 간다면 몰라도 장기간 육로를 걸쳐서 중국으로 가야 한다. 초삼은 쉽게 부패하는 것으로 인식하였다. 판삼이나 파삼은 한번 쪄서 말렸기 때문에 고국으로 돌아가더라도 멀쩡한 것을 경험한 터이다. 더군다나 약효는 그대로 유지되는 것을 이미 알고 있었다. 그러니, 중국인들은 초삼보다 판삼 혹은 파삼을 구입하거나 예물이나 조공으로 요청하는 것은 당연하다. 그렇지만, 조선 왕 선조는 이를 못마땅하게 생각한 것으로 기록되고 있다. 즉, 선조는 판삼을 제조하여 판매하는 사람들을 옥에 가두는 것으로 기록되고 있다. 이로써 초삼에서 판삼을 거쳐 파삼으로 인삼을 장기 보존을 위한 가공 기술이 처음으로 조선에 소개된 것이다.

인삼의 가치를 높이고, 장기 저장 기술 완성은 홍삼이다

고려인삼 저장 기술의 마지막 단계이며 오늘날까지 전해 내려오는 **홍삼**紅蔘 제조 기술은 조선 시대 누가 처음 개발했는가에 대한 자세한 기록은 없다. 판삼이나 파삼보다 증숙 시간(조선 말기에는 증숙하는 수삼 양에 따라 다르지만, 1~4시간하는 것으로 기록되어 있다)을 더 늘리면 홍삼이 된다. 아마 초삼 → 판삼 → 파삼을 제조하는 과정에서, 산삼은 고갈되어 더 이상 채굴이 안되고 인삼재배기술의 발달로 가삼 재배가 대중화가 되었을 것이다.

밭에서 수확한 가삼家蔘은 산삼보다 크기도 커지고, 양도 많아지고, 품질도 균일하게 좋아져 중국인들이 선호하는 홍삼(숙종~정종 시기로 짐작) 용도로 개량되었을 것이다. 이와 같이, 오늘날 우리가 사용하는 홍삼은 국가에 헌납하고 중국에 예물이나 공물로 보내거나 중국 방문 사절단과 같이 가는 관리들이 가지고 가는 포삼包蔘 무역을 위하여 장기 저장과 부족한 산삼을 장기 보완하기 위한 방법의 하나였을 것이다. 홍삼은 인삼 관련 업종에 종사하는 백성들이 조선 정부가 금지해도 살아남기 위하여 발명한 기술이라고 생각된다. **홍삼은 우리가 당연하게 생각하는 만큼 쉽게 탄생한 것이 아니다. 현재의 고려 홍삼이라는 명칭을 얻기까지는 인삼 관련 우리 조상들이 장기간 여러 시행착오를 거쳐서 완성된 작품이다.** 고려 홍삼 대부분은 중국으로 수출되었다. 고려 홍삼을 중국 사람들은 홍삼을 **명삼**明蔘이라고도 불렀다. 그 이유는 증숙이 잘된 홍삼의 경우 "뿌리 속이 투명한 삼"이라는 의미이다. 현재 초삼, 판삼 혹은 파삼이라는 용어는 더 이상 사용하지 않는다. 다만, 그 전통은 남아 있다. 즉, 현재 판삼과 유사한 제품이 나오는데 나무 상자에 10여 이상 개의 홍삼만 압축하여 인삼 사이가 밀착된 원형 인삼을 판매하고 있다.

수삼을 증기로 찌면 인삼 속의 당분들이 죽(학술적인 현대 용어로 이를 전분의 호화라고 부른다)이된다. 이때 인삼에서 여러 화학변화가 일어난다. 기존에 있던 화합물이 없어지거나 없던 새로운 화합물이 만들어진다. 우리가 쌀 가지고 죽을 쓰듯이, 찐 인삼을 말리면 당성분이 열로 인하여 죽이 되어서 인삼 속이 딱딱하게 굳어서 조직이 치밀해진다. 이렇게 변화하면 수삼이나 백삼의 품질을 떨어뜨리는 미생물의 번식이나 벌레의 침입에 의한 품질 저하가 훨씬 줄어든다. 또 백삼과 달리 딱딱하고 치밀하게 굳어서 장기간 보관해도 백삼처럼 부서지지 않는다.

인삼이 홍삼으로 가공되면 저장을 오래 할 수 있다는 것 외에 또 다른 장점이 있다. 인삼 고유의 지용성 성분이 휘발성 성분이 전분이나 인삼 단백질 성분들과 상호 작용을 통하여 보존된다. 이렇게 보존된 성분들은 아래에서 기술하는 것과 같이 인삼차를 만들기 위하여 뜨거운 물에 우려내면 인삼 고유의 향기가 성분이 그대로 유지된다. 또, 주정(알코올)로 홍삼을 추출(즉, 알코올을 이용한 팅크처 제조)하면 보존된 인삼의 지용성 성분도 같이 일부 추출된다.

그러면 우리 조상들과 중국인들은 홍삼을 먹을 때 어떻게 먹었을까? 홍삼을 따뜻한 물에 데친 후 젖은 깨끗한 광목으로 싸두면 약간 물러진다. 이 상태에서는 힘을 주면, 홍삼이 구부러지기도 한다. 이때 칼로 얇게 슬라이스(약 2~3 mm)로 자른 다음 그 슬라이스들을 뜨거운 찻잔이나 주전자 물에 담그면 슬라이스의 내용물이 용출(추출)된다. 이를 마시면 된다. 이 홍삼 용출 과정을 2~3회 반복하여 홍삼 내용물들이 다 용출되도록 하고 그 용출물을 마셨다. 어떻게 보면, 건조한 홍차나 녹차를 뜨거운 물에 우려서 마시는 방법과 같다고 할 수 있다. 단지, 홍삼은 뿌리에서 농축된 농축물 성분을 우려서 먹는 것이고, 차는 찻잎에 함유된 성분이 추출되도록 하여 마시는 것과 같다.

홍삼이 대중화되고 중국 황실이나 관리 및 일반 중국 사람들이 선호하는 빨간색에 가까운 갈홍색을 띠기 때문에 중국에서 인기가 좋았다. 이로서 홍삼은 초삼보다 장기 저장이 가능하고 약효 면에서 다른 인삼과 차이가 없어서 조선 시대에 이어 현재까지 이어지고 있다. 한편으로는 산삼만으로는 국내 수요 및 국외 수요를 충당하기 힘들기 때문에 민간 인삼 인공 재배가 시작된 시점도 홍삼이 만들어지는 과정에서 시작되었다.

조선에서 홍삼 제조 기술은 숙종 시대에서 시작하여 영조~정조 시대인 17~18세기 초에 정착된 것으로 알려져 있다. 그러나, 아쉽게도 조선 시대 우리 조상이 직접 수삼을 이용하여 홍삼 제조 방법을 구체적으로 기술한 홍삼 제조 방법에 대한 자세히 기록한 문헌이나 서적은 없다. 다만, 미국에서 조선으로 파견된 **미국 공사관 죠지 파울크(Foulk)**가 개성 방문 기간 동안, 인삼이란 명칭의 기원, 송도 인삼밭 전경, 삼업인의 집 구조, 인삼재배 방법 및 수확 방법, 조선 사람들이 산삼을 대하는 태도와 효능 및 가치 평가 등을 상세하게 기록했다. 그 외, **홍삼 제조 과정**에 대한 정보를 **1884년** 10월 10일 미국 Frelinghuysen에게 보낸 보고서 내용에 조선 홍삼 제조 과정이 잘 설명되어 있다. 아래 내용은 파울크가 미국으로 보낸 보고서 내용 중 홍삼 제조 과정을 번역하여 요약한 것이다. 고려인삼과 홍삼 제조 과정에 대한 더 자세한 원문 내용은 "부록"에 있다.

파울크가 기술한 홍삼 제조 및 건조 방법

10월에 인삼 종자(씨앗)을 수확한 직후, 인삼 줄기와 뿌리는 인삼밭에서 조심스럽게 수확합니다. 인삼 줄기는 잘라내고, 뿌리는 잘 씻은 다음 큰 그물이 있는 작은 바구니에 넣고, 즉시 증숙기가 있는 방으로 옮깁니다. 여기에는 진흙으로 만든 아궁이 위에 평평하고 얇은 철로 만든 쇠 가마솥이 있습니다. 쇠 가마솥 위에 지름이 60 cm 정도 되는 떡시루 같은 큰 그릇이 놓여 있습니다. 시루 높이는 60 cm이며, 시루 지름에 꼭 맞는 뚜껑이 있습니다. 시루 안쪽을 보면 시루 바닥에는 지름이 약 6 cm 정도 되는 구멍이 5개 있습니다. 그래서 아궁이에 불을 지피면 가마솥 그릇에서 물이 끓어 증기가 올라와 이 구멍을 통해 위쪽 시루 위쪽으로 올라오게 합니다(그림 12-1).

인삼 뿌리가 들어있는 작은 바구니들을 시루에 넣고 시루를 단단히 밀봉한 후, 찌는 시간을 1시간 30분에서 4시간 동안 계속합니다(그림 12-1). 찐 후 인삼 뿌리가 들어있는 바구니를 꺼내어 건조실로 옮깁니다. 건조실은 대나무로 만들어진 선반이 있는 긴 건물이며, 선반 위에 평평한 건조 바구니가 일렬로 놓여 있습니다. 집 바닥 아래에는 1~1.2 m 간격으로 난로(온돌방 아궁이)가 있습니다. 난로(아궁이)에 불을 붙이면, 그 연기는 바닥으로 연결된 건물 아래 집 뒤쪽의 작은 구멍으로 빠져나갑니다. 건조실 선반 바구니에 증숙기에서 가져온 뿌리를 펴고 약 10일 동안

그림 12-1 **1907년 일제 강점기 홍삼을 만드는 증포소(증삼장) 사진. 조선 시대 삼업인이 홍삼을 만드는 방법은 우리 부모님들이 시루떡을 만드는 방법과 비슷하다. 즉, 사진에서 보듯이 5개의 화덕 아궁이 위에 물이 담겨 있는 가마솥을 두고 그 위에 시루를 얹는다. 이 시루는 파울크가 설명한 것과 같이 구멍이 있다. 구멍이 있는 항아리 시루 안에 수삼이 담긴 대바구니를 얹어 놓는다. 그리고, 가마솥과 시루 사이에 열이 새어나가지 않게 틈새를 막고, 시루 위도 막아서 아궁이에서 불을 지필 때 증기가 새어나가지 않게 한다. 증삼 시간은 삼업인마다 조금씩 다른 것으로 파울크는 기록하고 있다. 증삼하는 과정에서 수삼이 시루 구멍을 통하여 증기를 받으면 대바구니 수삼에서 유출액이 흘러나와서 가마솥에 떨어진다. 적은 양의 수삼을 홍삼으로 만들 때는 유출액이 문제가 되지 않지만, 대량으로 증삼할 때는 유출액이 많이 나온다. 1920년대 스기하라 노리유키 교수는 증삼 시 나오는 유출액을 농축하여 "삼정蔘精"이라는 제품을 만드는 방법을 개발하고 이를 귀생당 약품점에 기술이전 하여 시판하게 하였다(제13장). 사진 출처: 인삼사 5권(고승태 번역, p.139).**

불을 계속 피워 뿌리를 말려야 한다고 합니다. 그 후 습기가 홍삼에 스며드는 것을 차단하기 위해 종이로 미리 촘촘히 안감 처리된 직사각형 버드나무 바구니에 포장되어 시장에 출시됩니다(그림 12-2).

한편, 1907년 "조선 인삼의 가치"라는 시노부 준베이信夫淳平(1871-1962년, 일본의 외교관, 와세대 교수 역임)이라는 일본인 학자가 저술한

그림 12-2 **1907년 일제 강점기 증삼 후 건조실 사진. 대나무로 만든 바구니에서 증삼한 홍삼을 건조했다. 사진 출처: 인삼사 5권(고승태 번역, p.140).**

책(p.27)에서 증삼한 홍삼을 건조하는 기술에 따라 홍삼의 품질이 좌우된다고 서술되어 있어 그 부분만 아래에 추가 소개한다.

"가장 주의해야 할 것은 건조 기술에서 홍삼의 가치에 큰 영향을 미치므로 가장 주의를 요한다". 즉, 온돌 아궁이의 화력을 이용하여 증삼한 뿌리를 강약으로 만들거나, 증삼한 뿌리를 밤낮으로 몇 번씩 뒤집어 골고루 잘 건조되도록 하는 것이 중요하다. 이런 작업을 4~5일간 반복 단련을 거친 다음 홍삼 뿌리를 직사각형 바구니에 옮기고 종이로 그 주위를 덮어서 습기의 침입을 방지한다. 그러면, 인삼 뿌리는 흰색에서 황금색으로 변하고, 단단해지며 재질은 무르고 부러진 부분은 유리처럼 투명해지며 앵두 빛을 띤다".라고 서술하고 있다. 송도 삼업인들은 증삼한 홍삼을 건조하여 품질 좋은 홍삼이 나오도록 하는데도 많은 신경을 썼던 것으로 나온다.

건조 과정을 거치면 인삼 뿌리는 매우 단단(toughly hard) 해지고, 그 색깔은 당근 같은 흰색(carroty white)에서 거의 체리 나무 붉은색(cherry wood red)으로 변합니다. 그 인삼은 딱딱하여 잘 부러지지 않습니다. 부서질 경우, 바삭바삭하게(crisply) 부러지며, 반짝이는 유리 같이 깨지며(exhibiting a shiny, glassy fracture), 반투명하고(translucent) 진한 붉은색(dark red)을 보입니다. 이 과정에서 나온 인삼은 홍삼(hong-sam, red ginseng)이라고 부릅니다. 한국이 서방 강대국과 맺은 모든 조약에서 한국에서 수출이 금지된 품목입니다. 한국에서 가장 흔히 볼 수 있는 인삼이며, 그 대부분은 송도(현재 개성) 지역에서 생산됩니다. 위에 제시된 재배 방법은 송도의 한 인삼 농장에서 나에게 설명한 것입니다. 그러나 다른 지역과 다른 농부들이 약간 다른 방법을 따른다고 들었습니다.

중국 수출용 홍삼 제품 포장 방법

파울크는 수삼에서 홍삼을 제조하는 방법에 대하여 자세히 기술하였지만, 건조한 홍삼을 제품으로 포장하는 방법은 기술하지 않았다. 건조한 홍삼을 근충이나 미생물에게 오염되지 않고 오래 보관하기 위하여 조선의 개성 삼업인들은 어떻게 건조한 홍삼을 포장하는 방법에 대하여 설명하는 기록이나 책자는 없다. 건조한 홍삼 포장 방법은 한 미국인 작가에 의하여 자세히 한 기술되어 있다. **찰스 루트(Charles M. Root)**는 그가 **1905년** 출간한 책 "인삼 이란 무엇인가? 인삼 역사와 재배에 관한 설명(What is ginseng? An account of the history and cultivation of ginseng)" 내용 중에서 조선에서 건조한 홍삼을 장기 보관하기 위하여 어떻게 포장하였는가를 번역문을 아래에 기술한다.

"중국이 인삼을 얼마나 가치 있게 여기는지 판단하려면 중국 관리(만다린이라고 부름, mandarin)가 주로 재배하는 조선의 송도 마을에서 새로운 뿌리를 담은 위탁(consignment)하는 모습을 보아야 합니다. 금가루도, 원석 다이아몬드도, 어떤 종류의 보물도 이 귀중한 인삼 뿌리보다 더 조심스럽게 포장되지 않았습니다. 홍삼이 크면 길고 얇은 고리버들 바구니(wicker basket)에 담겨 올 것입니다. 바구니는 촘촘하게 짠 실크로 된 방수 소재토 덮여 있을 것입니다. 그 위에는 제국 인장이 찍혀 있을 것입니다. 조선 세관에서 등록 번호를 표시합니다.

만다린(중국 관리)은 매우 조심스럽게 그것을 엽니다. 먼저 향기로운 나무가루 층이 솜털 같은 면(cotton)이나 실크 누에고치(cocoons) 부스러기와 섞여 있습니다. 이 층을 제거하면 이제 흰색과 금색 종이의 작은 패킷(packets) 층이 나타납니다. 각 패킷에는 뿌리에 상처를 줄 수 있는 습기를 피하기 위해 소량의 생석회가 들어 있습니다. 이 석회 패킷은 인삼 위와 아래에 있습니다.

이 모든 준비가 된 귀중한 뿌리를 개봉하는 마지막 작업은 수놓은 실크나 진홍색과 금색 물고기 가죽의 마지막 봉투를 제거하는 것입니다. 진짜 물건에 도달하면 길이가 4~5인치인 작고 말린 물체가 발견되고, 희미하게도 둔한 호박색(홍삼 색깔)과 비슷한 반짝이는 표면이 있습니다. 축소형(miniature)으로 보면 머리가 없는 사람의 몸과 비슷합니다.

조선에서 인삼은 송도(지금의 개성) 북쪽의 강거산(Gang-ge mountain)의 계곡과 경사지에서 자랍니다. 야생 상태에서도 너무 희귀해져서, 식물을 찾는 것이 네잎 클로버와 같습니다.

조선인은, 흠 없는 삶과 순수한 마음을 가진 사람만이 창백한 잎으로 덮인 몇 개의 줄기에서 인삼이 솟아오르는 곳을 볼 수 있다고 말합니다. 땅에서 인삼을 뽑으면 길을 잃은 영혼의 통곡과 같은 낮은 음악적 울부짖음을 내며, 재빨리 싸매야 하며 그렇지 않으면 그 미덕과 힘이 사라져 더 이상 돌아오지 않을 것이라는 공통된 전통이 있습니다. 조선인이 인삼을 시장에 내놓기 위해 준비하는 데 있어 극도의 주의를 기울이는 것은 미국 재배자들이 잘 본받을 수 있습니다."

위에서 서술한 문장들은 중국 관리가 조선에서 생산된 홍삼을 중국으로 보내기 위하여 배에 위탁하기 전에 품질 관리 차원에서 홍삼이 포장된 것을 검사하는 장면을 생생하게 묘사하고 있다. 그 당시에는 진공포장이라는 개념과 장비가 없어 건조한 홍삼에 최대한 습기 침입을 방지하기 위하여 포장한 것을 보여주고 있다. 그 당시 적어도 홍삼은 4번의 포장 방법을 이용하고 있다. 1) 방수 비단 보자기로 싼 국가

검인 바구니(조선제국 인장), 2) 나무가루 층(면이나 누에고치와 섞여있는 층), 3) 흰색과 금색 종이의 작은 패킷(packets) 층이 있고, 층사이 생석회(습기 흡수용도), 4) 실크나 진홍색과 금색 물고기 가죽의 마지막 봉투 안에 홍삼이 들어있다.

조선 말기 삼업인들은 중국 수출용 홍삼이 손상되지 않도록, 홍삼 포장에 얼마나 정성스럽게 했는가를 잘 보여주는 예이다. 개성에서 홍삼 제조 및 건조 방법은 1884년 **죠지 파울크**가 기록한 내용이고, 건조한 홍삼을 수출용 포장을 어떻게 했는가는 **찰스 루트**가 11년 뒤인 1905년 출간한 것이다. 개성이라는 같은 도시에서 홍삼 제조, 건조 및 수출용 포장은 위에서 기술한 방법을 통하여 이루어지고 있음을 알 수 있다. 현재는 건조한 홍삼은 진공포장을 통하여 제품화하는 것으로 알려져 있다.

홍삼의 3대 장점을 가지고 있다

홍삼은 수분 함량이 15% 이하이며, 1) 홍삼 성분 변화없이 10년 이상 장기 보관이 가능하다. 2) 수삼과 같이 가공하지 않은 인삼에 비하여 장기 보관이 가능하므로 그 가치가 증대된다. 3) 최근의 연구에 따르면, 홍삼 가공 과정에서 인삼 사포닌 외 백삼이나 서양삼에 없는 새로운 홍삼 고유의 비사포닌 신소재(레글리드)가 추가로 생성된다. 수삼이 홍삼이 됨으로써 1석 3조의 효과를 달성할 수 있다.

고려 인삼 재배가 개성 등에서 시작되었다는 것과 홍삼 유래에 대한 조선일보에 게제 된 기사

1929년 11월 9일 석간신문에 게제된 기사에 따르면, 고려인삼 재배가 개성을 포함한 다른 지역에서 언제 시작되었는지는 알 수 없으나, 홍삼 제조 방법은 전라도 동복현에 최씨 성을 가지 여성이 재배한 인삼을 훈증하여 만든 인삼의 효능이 뛰어나, 중국에 수출하여 큰 돈을

벌은 것이 홍삼의 기원이라는 전설이 있다고 기술하고 있다. 더 자세한 내용은 **부록**에 있다.

흑삼 개발

우리 조상들은 흑삼이라는 또 다른 가공 인삼을 개발하였다. 홍삼 제조는 위에서 서술한 바와 같이, 한 번 찌고(증숙)하고, 말리는(건조)하는 방식으로 생산된다. 반면에 흑삼은 찌고 햇빛에 말리는 과정을 9번 반복하여 생산된다고 하여 구증구포九蒸九曝(아홉 번 찌고 아홉 번 햇볕에 쬐서 말린다)라는 용어가 흑삼 제조 과정에서 유래하였다. 홍삼 외에 수삼을 이런 방식으로 추가 제조하였는가는 옛 문헌에 명확하게 나와 있지 않다.

한약재는 수치修治라는 과정이 있다. 한약재 수치를 하는 이유는 한약재의 약효를 높이거나 부작용(독성, 냄새, 쓴맛 등)을 줄이기 위해 가공하는 것이다. 한약재 수치 과정은 다양한 방법이 있다. 우리 조상들의 흑삼 제조는 다른 한약재 수치 방식에서 아이디어 얻지 않았을 추측된다. 여러 번 더 찌고 말리면 무언가 홍삼보다 더 좋은 장점들이 있지 않을까 하는 기대심에서 구증구포를 하지 않았나 예측된다. 실제로, 흑삼은 홍삼이 가지고 있는, 고유의 흙 냄새가거의 없는 편이다.

흑삼의 외견상 색상은 홍삼과 달리 검은 갈색을 띤다(그림 12-3). 다른 인삼 가공방법과 달리, 흑삼 성분들은 고온에서 찌고 말리는 과정에서 더 많은 변화가 일어난다. 특히, 인삼 사포닌과 같은 이차대사산물들의 변화가 눈에 띈다. 예를 들면, diol 계통의 진세노사이드들이 화학적 변화를 겪어서 홍삼에 거의 없는 진세노사이드 Rh3, Rg5, Rk1 및 Rk2 등이 만들어진다. Triol 계통의 진세노사이드 Rh4와 Rk3가 만들어진다. 그러나, 이들 새로운 진세노사이드가 만들어지는 대신, 기존의 다이올diol과 트리올triol 계통의 진세노사이드가 없어지거나 줄어든다. 또, 인삼을 반복해서 찌고 말리는 과정에서 마이야르 반응(Maillard reaction)이 일어나 흑삼 특유의 색상과 향을 생산한다. 그 과정에서 항산화 및 항염증 작용을 지닌 폴리페놀 및 산성 다당체 성분 등의 변형된 성분들이 만들어진다.

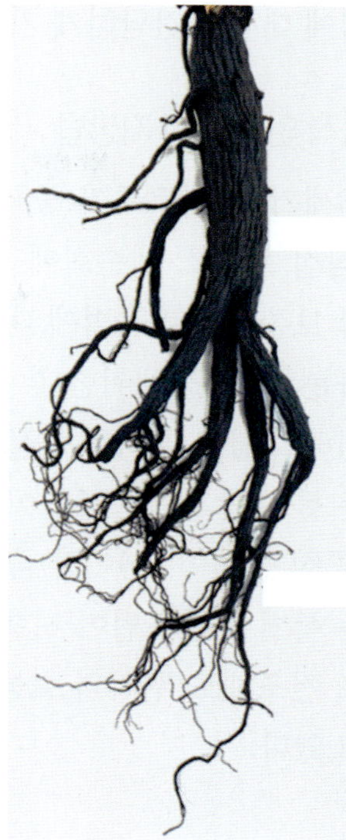

그림 12-3 흑삼. 홍삼 외에 출시되고 있는 인삼 제품의 하나다. 흑삼은 수삼을 찌고 말리는 과정을 9번 반복해서 만드는 것으로 알려져 있다. 최근엔, 수삼을 3번 찌고 말리면 흑삼으로 인정해 준다.

최근 정부 기관에서는 흑삼 제조 기준 및 성분에 대한 가이드 라인을 제시했다. 즉, 제조 방법은 3번 이상 쪄서 건조한 것으로 색상은 담흑갈색 또는 흑다갈색을 띠는 인삼의 한 종류로 분류했다. 흑삼 성분 함량 기준은 진세노사이드 Rg3 0.1% 이상, 진세노사이드 Rk1+Rg5의 합이 0.2% 이상인 것으로 하였다. 또, 유해 물질 생성을 줄이기 위하여 건조 온도를 60℃ 이하로 규정하였다.

현재, 흑삼 추출물은 호흡기 관련 염증 반응을 억제하는 것으로 알려져 호흡기 건강 기능성 식품으로 개발 진행 중이다.

◆ 다른 나라들의 인삼 장기 보관법

조선에서 개발된 홍삼 외에 다른 나라에서 행하여진 인삼 장기 보관법에 대하여 간단하게 기술한다.

중국식 인삼 장기 저장법

18세기 초 자르투가 중국 만주 타타르 지역에서 보고 경험한 내용을 직접 프랑스 예수회에 보낸 편지에는 만주에 사는 타타르인들의 인삼 보존법과 가공법에 대하여 간단하게 서술하고 있다. 즉, 인삼 채취자는, 인삼을 채취한 후 15일 동안 흙 속에 묻었다가, 잎과 줄기를 제외하고 남은 뿌리를 솔질과 물 세척으로 잘 닦고, 그 다음 잠깐 거의 끓는 물에 담그고 중국인이 선호하는 노란색으로 마무리하기 위해 기장(곡식 중의 하나)이란 곡식을 끓일 때 나오는 증기에 쬐인 후 건조하는 특별한 건조법이 시행되고 있다고 썼다. 그러나, 햇빛이나 화력으로 건조해도 뿌리의 효능은 그대로 유지되고 있는 것도 함께 기록하고 있다.

청나라 시대의 가공 인삼은 껍질을 벗긴 채, 햇빛에 건조한 "생쇄삼生晒参", 인삼 피부를 제거하고 건조한 "백간삼白干参", 설탕에 절인 "백초삼白抄参", 쪄서 건조한 "홍초삼紅草参"이 있다. 홍초삼은 홍삼과 같은 방법인지 정확한 과정이 알려지지 않았지만, 홍삼과 유사할 것을 예상된다.

일본식 인삼 장기 저장법

일본도 조선이나 중국처럼 산삼이나 가삼을 생으로 말리는 방법이 있다. 이 방법은 현재의 백삼에 해당된다. 끓은 물에 인삼을 잠깐 담갔다가 꺼낸 다음 뜨거운 불로 말리거나, 햇빛에 말리는 방법이 있다. 이를 다른 말로 중제中製라고 한다. 마지막으로 인삼을 쪄서 말리는 방법이 있다. 이 방법은 조선의 홍삼과 중국의 홍초삼 제조와 비슷할 것으로 예상된다.

"조선인삼경작기"라는 인삼 재배서를 처음 출간한 사카노우에 노보루는 인삼 가공 방법을 좀 더 자세히 기록하고 있다. 즉, "가전家伝(전하여 내려오는)의 한 가지 방법"으로 가마솥에 청수清水를 끓여서 소주燒酎, 세신細辛(약초의 하나), 감초 등을 넣고 여기에 씻은 인삼을 소쿠리에 넣고 담갔다가 새끼손가락 정도의 부드러움이 되면 소쿠리를 올려 물을 빼고, 화력건조 후 햇볕에 건조한다고 그 제조법을 말하고 있다. 이 제조법은 조림이나 증제蒸製와 생말랭이의 중간적인 제조법이기 때문에 중제라고 할 것 같지만, 사실 "중제中製"라는 명칭이 나중에 등장한다.

◆ 미국 및 캐나다에서 재배된 서양삼의 장기 저장법

미국이나 캐나다에서 재배된 서양삼은 대부분 자연 건조 혹은 과일 건조기를 이용하여 건조한 인삼을 준비한 후, 중국으로 수출하는 것으로 알려져 있다. 미국이나 캐나다에서 수확한 서양삼을 홍삼으로 만들지 않은 이유는 알려지지 않고 있다.

◆ 참고문헌 및 인용

https://history.state.gov/historicaldocuments/frus1885/d229

Chares M. Root, *What is ginseng? An account of the history and cultivation of ginseng* (1905). (2025년 나승열 번역본, 인삼이란 무엇인가?, eBook)

조선인삼비사(카와시마 유지, 1993)(나승열 번역본, 2025)

https://newslibrary.chosun.com/view/article_view.html?id=317419291109e1063&set_date=19291109&page_no=6

김도완, 이연진, 민진우, 김유진, 노영덕 and 양덕춘. 2009, "인삼의 구증구포에 의한 산성다당체, 페놀성화합물의 변환 및 항산화능", 동의생리병리학회지, vol.23, no.1 p.121-126.

Metwaly AM, Lianlian Z, Luqi H, Deqiang D. Black Ginseng and Its Saponins: Preparation, Phytochemistry and Pharmacological Effects. Molecules. 2019 May 14;24(10):1856.

Oh HB, Lee JW, Lee DE, Na SC, Jeong DE, Hwang DI, Kim YS, Park CB. Characteristics of Black Ginseng (Panax ginseng C.A. Mayer) Production Using Ginseng Stored at Low Temperature after Harvest. Metabolites. 2021 Feb 10;11(2):98.

Kim MO, Lee, JW, Lee, JK, Song YN, Oh ES, Ro H, Yoon D, Jeong YH, Park JY, Hong ST. Black Ginseng Extract Suppresses Airway Inflammation Induced by Cigarette Smoke and Lipopolysaccharides In Vivo. Antioxidants 2022, 11, 679.

Song YN, Lee JW, Ryu HW, Lee JK, Oh ES, Kim DY, Ro H, Yoon D, Park JY, Hong ST, Kim MO, Lee SU, Lee DY. Black Ginseng Extract Exerts Potentially Anti-Asthmatic Activity by Inhibiting the Protein Kinase Cθ-Mediated IL-4/STAT6 Signaling Pathway. Int J Mol Sci. 2023 Jul 26;24(15):11970.

농림축산식품부 보도자료: 흑삼 성분기준 설정, 인삼 신시장 개척 기대. 정책기획관 원예산업과 (2023.03.15.).

부 록

미국 공사관 George C. Foulk가 1884년 10월 미국 Frelinghuysen에게 보낸 보고서 내용으로 홍삼 제조 과정이 자세히 잘 설명되어 있다.

보고서 서문

Foulk 씨에서 Frelinghuysen 씨에게.

미국 공사관, 서울, 한국, 1884년 10월 10일(12월 27일 수신).

각하: 저는 지난 9월 22일부터 오늘까지 한국 내륙으로 여행을 하면서 관찰한 내용을 여기에 보고하는 영광을 가지고 있습니다. 이 보고서는 3개의 패킷으로 전송되며, 1883년 11월 12일자로 저에게 임명장을 보낸 국무부에 전달됩니다. 이 보고서는 해군 장관으로부터 받은 지시서에 따라 저에게 요구되는 성격의 보고서이며, 여기에 관련된 통신을 첨부합니다.

저는 다음과 같습니다.

조지 C. 파울크, 소위, 미국 해군, 해군 무관

한국 인삼에 대한 보고서 내용

한국의 인삼

중국인들은 고려인삼을 세계 최고로 여긴다. 그들은 수백 년 동안 뿌리를 강화제로 사용해 왔고, 가장 특별한 가치를 두었으며, 방문하는 모든 지역에서 그것을 찾았다. 그들의 관점에서 그 효능을 볼 때, 그들은 이러한 비교 평가를 내릴 수 있을 것이다. 인삼은 중국에서 발견되지만, 그곳에서 생산된 것은 고려에서 일반적으로 판매되는 품목보다 열등하다고 여겨진다. 그것의 판매는 조선 정부의 독점이었고 지금도 그렇지만, 약의 경우와 같이 중국인에게는 매우 필요한 것이었지만, 한국 북서쪽 국경을 넘어 온갖 독창적인 방법을 통해 엄청난 양의 물이 밀수되었고, 서쪽 해안에서는 정크선으로 밀수되었습니다.

한국어로 뿌리의 이름은 "삼(Sam)"인데, 각각 "인(In)" (사람)과 "산(San)" (산)이라는 접두사와 함께 사용되어 사람이 재배하는 품종과 어두운 산속 깊은 곳에서 야생으로 자라는 품종을 구별합니다. 산삼은 극히 희귀하여 많은 원주민이 본 적이 없으며, 금만큼이나 가치가 있다고 합니다. 이 종류의 인삼은 뿌리 하나로 판매되며, 과거에는 매우 훌륭한 대형 표본에 대해 가격이 거의 2,000달러에 달했다고 합니다. 산삼 뿌리는 재배되는 모든 품종보다 훨씬 크며, 길이는 1피트에서 3, 4피트에 이르고 머리 부분의 두께는 1½인치에서 2½인치입니다. 식물의 뿌리 본연의 꼭대기와 줄기 바닥에는 코르크 같은 고리 모양의 부분이 있는데, 고리의 개수는 뿌리의 나이를 보여줍니다. 산삼의 씨앗을 산삼이 자랐던 환경과 비슷한 환경에서 산에 심으면 진짜 산삼과 비슷한 뿌리가 생기고, 이런 식으로 가짜 산삼이 생긴다. 하지만 산삼이라고 팔려고 하는 것은 사기로 여겨지고, 전문가들은 그것이 인간의 도움으로 만들어졌다는 것을 쉽게 알아차린다고 한다. 산삼의 영험한 효능(virtues)은 식물의 물질적 구성에 있는 것이 아니라, 인간의 영향과는 전혀 상관없이 자비로운 영혼이나 신의 보살핌을 받으며 만들어졌다는 신비한 힘에 기인한다고 믿어진다. 진짜 산삼은 발견된 상태에 도달하는 동안 인간이 본 적이 없다고 여겨진다. 특정 산삼 식물이 발견되었을 때의 나이를 20년, 30년, 40년이라고 명명했다.

산삼 뿌리는 땅에서 발견되면 조심스럽게 채취하여 조심스럽게 씻고 부드럽게 긁은 다음 햇볕에 완전히 말립니다. 투여할 때는 뿌리 전체를 한 번에 먹거나 두 부분으로 나눌 수 있습니다. 그런 다음 사람은 의식을 잃고(어떤 사람들은 죽었다고 말합니다) 3일 동안 그대로 있습니다. 그 후 약 한 달 동안 온몸이 병으로 가득 차 있지만, 그 후 회춘이 시작되고 피부가 맑아지고 몸이 건강해지며 그 사람은 그 후로 질병 없이 살며 더위나 추위에 시달리지 않고 90세나 100세가 될 때까지 살 것입니다.

산삼은 극히 희귀하기 때문에 미신적인 평판이 더욱 강합니다. 어떤 지식인인 한국인이 나에게 말했듯이 산삼에 대한 이야기는 대부분 말뿐이라고 합니다. 그럼에도 불구하고 그는 산삼이 강장 효과가 뛰어난 놀라운 약이라고 주장했습니다.

인삼은 한국의 재배 인삼으로 대량 생산되며, 일반적으로 판매되는 품목입니다. 중국인이 가장 높이 평가하지만, 한국인은 최고의 약으로 여깁니다. 거의 모두 한국의 두 개의 뚜렷한 지역에서 생산됩니다. 즉, 수도에서 북쪽과 서쪽으로 약 60마일 떨어진 송도(개성)와 한국의 가장 남동쪽 지방인 경상도의 용산(Yong-san)입니다. 이 두 지역에서 생산되는 품질은 다르다고 여겨지며, 인삼은 경상도의 송도 또는 용삼에서 왔는지에 따라 송삼 또는 용삼(Yong sam)이라고 불립니다. 최근에 방문한 전자의 장소는 정부 관리와 함께 주요 농장 몇 곳을 시찰했습니다.

송도에서 인삼을 재배하는 구역은 지름이 8마일도 안 되는 작은 면적이며, 대부분의 농장은 도시에서 바로 볼 수 있으며, 도시 성벽 주변과 도시 자체, 송도가 조선의 수도였을 당시의 집터에 있습니다. 멀리서 보면 논에서 솟아오른 풀밭 경사면에 갈색 반점이 여러 개 있는 것처럼 보입니다. 일반적으로 농장은 낮지만, 논보다는 몇 피트 위에 있고, 제가 관찰한 몇몇 농장은 언덕 위에 잘 위치 해 있었습니다.

각 농장은 직사각형 단지로, 한 부분은 담으로 둘러싸인 건물이고 나머지는 울타리로 둘러싸여 있습니다. 건물은 평소처럼 진흙, 돌, 토기, 다듬지 않은 목재로 지어지고 초가로 얹혀 있지만, 조선 사람들의 다른 집보다 눈에 띄게 우수합니다. 건물은 직선으로 지어졌고, 내부는 깔끔하게 정리되어 있으며, 산책로와 울타리는 잘 정돈되어 있습니다. 각 단지에는 하나 이상의 키가 큰 작은 망루가 있는데, 그곳에서 농장을 정기적으로 감시하여 도둑이 인삼을 한 줌씩 가지고 도망가는 것을 방지합니다.

건물 안뜰에 있는 문인 단지 입구에 가장 가까운 곳에는 객실이 있는데, 이곳에서 판매에 대해 논의하고 임원들이 생산한 인삼을 검사하며, 건조 창고가 있습니다. 이 건물 너머에는 두 개의 다른 건물이 있는데, 신선한 뿌리를 말리는 작업이 진행됩니다. 여기서부터 단지 끝까지 낮고 어두운 매트 창고가 평행하게 줄지어 서 있으며, 지붕은 남쪽이나 남서쪽으로 아래로 기울어져 있습니다. 이 줄은 길이가 75~200피트이고 간격은 4피트이며, 매트 창고는 앞면(북쪽)이 약 4피트 높이이고, 위에서 흔들리는 매트로 닫혀 있어 농부가 식물을 돌볼 수 있습니다. 창고 안에는 인삼을 재배하기 위한 약 8인치 높이의 침대가 있으며, 식물은 침대를 가로질러 줄지어 서 있으며, 길이는 약 2피트입니다.

집에 가장 가까운 줄(또는 창고)은 농장에서 재배되는 모든 식물의 씨앗 침대입니다. 토양은 색상으로 표시된 대로 중간 강도로 보였고 부드럽고 미세한 화강암 모래를 소량 함유하고 있습니다(잘게 부순 죽은 잎은 거름으로 사용합니다.) 한국 9월(9월-10월)에 씨앗은 씨앗 침대에 3인치 깊이로 꽤 두껍게 꽂고 약 3인치 간격으로 작은 물뿌리개에 심습니다. 식물은 평생 동안 3일 간격으로 물을 주고 침대를 주의 깊게 검사하여 혼잡, 부패 및 벌레와 곤충의 피해를 방지합니다. 매트 창고는 꼭 닫아 두어야 하는데, 인삼은 어둠이나 매우 약한 빛에서만 자랄 것이기 때문입니다. 창고의 매트는 둥근 갈색 갈대와 덩굴을 촘촘히 꿰매어 만들었기 때문에 희미한 빛만 들어옵니다.

심은 지 2년 차의 두 번째 달(2월)에 뿌리가 형성되고 지상에서 식물의 일반적인 모양이 달성된 것으로 간주됩니다. 그런 다음 뿌리는 부드럽고 흰색이며, 꼭대기에서 직경 3/16인치에서 3½인치 길이의 가늘고 긴 점으로 고르게 가늘어집니다. 거기에서 여러 개의 가늘고 털 같은 덩굴손이 늘어집니다. 땅에서 약 2인치 길이의 붉은 줄기가 하나 곧게 솟아 있고, 그런 다음 줄기에 거의 직각으로 작은 가지와 잎으로 퍼집니다. 모양은 성숙한 식물의 모양과 거의 같습니다.

다음 해 2월(3년차)에 씨앗 식물을 인접한 침대에 이식하는데, 각 십자형 줄에 5~6개씩, 물을 주는 도랑은 식물 줄 사이에 있습니다. 이 두 번째 침대에 식물을 1년 동안 두고, 그런 다음 세 번째 침대에 이식하여 각각의 줄에서 더욱 멀리 심습니다. 1년 후에 다시 이식하는데, 이번에는 마지막 침대에 옮겨서 2년 반 또는 3년 동안 둡니다. 일반적으로 식물이 성숙할 때까지 심은 후 7년이 걸립니다. 씨앗 침대에서 수명을 다한 후에는 빛을 차단하기 위한 엄격한 관리가 그렇게 필요하지 않으며, 마지막 침대에 있는 식물 헛간 앞에서 스윙 매트가 완전히 제거된 것을 알아챘습니다.

7년 차 가을에 씨앗이 익어 수확됩니다. 이 씨앗은 주줄기에서 위로 솟아오른 짧은 줄기에 나타나며, 줄기에서 가지가 수평으로 갈라집니다. 가지 위 1인치에서 씨앗 줄기를 꺾고, 씨앗을 약간 햇볕에 말려 보관합니다. 그 직후 뿌리 수확이 시작됩니다. 씨앗은 하얗고, 다소 평평하며, 둥글고, 약간 주름이 져 있으며, 지름은 약 1/16인치이고 두께는 1/8~3/16인치입니다.

익은 뿌리는 약 14인치 길이의 줄기를 가지고 있으며, 땅에 수직으로 잘 서 있습니다. 이 거리에서 가까운 공통 지점에 퍼져 있는 가지, 보통 5개이며, 주줄기 꼭대기에서 약 4인치 떨어진 곳에 5개의 잎이 모여 있으며, 큰 잎 3개는 작은 각도로 방사형으로 뻗어 있고 작은 잎 2개는 공통 밑부분에서 가지와 직각으로 뻗어 있습니다. 큰 잎은 타원형이고 가장자리가 얕지만 날카롭게 움푹 패여 있습니다. 길이와 너비는 각각 4인치와 2인치입니다. 색상은 거의 밤색입니다. 줄기는 뻣뻣하고 목질이며 세로로 이랑이 있습니다. 뿌리는 길이가 거의 1피트이고 보통 4개의 다른 부분으로 구성되어 있습니다. 첫 번째 또는 위쪽은 작고 불규칙한 매듭으로 아래의 주뿌리로 머리를 형성합니다. 여기에서 주근(주뿌리) 위로 여러 개의 가느다란 뿌리가 뻗어 나와 끈 같은 점으로 끝납니다. 두 번째 부분은 뿌리의 몸체로, 짧고 곧 여러 개의 구근 모양으로 나뉘며, 그 중 네 개는 눈에 띄게 큽니다. 이 네 부분을 일반적으로 다리와 팔이라고 합니다. 구형 부분은 갑자기 둥글게 뭉쳐지고 가늘고 작은 부분으로 가늘어지며, 그로부터 많은 수의 털과 같은 먹이통이 뻗어 나옵니다. 뿌리 또는 몸체(동체)의 주요 부분의 두께는 거의 1인치에 이르지 않습니다.

10월에 씨앗을 모은 직후, 식물과 뿌리는 땅에서 조심스럽게 꺼냅니다. 줄기는 쉽게 꺾어내고, 뿌리는 씻은 다음 큰 그물이 있는 작은 바구니에 넣고, 즉시 증기실로 옮깁니다. 여기에는 벽난로 위에 평평하고 얕은 철제 보일러가 있고, 그 위에 지름이 2피트인 토기 그릇이 있고, 높이도 같은 만큼이며 꼭 맞는 뚜껑이 있습니다. 토기 그릇의 바닥에는 지름이 2인치인 구멍이 5개 있습니다. 철제 그릇에서 물을 끓이면 증기가 올라와 이 구멍을 통해 위쪽 그릇을 채웁니다.

뿌리가 들어 있는 작은 바구니를 흙으로 만든 그릇에 넣고 그릇을 단단히 닫은 후, 찜질 과정은 1시간 30분에서 4시간 동안 계속되고, 이때 뿌리를 제거하여 건조실로 옮깁니다. 이것은 대나무 막대로 된 선반이 있는 긴 건물이며, 그 위에 평평한 건조 바구니가 일렬로 놓여 있습니다. 집 바닥 아래에는 3~4피트 간격으로 벽난로가 있으며,

그 연기는 바닥 수준 아래 집 뒤쪽의 작은 구멍으로 빠져나갑니다. 건조실 바구니에 뿌리를 펴고 약 10일 동안 불을 계속 피워 뿌리를 말려야 합니다. 여기에서 그들은 습기를 차단하기 위해 종이로 촘촘히 안감 처리된 직사각형 버드나무 바구니에 포장되어 시장에 출시됩니다.

이 과정에서 뿌리는 매우 단단해지고, 그 색깔은 당근 같은 흰색에서 거의 체리 나무 붉은색으로 변합니다. 딱딱하지만 바삭바삭하게 부러지며, 반짝이는 유리 같은 균열, 반투명하고 진한 붉은색을 보입니다. 이 과정에서 나온 인삼은 홍삼이라고 불리며, 한국이 서방 강대국과 맺은 모든 조약에서 한국에서 수출이 금지된 품목입니다. 한국에서 가장 흔히 볼 수 있는 인삼이며, 그 대부분은 송도 지역에서 생산됩니다.

"백삼"은 땅에서 채취한 인삼을 간단히 씻고 긁어내어 햇볕에 말린 것입니다. 이 종류는 국내에서 많이 사용되지만, 치료하지 않으면 수출할 수 없습니다. 많은 사람들이 홍삼보다 더 나은 약으로 여기고 있으며, 때로는 형태와 품질에 따라 가격이 더 비쌉니다. 인삼을 사용하는 방법은 여러 가지가 있습니다. 가장 일반적으로는 작은 조각으로 자르거나 쪼개서 다른 약과 섞어서 알약, 정제, 달인물 등을 만듭니다. 때로는 뿌리를 말려서 먹기도 합니다. 이것은 매우 일반적입니다.

노인들은 단순한 뿌리를 조각내어 끓여서 따뜻한 국물을 만든다. 그것은 신체의 모든 부분을 강화하는 약으로 여겨지는 듯하다. 뿌리의 모양은 일반적으로 사람의 모양과 비슷한데, 이는 네 가지 뚜렷한 모양 부분의 결과이다. 어떤 사람들은 사람의 이러한 각기 다른 부분이 특정한 질병에 적응한다고 믿는다. 즉, 머리는 눈의 질병에, 몸은 일반적인 허약함에, 팔과 다리는 위장 장애, 감기, 여성 질환에 적응한다고 믿는다. 뿌리의 이러한 사람 모양은 특정 종류의 인삼, 특히 산삼을 구매할 때 크게 나타난다.

중국 시장에 인삼을 공급하는 데 있어서 한국의 경쟁자는 블라디보스토크 근처의 시베리아 지방인 프리모르스카야입니다. 이 근처에는 많은 중국인들이 그것을 찾아 모여듭니다. 블라디보스토크의 북동쪽에 있는 한 곳, 소우찬과 단비허 강 근처에서 중국인들이 상당히 많이 재배합니다. 동부 시베리아의 여러 유목 민족은 산에서 산삼을 찾고, 검은 담비 가죽과 함께 그것을 판매하여 생계를 유지합니다.

위에 제시된 재배 방법은 송도의 한 인삼 농장에서 나에게 설명한 것입니다. 그러나 다른 지역과 다른 농부들이 약간 다른 방법을 따른다고 들었습니다. 일부 뿌리는 심은 후 5년 반 또는 6년 후에 시장에 내놓을 수 있지만, 최고의 제품을 생산하려면 7년 동안 성장해야 합니다. 홍삼(홍삼)의 시장 가격은 현재 영국 파운드당 거의 4달러입니다.

조지 C. 파울크, 미 해군 소위, 해군 무관.

죠지 파울크 보고서 원문

No. 229.

Mr. Foulk to Mr. Frelinghuysen.

Legation of the United States, *Seoul, Corea, October* 10, 1884. (Received December 27.)

Sir: I have the honor to forward herewith a report of observations made during a journey into the interior of Corea, made by me between September 22 ultimo and the 8th instant. The report is transmitted in three packets, and addressed to the Department of State, in accordance with its letter of appointment to me, dated November 12, 1883. The report is of the nature required of me by my letter of instruction from the honorable Secretary of the Navy, to whom I inclose herewith a communication relating to it.

I am. &c.,

GEORGE C. FOULK, *Ensign, United States Navy, Naval Attaché.*

Report of observations made during a journey in the capital district of Korea.

The ginseng of corea

The ginseng of Corea is held by the Chinese to be the best in the world. They have used the root for many hundreds of years as a strengthening medicine, place the most extraordinary value upon it, and seek for it in all parts of the world they visit; viewing its efficacy from their standpoint, they may therefore be well able to make this comparative estimation. Ginseng is found in China, but that there produced is considered inferior to the common marketable article in Corea. The sale of it is and has been a monopoly of the Corean Government, but as might be supposed in the case of a medicine so highly necessary as it is to the Chinese, immense amounts of it have been smuggled out of Corea in all kinds of ingenious ways across the northwestern border and by junks from the west coast.

The Corean name for the root is "Sam," used with the prefixes "In" (man) and "San" (mountain) respectively, to distinguish the variety cultivated by man from that found growing wild in dark mountain recesses. San-sam is extremely rare; many natives have never seen it, and it is said to be worth fully its weight in gold.

This kind of ginseng is sold by the single root, the price of which is said to have reached in the past nearly $2,000 for an extraordinarily fine large specimen. The san-sam root is much larger than any cultivated variety, its length ranging from a foot to three and four, with a thickness at the head of from 1½ to 2½ inches. At the top of the root proper and base of the stem of the plant is a corky section of rings, the number of which shows the age of the root. The seed of san-sam, planted in the mountains under circumstances similar to those under which the mother plant grew, will produce a root somewhat like true san-sam, and in this way imitation san-sam is produced; but an effort to sell it as san-sam is regarded as a swindle, and it is said that experts readily perceive that it has been produced by the aid of man. It is believed that the virtues of san-sam do not lie in the material composition of the plant, but are due to a mysterious power attached to it by being produced wholly apart from man's influence, under the care of a beneficent spirit or god. True san-sam is supposed never even to have been seen by man while it was attaining the state in which it was found. Twenty, thirty, and forty years have been named to me as the ages of certain san-sam plants when found.

The san-sam root is carefully taken from the earth when found, carefully washed and gently scraped, then thoroughly sun-dried. In administering it the whole root is eaten as one dose, it may be in two parts. The person then becomes unconscious (some people here say dies) and remains so three days. After this the whole body is full of ills for about a month, then rejuvenation begins, the skin becomes clear, the body healthy, and the person will henceforward live, free from sickness, suffering from neither heat nor cold until he has attained the age of ninety or an hundred years.

The extreme rarity of san-sam augments the superstitious repute in which it is held; as an intelligent Corean told me, much that is said of it is only words; nevertheless, he maintained that san-sam was a wonderful medicine in its strengthening effects.

Insam, the cultivated ginseng of Corea, is produced in large quantity, and is a common marketable article. While it is most highly appreciated by the Chinese, it is also believed to be the best of medicines by Coreans. It is nearly all produced in two distinct sections of Corea, viz, at Songto (Kai-seng), about 60 miles to the north and westward of the capital, and at Yong-san, in Kyung-sang-do, the south eastern most province of Corea. The qualities produced in these two sections are regarded as differing, and the ginseng is known as Song-sam, or Yong-sam, according as to whether it comes from Songto or Yong-sam, in Kyung-san do, respectively. The former place I visited recently, and in the company of a government official inspected several of the principal farms.

The area of the section at Songto in which ginseng is cultivated is small, not more than 8 miles in diameter, and the great majority of the farms are in plain sight from the city, lying about its walls and in the city itself, upon the sites of houses of the time when Songto was the capital of Corea. They appear from the distance as numbers of singular brown patches lying on the grassy slopes rising from the rice paddies. In general the farms are low, but a few feet above the level of the paddies, but several farms I observed were well up on the hillsides.

Each farm is a rectangular compound, one part containing the buildings inclosed by walls, the rest by hedges. The buildings, though built as usual of mud, stones, earthenware, and untrimmed timbers, and thatched, are strikingly superior to the other houses of the Corean people; they are built in right lines, interiors neatly arranged, and walks and hedges in good order. In each compound are one or more tall little watch towers, in which a regular lookout is held over the farm to prevent raids of thieves, who might make off with paying amounts in handfuls of ginseng.

Nearest the entrance to the compound, which is a gate in the buildings court, are guest rooms, where sales are discussed and inspections of the ginseng produced held by officers, and a dry storeroom. Beyond these are two other buildings, in which the curing of the fresh root is carried on; from here on to the end of the compound are parallel rows of low, dark mat sheds, with roofs sloping downwards towards the south or southwest. These rows are from 75 to 200 feet long and 4 feet a part, and the mat sheds about 4 feet high at their front (north) sides, which are closed by mats which swing from the top, thus giving access to the farmer in his care of the plants. Within the sheds are beds about 8 inches high for the growing ginseng, plants, which are in rows extending across the beds, about 2 feet long.

The row (or shed) nearest the houses is the seed-bed for all the plants grown on the farm. The soil appeared to be of medium strength as indicated by color, was soft and contained fine granite sand in small proportion (dead leaves broken up finely are used as manure.) In the Corean 9th month (September–October) the seeds are stuck quite thickly in the seed-bed to a depth of 3 inches in little watering trenches about 3 inches apart. Once in each three days' interval during its whole life the plant is watered, and the bed carefully inspected to prevent crowding, decay, and the ravages of worms and insects. The mat-shed is kept closely shut, for ginseng will only grow in the dark or a very weak light.

The mats of the sheds are made of round brown reeds and vines closely stitched together, admitting only the faintest light.

In the second month of the second year after planting (February), the root is regarded as formed and the general shape of the plant above ground attained. The root is then tender and white, tapering off evenly from a diameter of three-sixteenths of an inch at the top to a fine long point in a length of 3½ inches; from it hang a number of fine, hair-like tendrils. From the ground stands a single straight reddish stem about 2 inches, and then spreads out into tiny branches and leaves nearly at right angles to the stem. The shape is nearly that of the matured plant.

In the following February (of the third year), the seed plants are transplanted to the adjoining beds, five or six to each cross row, the watering trenches being here between the plant rows. In this second bed the plants remain one year, and are then transplanted to the third bed and planted still farther apart in their respective rows. A year later they are again transplanted, this time to their final beds where they remain two and a half or three years. Generally speaking, seven years are required from the time of planting until the plant is matured. After its life in the seed-bed, exacting care in keeping out the light is not so necessary, and I noticed the swinging mat was removed entirely from the fronts of sheds of plants in the final beds.

In the autumn of the seventh year the seeds ripen and are gathered; these appear on a short stem standing upward from the main stem in continuation of it, where the branches turn off horizontally. The seed stem is broken off an inch above the branches, the seeds sun-dried a little and stored away. Immediately after this the harvest of the roots begins. The seeds are white, rather fiat, and round, slightly corrugated, having a diameter of about one-sixteenth of an inch, and a thickness of one-eighth to three-sixteenth inches.

The ripe root has a stem about 14 inches long, standing nicely perpendicular to the ground. At this distance spread out at a closely common point the branches, usually five, on which, at a distance of about 4 inches from the main-stem top, is a group of five leaves, three large ones radiating at small angles and two small ones at right angles to the branch at their common base. The larger leaves are oval, edges shallowly but sharply notched; length and breadth, 4 and 2 inches respectively; color, nearly a chestnut green. The stem is stiff and woody, ribbed longitudinally. The root is nearly a foot long, and is made up of four different sections ordinarily; the first or upper one, a small irregular knot, forming a head to the main root below. From it extends down over the main root a number of slender rootlets terminating in stringy points. The second section is the body of the root, which is short, soon separating into a number of bulbous parts, four of which are prominently large. These four parts are commonly called the legs and arms. The bulbous parts round suddenly and then taper off into small slender sections, from which extends a great number of hair-like feeders. The thickness of the main part of the root or body rarely reaches one inch.

Soon after the seeds have been gathered in October the plants and roots intact are carefully taken from the earth. The stems are readily broken off, the roots washed, placed in small baskets with large meshes, and at once taken to the steaming-house. Here are flat, shallow iron boilers over fire-places, over which are earthenware vessels 2 feet in diameter and as many high with close-fitting lids. In the bottoms of the earthenware vessels are five holes 2 inches in diameter. Water is boiled in the iron vessels, the steam rising and filling the upper vessels through these holes.

The small baskets containing the roots having been placed in the earthen vessel and the latter tightly closed, the steaming process goes on for from one and a half to four hours, when the roots are removed and taken to the drying-house. This is a long building containing racks of bamboo poles, on which in rows are placed flat drying-baskets. Under the floor of the house, at intervals of 3 or 4 feet, are fire-places, the smoke from which passes out of small holes in the back of the house under the floor level. In the baskets of the drying-house the roots are spread and the fires kept going constantly for about ten days, when the roots are supposed to be cured. From here they are packed for the market in rectangular willow baskets closely lined with paper to exclude moisture.

During this process the roots become very toughly hard, and their color changes from carroty white to nearly a cherry wood red. They break hard but crisply, exhibiting a shiny, glassy fracture, translucent, dark red. The ginseng resulting from this process is called hong-sam (red ginseng), and is the article prohibited from export from Corea in all the treaties made by Corea with the Western Powers. It is the most common ginseng seen in Corea, and by far the majority of it is produced in the Songto section.

"Pak-sam(백삼)" is insam simply washed, scraped, and sun-dried after being taken from the earth. This kind is much used domestically, but not having been cured will not bear exportation. It is regarded by many as better medicine than hong-sam, and is occasionally, depending upon form and quality, higher in price consequently.

The ways of using insam are many. Most commonly, cut or broken into small pieces, it is mixed with other medicines to form pills, tablets, decoctions to be drunk, &c. Sometimes the plain root is eaten dry. This is very common.

Old people make a warm decoction by boiling the simple root cut in pieces. It would seem to be regarded as a strengthening medicine for every part of the system. The shape of the root is commonly likened to that of a man, a consequence of its four distinct shape sections. By some people each of these different parts of the man is believed to be adapted to a particular complaint; thus the head to eye affections, the body to general debility, the arms and legs to stomach disorders, colds, and female disorders. This man shape of the root figures largely in the purchase of certain kinds of ginseng, especially with that of sansam.

A rival of Corea in supplying ginseng for the Chinese market is Primorskaya, province of Siberia, in the vicinity of Vladivostok. About here great numbers of Chinese congregate in search of it. Near one place, to the northeastward of Vladivostok, Souchan, and oh the Danbihe River it is cultivated quite largely by them. The various nomadic tribes in Eastern Siberia seek for sansam in the mountains, and in its sale, together with that of sable-skins, find their living.

The method of cultivation given above is that explained to me at one of the ginseng farms at Songto; I have been told, however, that there are other slightly different methods followed in different places and by different farmers. Some roots are fit for market in five and a half or six years after planting, but to produce the best article, seven years' growth is necessary. The market price of red ginseng (hong-sam) is at present nearly $4 per English pound.

GEORGE C. FOULK, Ensign, United States Navy, Naval Attaché

Charles M. Root의 **What is ginseng?**

Ginseng facts little known

To judge the value in which China holds ginseng you should see a mandarin of high degree opening his consignment of new roots from Sondo the town of Corea in and around which it is principally cultivated. No gold dust, no diamonds in the rough, nor treasures of any kind were packed more carefully than this precious root. Where the consignment is large it will come in a long shallow wicker basket.' The basket will be covered with a waterproof material of closely woven silk. The Imperial seal will be on it. The custom house marks a register number.

The mandarin opens it very carefully. First comes a layer of scented wood dust mingled with fluffy cotton or the waste of silk cocoons. This layer is removed and now appears a layer of little packets of white and gold papers. Each packet contains a small quantity at unslaked lime, to avoid any moisture which might injure the root. These packets of lime lie both above and below the ginseng.

The last act in unsealing the precious root for which all this preparatian has been made is removing the last envelope of embroideried silk or of crimson and gold fish skin. When the real thing is reached it is found to be a small dried object 4 or 5 inches in length with a glistening surface something like dull amber, that rudely resembles: in miniature the headless body of a man.

In Corea it grows in the glens and along the slopes of the Kang-ge mountains north of the Songdo. It has become so scarce even here in its wild state, that it is like a four leaf clover to find a plant.

The Coreans say, that only persons of blameless life and purity of heart can so much as see where the ginseng shoots upward its few stalks covered with pale leaves. There is a common tradition that when it is taken from the earth it utters a low musical cry like the wail of a lost spirit, and it must be quickly wrapped up or its virtue and strength will depart to return no more. The extreme care in the preparation of ginseng for the market among the Coreans may well be imitated by the American growers.

1929년 11월 9일 조선일보에 게제된 "개성인삼(開城人蔘)의 유래(由來)와 주치효능(主治効能)에 대(對)하야" 기사(붉은 점선 box)

개성(開城)에서 산출(産出)되는 고려인삼(高麗人蔘)은 조선(朝鮮)에 특산물(特産物)로 학리상(學理上)으로보던지 실제적 경험상(實際的經驗上)으로 보던지 신체(身體)에 대(對)하야 세인(世人)이 시인(是認)하는 바어니와 조선(朝鮮)에 특산품(特産品)인 만큼 인삼(人蔘)으로 인(因)하야 오만개성시민(五萬開城市民)은 생활(生活)을 지지(支持)해 간다 해도 과언(過言)이 안일만큼 연삼백만원(年三百萬圓)이란 거액(巨額)에 돈이 개성인(開城人) 손에 드러오는 것이다.

그러면 인삼(人蔘)이란 언제부터 개성인등(開城人等)이 재배(栽培)하게 되엇는가 기년대(其年代)에 대(對)하야서도 미상(未詳)할 뿐안이라 기원(起源)에 대(對)하야서도 기설(其說)이 불일(不一)함으로 정확(正確)한 것은 알수 업스나 전설(傳說)에 의(依)하면 전라도 동복현(全羅道同福縣)의 거주(居住)하던 최성여자(崔性女子)가 삼자(蔘子)을 득(得)하야 전포(田圃)에 배양(培養)하기 시작(始作)한 것이 발단(發端)의 시초(始初)로 최씨(崔氏)는 다시 배양(培養)한 인삼(人蔘)을 훈증(燻蒸)하야 시용(試用)한 결과(結果)더욱 영효(靈効)한 신약(神藥)임을 발견(發見)하고 차(此)를 중국 방면(中國方面)에 수출(輸出)하야 거리(巨利)를 득(得)하게 된 것이 또한 홍삼(紅蔘)을 제조(製造)한 사초(始初)라 한다. 그러한 것을 개성상인(開城商人)이 동복지방(同福地方)에 내왕(來往)하면서 인삼재배법(人蔘栽培法)을 전수(傳授)하야 기종자(其種子)을 구래(求來)하야 재배(栽培)하게 된 것이 중국혹(中國或)은 미국일본 등지(米國日本等地)에서 산출(産出)되는 인삼(人蔘)보다 기효력(其效力)이 탁월(卓越)함으로 비로소 세인(世人)은 기성가(其聲價)를 인정(認定)하게 된것이니, 이제 특효병세(特効病勢)에 명목(名目)과 개성(開城)에 저명(著名)한 인 삼상회(人蔘商會)를 소개(紹介)하려 하는 바이다.

▲효능(効能) 신경쇠약(神經衰弱)·불면증(不眠症)·심기앙진(心氣昂進)·히스데리·뇌빈혈(腦貧血)·뇌충혈두통(腦充血頭痛)·위약장가다류(胃弱腸加多留)·하리과결(下痢科結)·담석병(膽石病)·신장병(腎臟病)·당뇨병(糖尿病)·영양족(營養足)·정력감퇴(精力減退)·노쇠(老衰)·산전산후(産前産後)·병후쇠약(病後衰弱)·천식(喘息)·각기(脚氣)·감모(感冒)·늑막재(肋膜災)·자궁병(子宮病)·불임증기타(不姙症其他)

[출처 : 조선일보 뉴스 라이브러리] https://newslibrary.chosun.com/view/article_view.html?id=317419291109e1063&set_date=19291109&page_no=6

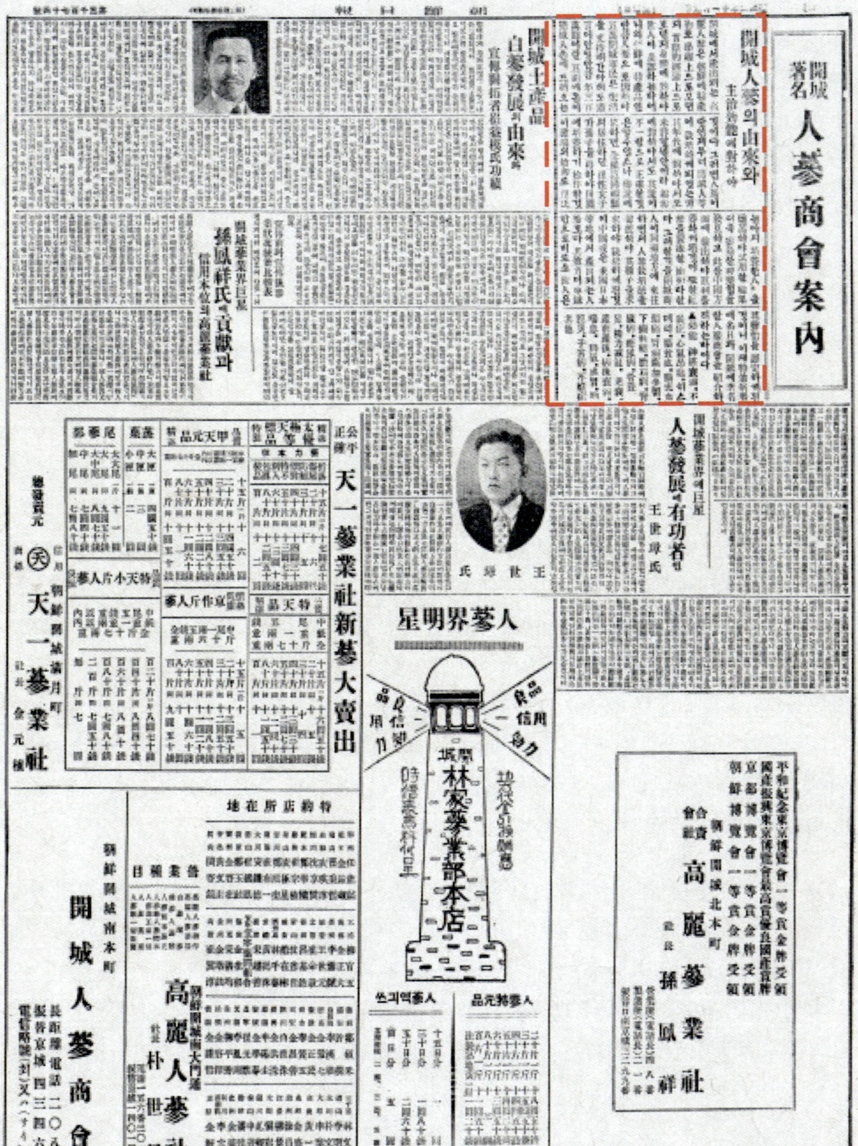

13 스기하라 노리유키: 최초 고려인삼 제품 개발과 대중화 기여

일제 강점기 동안에, 스기하라 노리유키(杉原德行, 1892~1976년)는 조선의 원형 홍삼 위주 제품에서 지금의 홍삼 제품 개발, 고려인삼 효능 연구, 저술, 개성 생약연구소 설립 및 조선인 인삼 연구자 육성을 수행하였다. 한국 고려인삼 산업화와 대중화 및 학술 분야에서 근대와 현대를 잇는 다양한 가교역할을 한 일본 과학자다.

스기하라 노리유키 교수는 일본 시마네현에서 태어나 1920년 교토제국대학 의학부를 졸업한 후 1923년에 경성 의학 전문학교 강사로 부임한다. 이후, 천연약물(한약과 인삼)을 다루던 경성제국대학 의학부 제2 약리학 강좌 담당 교수로 1926년 임명된다.

◆ 고려인삼 제품 개발

단순 뿌리 위주의 원형 홍삼 제품에서 다양한 현대식 가공 홍삼 제품 대량생산 방법 개발을 통한 조선 인(홍)삼 산업화 시대를 개척하였다.

홍삼 제품 삼정(蔘精) 개발

제12장 그림 12-1에서 보듯이, 대나무 바구니에 넣은 수삼을 증삼기(가마솥에 안친 떡시루와 같이 생긴 커다란 토기이며, 바닥에 5개의 구멍을 가지고 있고, 가마솥과 바닥과는 일정 거리로 떨어져 있다.

떡을 찔 때 사용하는 떡 시루를 생각하면 된다)에 넣고 아궁이에 장작불로 몇 시간 동안 물이 일정량 들어있는 가마솥을 가열하면, 가마솥 안의 물이 끓으면서 수증기가 발생한다. 그래서 끓는 물 대신 뜨거운 수증기는 대나무 바구니에 담긴 수삼에 닿게 된다. 이때 뜨거운 수증기는 수분을 많이 함유하고 있는 수삼에 전해지고 수삼이 쪄지면서 수삼에 들어있는 액체 일부가 수삼 밖으로 흘러나오고 끓는 물이 있는 가마솥안으로 떨어진다(수삼을 증삼하는 동안에 만들어지는 액체를 **유출액**이라고도 한다. 현대식 증삼기는 유출액을 별도로 모으는 시설이 있다. 또, 일부 새는 증기에 섞여 있는 증삼 성분을 모으는 증기액 장치도 있다).

제12장 그림 12-1에서처럼 증삼(수삼이 쪄짐)이 되면서 흘러나오는 액체가 가마솥 안으로 떨어져 끓는 물과 섞이면 색깔이 한약을 다릴 때, 나오는 색처럼 점차 짙은 갈색을 띤다. 스기하라 노리유키 교수는 그 당시 조선에서는 1년에 수 만근씩 홍삼을 많이 만들기 때문에 증삼기의 가마솥에 떨어지는 양도 매우 많았을 것으로 예상했을 것이다. 따라서, 증삼이 끝나면 대나무 바구니에 담은 인삼은 건조실로 옮긴다(제12장). 그리고, 가마솥에 남은 짙은 갈색의 액체를 처음에는 버리거나 증삼을 관리하는 사람들이 먹거나 다른 방식으로 처분했을지도 모른다. 일제 강점기 당시 홍삼은 조선총독부에서 관리하는 전매제였기 때문에 관리들은 이렇게 가마솥에 남은 수삼 유출액이 섞인 액체에 대하여 어떻게 처리 혹은 활용할 것인가에 대하여 고민을 하였을 것이다.

이에 대하여 조선총독부 전매국은 스기하라 노리유키 교수에게 가마솥에 남은 유출액 활용 해결 연구를 부탁한다. 스기하라 교수가 이에 대하여 전매국으로부터 별도의 연구비를 받았는지는 알려진 바 없다. 어쨌든, 스기하라 교수가 저술한 책 1929년 출간한 "조선인삼에

찬" 내용과 1931년 조선일보에 난 기사를 보면 전매국이 스기하라 교수에게 홍삼과 제품 개발과 관련된 연구를 부탁하는 기사가 있다.

스기하라 노리유키 교수는 여기서 음식이나 식·재료의 "고다"의 개념을 도입한다. "고았다"라는 말은 고기나 뼈를 무르거나 진액이 빠지도록 끓는 물에 푹 삶는 거나, 졸아서 진하게 엉기도록 끓이는 것이거나, 술 같은 것을 얻기 위해서 김을 내어 증류하는 것을 의미한다. 이해 쉽도록 예를 든다면, '소 사골을 푹 고았다', '닭 한 마리를 고아 먹고 나니 기운이 나는 것 같다". 또한, '엿을 고아서 강정을 만든다', 딸기에 설탕을 넣고 고아 딸기잼을 만든다'와 같이 사용할 수 있다.

스기하라 노리유키 교수는 이 개념을 도입하여 증삼하고 가마솥에 남은 액체를 더 졸여서 끈적끈적하게 달여서 이것들을 제품으로 판매할 수 있는 용기에 담아내는 기술을 개발한다. 스기하라 교수는 이렇게 만들어진 제품을 삼정(蔘精)이라고 이름을 붙였다. 또, 이에 대한 기술을 회사에 이전한다(그림 13-1, 조선인삼예찬 내용 중). 현대식으로 말을 바꾸면 수삼 증삼 과정에서 나오는 유출액을 활용하는 방법을 개발하여 기술이전을 한 셈이다.

스기하라 교수가 개발은 삼정은 홍삼 비누 개발에도 활용되었다. 또, 삼정은 온천이 발달한 일본에서 온천욕을 할 때 입욕제로도 활용되었던 것으로 알려져 있다. 확실한 증거들은 없지만, 일본에서 조선으로 관광 온 부부들이 삼정을 풀은 온천에서 온천욕을 하게 되면 임신이 잘되었다는 내용이 "조선인삼예찬"에 서술되어 있다(그림 13-2).

홍삼분粉(홍삼분말) 개발

또, 다른 홍삼분말 개발은 위에서 기술한 삼정을 완전하게 건조하여 분말화하여 가루로 만들어서 판매하는 경우다. 이럴 경우, 홍삼분

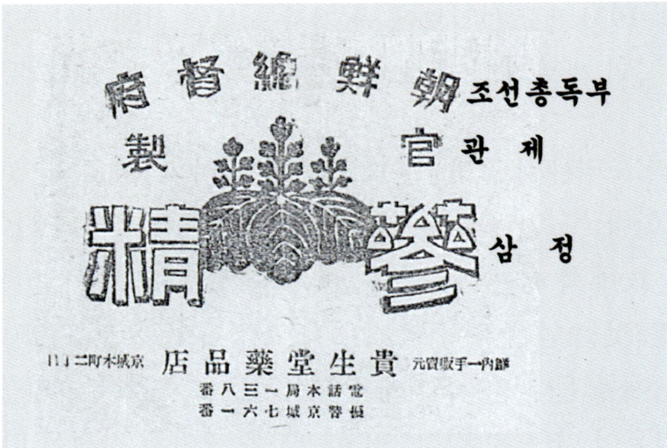

그림 13-1 스기하라 노리유키 교수가 홍삼을 만들 때 수삼 증삼 시 유출되는 유출액을 활용하여 제품을 만드는 기술을 귀생당(貴生堂) 약품점에 이전하여 만든 삼정이라는 제품. 더 자세한 내용은 "조산인삼예찬"에 서술되어 있다(한자는 오른쪽에서 왼쪽으로 읽는다). 한자를 한글로 바꾸었다.

말을 바로 따뜻하거나 뜨거운 물에 풀면 홍삼분말 차가 된다. 이런 제품들도 개인 회사에 기술이전하여 그 당시 많이 조선 및 일본에서 판매된 것으로 기록되고 있다(그림 13-2).

일제 강점기에 홍삼 관리는 조선총독부 전매국에서 하였다. 홍삼은 그 품질에 따라 천삼, 지삼, 양삼, 잡삼 등으로 분류되었다. 천삼은 뇌두, 몸통 및 굵은 두 개의 지근이 남은 형태로 사람의 형상을 갖춘 것을 최고의 홍삼으로 분류하였다. 이런 형태의 홍삼은 대부분 중국으로 수출되었다. 수삼은 인삼밭에서 채굴할 때 천삼처럼 사람의 갖추고 나오는 경우는 드물다. 따라서, 수삼을 증삼 후 건조한 다음에 사람의 형태로 가깝게 다듬는 과정이 있다. 다듬는 과정에서 떨어져 나오는 부분들을 모아서 활용하는 방법이 필요하였다. 스기하라 교수는 아마도 이렇게 파생되어 나오는 홍삼의 부분들을 곱게 갈아서 분말 형태의 홍삼분(홍삼 분말)을 개발한 것으로 추측된다(그림 13-2).

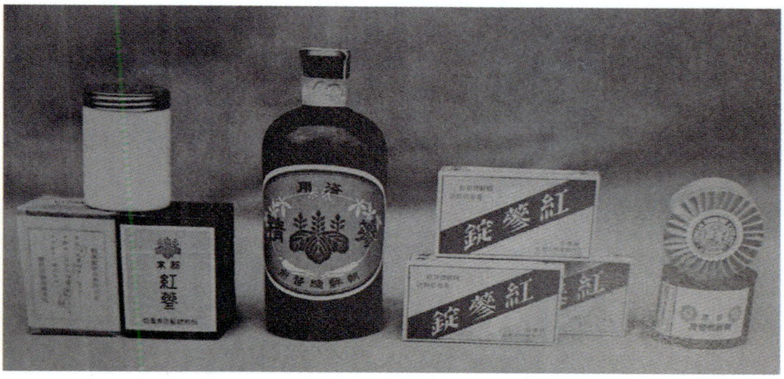

그림 13-2 일제 강점기 전매국에서 팔았던 인삼 제품들. 왼쪽부터 홍삼분말, 홍삼 입욕제(목욕용), 홍삼정(내용) 및 내·외용 인삼 엑기스. 스기하라 노리유키 교수는 이런 다양한 홍삼 제품들을 개발하여 조선 및 일본 판매하였고, 중국에 수출도 하였다(인삼사 제5권; 고승태 번역본, 2015년, p.330)

홍삼정(紅蔘精, 홍삼 엑기스) 개발

일제 강점기 동안에 조선 홍삼의 전매권은 일본 미쓰이(三井) 회사에 있었다. 미쓰이 회사에서 관리하에 생산된 홍삼의 대부분은 중국으로 수출되었다. 그러나, 일본과 중국과의 전쟁(중일 전쟁, 만주사변)으로 중국의 반일 감정이 고조되자 조선 홍삼 수출이 막히게 되었다. 그 결과, 창고에 홍삼이 많이 쌓이게 되자 재고를 줄이기 위한 방법이면서, 또, 중국이 아니 조선 및 다른 나라에서 홍삼 매출을 올리기 위하여 개발한 방법이 홍삼 추출물 농축액(홍삼 엑기스)이다. 지금도 홍삼 농축액을 기반으로 다양한 홍삼 제품들이 나오고 있다(그림 13-2).

현재, 우리나라에서 판매되고 있는 홍삼 제품들 대부분은 스기하라 교수가 개발한 홍삼 제품에 기반하고 있다. 아래 **1931년 11월 23일 조선일보 기사**에 난 것처럼 한 가지 흥미로운 것은 약 94년 전에 스기하라 교수가 단순 홍삼 추출물 제품이 아닌 홍삼에서 파낙스라는 성분을 분리하여 성분 위주의 제품개발을 시도하고 있다는 것이다.

스기하라 노리유키 교수가 홍삼정 제품 개발에 기여했다는 1930년 11월 23일 조선일보 기사 원문 예시

전매국(專賣局)에서 홍삼정(紅蔘錠)을 제조(製造) 조선홍삼(朝鮮紅蔘)은 중국(中國)에서 영약(靈藥)으로 존중(尊重)하나 그 가격(價格)이 비싸고 또 매양전출복용(每樣煎出服用)하는 불편(不便)이 잇슴으로 전매국(專賣局)에서 그 수요(需要)에 응(應)하고 저렴(低廉)하도록 말홍삼(末紅蔘)을 판매(販賣)하는 바 금회 본국 촉탁 경성제대 교수 삼원 의학박사(今回 本局 囑託 京城帝大 敎授 杉原 醫學博士)의 연구(硏究)로 인삼(人蔘)에서 기유효 성분(其有效成分)인 『빠낫크스산(酸)』 급(及) 『빠나센』을 뽑아내어서 홍삼분말(紅蔘粉末)에 배제(配劑)하야 정제(錠劑)로 하야 발매(發賣)하기로 되엇다 한다

용어 해설

每樣煎出服用: 각각 달여서 복용한다

末紅蔘: 홍삼 끝뿌리

杉原: 스기하라

其有 成分: 이미 알려진 유효 성분

빠낫크스산(酸): 파낙스산(인삼 에테르 추출물을 탄산나트륨 수용액으로 추출한 불포화된 산화합물)

빠나센 panacen: 인삼 에테르 추출물 증류액(주로 지용성 성분 포함)

配劑: 배합

錠劑: 알약 형태

조선 인삼 연구, 개성 생약 연구소 설립, 저술 및 조선인 제자 육성

스기하라 노리유키 교수는 한방 약물의 현대 과학적 해석과 실증을 추구한 연구자로, 1939년 개성에 경성제국대학 부속 생약연구소를 설립하였다. 해방 후 국립 서울대학교가 설립되면서 승계 이전되어

국내 생약 연구의 본산 역할을 하였다. 1992년 천연물과학연구소로 개칭되었다. 생약연구소 연구원들은 제2차 세계대전 중에도 징용이나 학도병으로 차출되지 않는 대학 연구 기관이었다, 그래서, 민병기, 김하식, 및 나비 박사로 유명한 석주명 등 당시 우수한 젊은 과학자들이 생존할 수 있는 기관이 되었다. 이는 스기하라 노리유키 교수가 한국 과학계에 기여한 업적이라고 할 수 있다.

저술 활동

스기하라 노리유키 교수는 37세인 1929년도에 "조선인삼예찬"라는 책을 발간하였다. 이 책은 조선총독부 전매국의 촉탁(부탁)을 받아 저술한 것으로 기록되고 있다. 그 외에도 인삼과 관련하여 이마무라 도무가 저술한 "인삼사" 제5권 중 "인삼 의약편"의 편집인으로 참여하였다. 책 내용을 보면, 저자는 20세기 학자라기보다도 한방의학자 입장에서 조선 인삼의 효능을 강조하다 보니, 과학적인 근거보다도 인삼과 관련된 신화적이고, 과학자 답지 않게 후지산 비경을 인삼의 효능과 비유하는 은유적인 표현을 많이 사용하고 있다. 또, 인삼의 효과는 인삼 안에 포함된 수많은 성분들에 의하여 종합적으로 나오는 것으로 설명하여, 인삼 성분 연구는 해야 하겠지만, 회의적인 의견을 제시한다. 저자는 자신의 연구 그룹에서 개발한 홍삼 제품 종류가 무엇인지 설명하고 있다.

책 내용에서 저자는 조선 인삼은 흥분과 진정 작용을 통하여 두 가지 효능이 있다고 강조하고 있다. 하나는 조선 인삼 불로장생 효과다. 조선 인삼의 불로장생 효과로서, 흰쥐 몇 마리를 이용하여 한 그룹은 조선인삼을 먹이지 않고, 다른 그룹은 조선 인삼을 먹인 다음, 음식을 주지 않고 굶기면 조선 인삼을 먹인 그룹이 몇 일 더 오래 생존한다는 것을 보여주면서 조선인삼의 생명 연장 효과가 있다고 주장하고 있다. 현대 과학적 시각으로 보면, 이 연구의 모순점이 많이 보이지만

1920년대 그 당시의 연구 수준을 가름할 수 있는 연구라고 추측된다.

다른 하나는 규방비약閨房秘藥(최음제 혹은 정력제), 즉 성기능 강화효능이 있다고 강조한다. 특히, 조선 인삼에서 분리한 **진세닌은 최음제 역할**로 모르핀처럼 피하로 주입하면 straub reaction(거미반응, 모르핀과 같은 약물을 마우스에 주입하면 꼬리를 드는 반응이 나타남, 꼬리를 드는 모양이 거미가 다리를 드는 모양과 유사하여 거미반응이라고도 부른다)을 유발하는데, 이러한 작용이 사람에서 성기의 발기 현상을 유발하는 것과 유사하다고 해서 최음 효과가 있다고 주장하는 것으로 추측된다. **스기하라 노리유키 교수 주장한 조선 인삼의 마우스에서 거미반응 유발 효과는 후속 연구자들이 같은 효과를 얻었다는 연구 보고들이 없다. 재현이 안된 것이다. 그에 대한 증거는 책이 발간된 뒤, 4년 후인 1933년 손인수 박사가 학위 논문으로 발표한 논문에서 스기하라 노리유키 교수 그룹에서 발견한 진세닌의 의한 거미반응이 재현되지 않았다고 기술하고 있다(제14장, 손인수 박사 논문 부록).** 또, 스기하라 노리유키 교수 그룹에서 이 효과를 발표한 후 계속해서 그런 효과를 관찰했다는 논문도 없다. 지금도 인삼의 거미 반응 유발 효과에 대한 연구 보고는 없다.

이 책은 1900년대 초부터 1930년도까지 인삼 연구에 대한 내용을 엿볼 수 있는 정보를 제공한다. 그 예로, 조선 인삼 성분에 배당체로서 파나퀼론, 진세닌(ginsenin), 사포닌이 있다고 하고, 비사포닌 성분으로서 파낙스산과 파나센등그외 인삼 성분들을 포함하고 있다고 서술하고 있다. 또, 인삼 성분 연구와 더불어 인삼 효능을 연구하는 일본인 연구자들이 어떤 연구를 수행했는지 조금씩 기술되어 있다. 따라서, 이 책은 인삼에서 처음으로 인삼 성분, 즉 배당체라고 분리한 거리게스의 파나퀼론, 진세닌, 파낙스산 등등과 진세닌 효능으로서 거미반응, 체내 대사에 대한 영향들을 기술하고 있다. 따라서, **1929년도**

에 출간된 이 책은 일본 과학자들에 의하여 본격적으로 인삼이 연구되었던 1960년 전까지 인삼 연구의 과도기적인 내용들을 포함하는 책으로 생각된다. 이 서적의 아쉬운 점은, 많은 일본 연구자들이 인삼 연구를 수행한 것으로 나오지만, 그에 대한 참고문헌이 전혀 포함되어 있지 않았다는 점이다.

끝으로, 저자는 스기하라 노리유키 교수가 조선총독부 전매국의 촉탁을 받아 "조선인삼예찬"이라고 제목으로 출간한 이유는 다음과 같다고 추측할 수 있다. "일제 강점기 시절 조선이라는 의미는 그 당시 일본 제국 영토의 일부 지역이자 속국이라는 의미를 내포하고 있어 조선이라는 단어를 쓴 것이지, 일제 강점기 시절 조선이 하나의 독립국이라고 인정해서 조선이라고 쓴 의미가 아님을 우리는 착각하지 말아야 한다. 또, 일본에서 생산할 수 없는 품질 좋은 인(홍)삼의 효능 선전하여 조선이나 일본에서 소비 자극과 더불어 중국으로의 수출을 촉진을 목적으로 한 것으로 생각할 수도 있다."

◆ 조선인 인삼 연구자(제자) 육성

스기하라 노리유키 교수는 경성제대 근무 시 인삼 연구를 하면서 조선인 인삼 연구자를 육성하였다. 본인은 일본인이면서도 차별없이 조선인들을 인삼 연구에 참여하게 하였다. 조선인으로서 대표적인 인삼 연구자는 민병기, 김하식과 윤기녕이다. 이 3분은 스기하라 교수에게서 박사학위를 받을 동안에 인삼 효능에 대한 많은 논문들을 조선 및 일본에서 발간 학술지에 10편 이상 발표하였다*. 스기하라 노리유키 교수가 운영하는 교실에서는 32명의 의학박사 그리고 약학박사와 이학박사 각 1명을 배출하였다.

또, 조선인 제자들의 인삼 연구에 관심이 많았던 것으로 추측된다. 예를 들면, 스기하라 교수가 출간한 "조선인삼예찬"에 "민군"이

한 실험에서 인삼을 마우스에게 주입하면 스트라우브 반응(straub reaction)이 나타난다고 언급하는 내용이 몇 군데 나온다. 여기서, "민군"은 그 당시 의과대학 학생 "민병기"를 지칭한다(제14장). 또, 이 책의 내용 중에 "고학사高學士"라는 용어가 나오는데 고학사는 고영순을 가리킨다(제14장).

◆ 해방 후 국내 인삼 연구 확대에 기여

일본 강점기 인삼 연구는 일본 과학자 스기하라 교수가 근무하는 의과대학에서 진행해 왔다. 일본 강점기 후에도 그 영향을 받아서인지, 해방 후 초창기 인삼 효능 연구는 주로 의과대학 기초학 교실에서 진행되었었다.* 아마도, 스기하라 노리유키 교수는 경대 제대 의대에서 인삼 연구를 처음 시작하여 해방 후에도 국내 의과대학 약리학 교실 교수(연구자)들이 이어서 인삼 연구를 하는 초창기 기틀을 다지는데 기여하였다. 그 뒤, 서울대학교 천연물 과학연구소가 개소되고, 서울대 천연물 과학연구소와 서울대 약대에서 인삼 연구를 주도하게 된다. 그 후 점차 인삼 연구에 대한 국내 연구 인프라가 커지고 연구 인력이 늘어남에 따라 인삼에 관심을 가지고 있는 생명과학을 전공하는 많은 연구자들이 인삼의 다양한 분야 연구에 참여하게 된다.

*참조: 일제 강점기 동안에 경성제국대학이 생겨 각 교실마다 연구가 활발해지고 의학박사 학위를 수여할 수 있었고(의학전문학교는 의사 양성기관으로 연구 활동은 없고, 학위수여권한이 없었음) 의전 출신에게도 같은 기회가 주어졌으므로 많은 의전 졸업생들이 기초학 연구실을 찾았다.

◆ 참고문헌

스기하라 노리유키, 朝鮮人蔘禮讚(1929)(장일무 번역본, 2019)

이마무라 도모, 人蔘史(1940), 인삼사 제5권(고승태 번역본, 2015년)

https://newslibrary.chosun.com/view/article_view.html?id=355319301123e10823&set_date=19301123&page_no=8

14 1920~1930년대 조선인(한국) 고려인삼 연구자들

비록 일제 강점기 동안에 일본인 교수 혹은 일본인 연구자의 지도하에 연구를 수행했을지라도, 우리 조상들은 고려인삼에 대하여 많은 애착을 가지고 있었다. 그들의 연구가 헛된 것이 아니었고, 무슨 연구를 수행했는가를 잊지 않기 위하여 여기에 대표적인 국내 인삼 연구자 3명과 독일 유학생으로 독일 교수의 지도하에 박사학위를 받은 조선인 인삼 연구자를 1인을 소개한다.

조선인으로 최초로 인삼을 주제로 논문 발표자

고영순高永珣의 출생년도와 사망 년도는 알려지지 않았다. 다만, 구한말 일본 오사카 제국대학에서 국비 유학을 한 의사로 알려져 있다. 1919년 3월 고종 인산 당일에 일본 오사카에 거주하는 오사카 의과대학생 정구충의 방에서 이경근, 백봉제, 권태형, 김시찬, 김형식과 함께 요배식(일본에서 고종을 향해 절을 하는 의식)을 거행하였다. 조선총독부 의원부속 의학강습소가 경성제국대학 의학전문학교로 바뀐 후, 의학부 조교수진으로서 1928년 12월 24일에 임명되었으나, 1928년 12월 26일에 사표를 내었다. 이후 서울 정동에서 내과의원을 개업하였다. 임명재, 심호섭과 함께 당대 3대 내과 의사로 손꼽혔으며, 해방 후 윤일선과 함께 "건국의사회"에 참여하였다. 1947년 대한내과학회의 지방 부장으로 참여하였다. 호는 혜연이다.

고영순의 인삼 연구는 1924년 10월 조선의학잡지 50호에 "조선 인삼의 이뇨 작용에 대한 연구(제2보)"라는 제목으로 발표하였다. 저자는 의학박사 이다나스스무稻田進, 고영순이었다. 논문에 기록된 그 당시 소속은 조선총독부 의원내 내과이었다. 발표 제목에 나온 것처럼 제2보라는 문구가 있어 저자는 고영순 연구자의 제1보가 1924년 전에 발표되어 있는가를 확인한 결과, 요시다 토시카즈와 깃코우 자샤쿠라는 일본 과학자들이 1914년 7월 임상의학 2년 11호라는 학술지에 조선 인삼 달임 액의 이뇨 작용이라는 내용이 있다. 그 내용 후속이라서 제2보라고 했는지 불명확하여 여기에 자세히 소개하지는 않았다. 또, 본 연구 내용에 대하여 조선의학회잡지를 직접 참조하기 위하여 국내 도서관에서 찾아보았으나, 1924년도에 발간된 조선의학잡지를 보관하고 있지 않았다.

◆ 일제 강점기 조선 최초로 인삼을 주제로 박사학위 수여자

민병기 박사

민병기 박사(1901~1973년)는 인삼을 주제로 한 연구들로 경성제대 의과대학에서 박사학위를 1931년 8월 5일에 받은 것으로 나온다. 그 당시 민병기 박사의 지도 교수는 **스기하라 노리유키**로 알려져 있다. 민병기 박사가 수행했던 연구들은 1936년 이마무라 도무가 조선총독부의 촉탁으로 출간한 "인삼사(고승태 번역, 2015년)" 5권에 일부 수록되어 있다. 인삼사에는 논문 전체는 아니더라도 민병기 박사가 연구하여 발표한 학술지, 논문 제목과 발간 년도 등이 나와 있다.

아래 조선일보 기사 내용은 1931년 조선일보에 민병기 박사가 31살의 나이로 일본 경도 대학교에서 학위 논문이 통과되었고, 그 결과 일본 문무성에서 학위를 인정받은 그 내용을 담고 있다. 학위 논문은 3가지로 구성되어 있다. 첫째는, "조선 인삼에 대하여"라는 주제로 한 연구를 독일어로 6편이 주요 학위 논문이고, 두 번째는 “조선 인삼의 실험적 연구”로 5편과 세 번째는 “당뇨병에 사용하는 각종 한약의 효력에 대한 실험적 비판”이 3편이고 기타 논문이 3편이고, 이들 11편의 논문들은 학위 논문의 부논문들이다. 총 17편의 논문이다. 민병기 박사가 스기하라 노리유키 교수 밑에서 언제 학위과정을 시작했는지 확실하지는 않지만, 그 당시 박사학위로 통과된 논문이 17편이라는 것이 놀랍다. 그중 6편이 독일어로 쓰여져 있다고 한다. 그 당시 민병기 학생은 일제 강점기 시절에 얼마나 열심히 연구에 매진하였는가를 알 수 있다.

한 가지 흥미로운 것은 인삼과 관련된 논문들은 경성제대에서 발표하였다. 그러나, 학위는 경도제대(현 일본의 교토 대학)에서 박사학위를 받은 것으로 조선일보에 나와 있다. 그 당시 연구한 대학과 학위 수여 대학이 서로 달라도 허용되는 제도가 있었는지 궁금하다. 1933년 병원을 개업하여 진료 활동도 하였다. 1945년 해방 후, 민병기 박사는 의사로서 임상이나 기초의학 연구를 수행하여 후학 양성 및 고려인삼 연구 분야를 발전시킨 것보다도, 다양한 공직 및 제6대 국회의원을 지냈다는 점이 아쉽다.

아래 내용은 그 당시 민병기 박사학위 수여가 인가되었다는 조선일보 기사를 원문을 그대로 첨부하였다. 흥미로운 것은 그 당시에는 박사학위를 받는 것이 어렵고 드물어서인지 학위를 받으면 일간지에 박사 학위자가 소개되었다.

인삼연구(人蔘硏究)로 민병기 박사(閔丙琪氏博士) (기사내용은 붉은 box)

당년 삼십일세의 청년학자 통과(通過)된 논문 십칠편(論文十七篇)

【오일동경(동경(東京))전보】 전자에 조선인삼을 연구하야 경도제다(경도제대(京都帝大))교수회에서 른문이 통과되엿든 민병긔(민병기(閔丙祺))씨에게 오일 문무성으로부터 의학박사(의학박사(醫學博士) 학위수여의 인가가 잇섯다 씨는 본시 경성출생으로 대정십오년 경성의학전문학교를 졸업하고 이래 경싱대학 의학부에서 등원교수(등원교수(藤原教授)밋헤서 약리학(약리학(藥理學))을 연구하면서 암정(암정(岩井)) 내마에 근무 중에 잇는 금년 삼십일세의 장래 유망한 칭년학자인데 금번 박사학위를 엇게된 씨의 학위칭구 른문은다음과 갓다 한다.

일(一), 『조선인삼(朝鮮人蔘)에대(對)하야』(독일(獨逸) 문육편(文六篇))주논문(主論文)

이(二), 조선인묘(朝鮮人墓)의실험적연구(實驗的硏究)(오(五) 편(篇))

삼(三),당뇨병(糖尿病)에사용(使用)하는각종한약(各種漢藥) 의효력(効力)에대(對)한실험적비판(實驗的批判)(삼(三) 편(篇))기외삼편(其外三篇) 이상부논문(以上副論文)

[출처 : 조선일보 뉴스 라이브러리] https://newslibrary.chosun.com/view/article_view.html?id=381019310807e1023&set_date=19310807&page_no=2

조 선 일 보
南部三道水害狀況
羅災同胞數千名
浸水、倒壞、流失千三百戶
死者六名田畓被害莫大
慶南各地水害
柳川平野泥海化
太平洋勞組計劃策綻露
五道檢擧六十名
直屬赤色勞組全國的建設計劃
咸興署中心의檢擧風
密使潛入코活動
工作事件과別個
一『키로』에一錢式
又復米價高騰
天候不良凶作豫想코
人蔘硏究로
閔丙祺氏博士
通過된論文十七篇
世昌고무爭議
屈辱的解決
新潟縣共產主義者
七十名一時에檢擧
某種大陰謀發覺?
府營運動의本舞臺
兩派激戰을未免?
町洞委員은合作勸誘
千九百키로
한숨에날러가
古器具十三種
新女性
八月特輯號
超特耽奇大讀物集
바람든女性
체중환자여

조선일보에 게제된 원본(기사 내용은 붉은 box)

세계(世界)에유명(有名)한 조선인삼시험(朝鮮人蔘試驗)

◇고심 연구(苦心研究)의 결과(結果)를 발표(發表)

경성대학의학부 민씨(京城大學醫學部閔氏)

고대로 조선인삼은 불로불사의 영약으로 세계에 일흠이 잇는 것인데 최근 경성 뎨국 대학 의학부 약물학 교실(약물학교실(藥物學敎室))의 민병긔(민병기(閔丙祺))씨가 심혈을 경주하야 연구한 결과 아래와 가티 발표 되엇더라

동연구는 조선인삼의 성분(성분(成分)과 약물학뎍 작용의 학리뎍 설명외에 흥미잇는 실험의 일절로서 즉 실험의 재료로 사십『몬메』가량의 쥐를 자웅을 마처 잡아다가 사육상(사육상(飼育箱)에 한 마리식 넛코 다섯 마리를 본 시험용으로 하야 좁쌀에 조선인삼을 뭇처서 길은 뒤에 인삼아니 먹인 다른 쥐와 비교하야 어든 성적시험으로 매우 확실한 시험인데 그 결과를 보면일 개월 동안에 인삼을 먹인 쥐는 톄량(체량(體量)이 백분의 십오가 증가 하엿는데 비하야 삼을 먹이지 아니한 쥐는 백분의 십이 박게 늘지 아니한 것을 보게 되엇다 하며 또 그 다음에 전긔의 쥐에게 절식(절식(絕食)을 식혀서 그 저항력(저항력(抵抗力)을 시험하여 본 즉 인삼을 먹인 쥐는 열흘만에 한 머리 열하로 만에 한 머리 가죽은 데비하야 □□을 먹이지 아니한 쥐는 칠일안에 한 머리가 죽는 것을 보앗다 한다. 즉 조선인삼은 톄중을 증가케 하고 장생(장생(長生)의 약으로 불로불사불로 불사(不老不死)의 령앙(영약(靈藥))이라고 증인할 수 잇는 실험이라더라

[출처 : 조선일보 뉴스 라이브러리] https://newslibrary.chosun.com/view/article_view.html?id=292519290305e10521&set_date=19290305&page_no=5

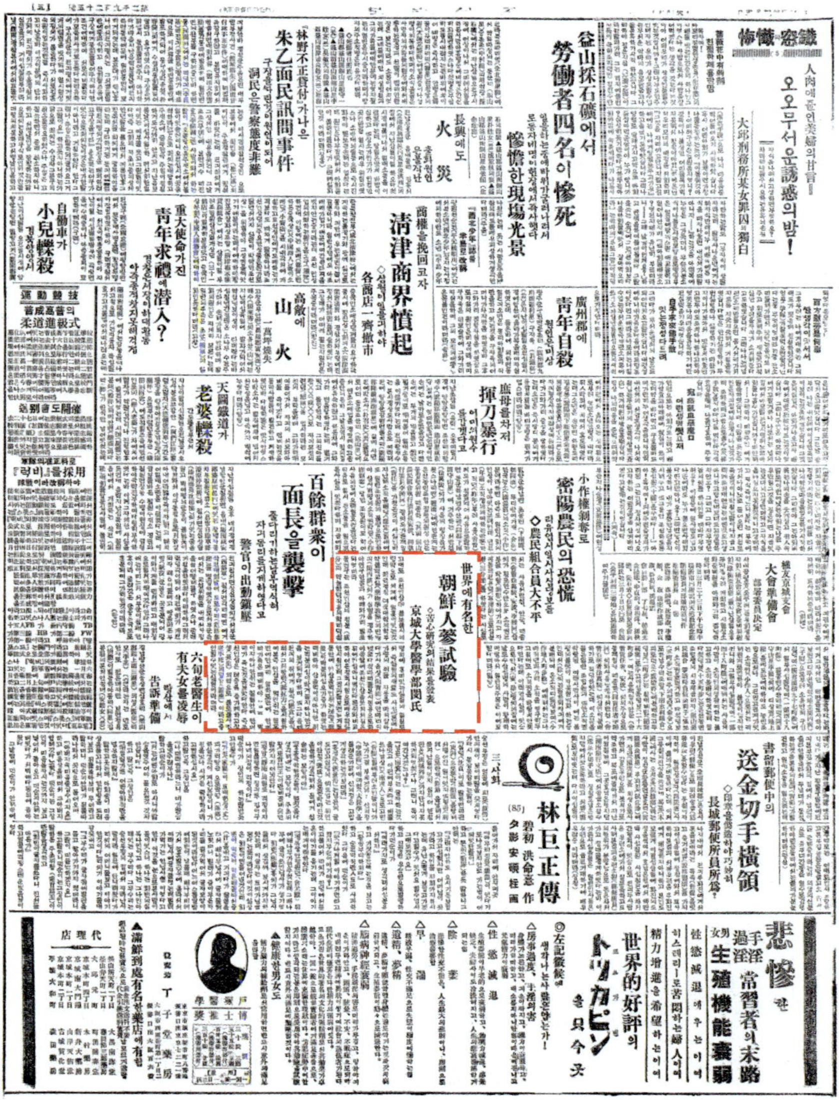

鐵窓懺悔

人肉에주린美婦의甘言 오오무서운誘惑의밤! 大邱刑務所某女罪囚의獨白

益山採石礦에서 勞働者四名이慘死 慘憺한現場光景

長興에도 火災

「林野不正賣付」가나은 朱乙面民訊問事件 洞民은警察態度非難

清津商界憤起 商權을挽回코자 各商店一齊撤市

高敞에 山火

重大使命가진 青年求禮에潛入?

自動車가 小兒轢殺

廣州郡에 青年自殺

庶母를차저 揮刀暴行

天圖鐵道가 老婆轢殺

小作權剝奪로 密陽農民의恐慌 ◇農民組合員大不平

百餘群衆이 面長을襲擊 警官이出動鎭壓

世界에有名한 朝鮮人蔘試驗 京城大學醫學部閔氏

六旬老醫生이 有夫女를凌辱 告訴準備

書留郵便中의 送金切手橫領 長城郵便所員所爲?

林巨正傳 (85) 碧初 洪命憙 作 夕影 安碩柱 畵

悲慘한 手淫過淫常習者의末路 生殖機能衰弱

世界的好評의 トッカピン

또, 스기하라 교수와 민병기 박사가 The Keijo J Med. Vol.1 No.3 (1930)에 인삼 연구 관련하여 4편의 논문을 시리즈로 발표한다. 스기하라 교수 인삼에 대한 단독 논문(p.125-143)을 출간한 것(Nr.1)과 민병기 박사와 함께 제출한 논문(Nr2, p144-156; Nr2 157-171; Nr3 p.172-186)이다. 이중 Nr.2만 간단하게 소개한다. 아래 독일어 원문과 번역문이 있다.

(출처: The Keijo J Med. 국립중앙도서관 전국 도서관 자료 통합검색 서비스)

Über den Panax Ginseng. Nr. 2.

Von

Noriyuki SUGIHARA (杉 原 德 行)

I. Mitteilung:

Über den Hungerversuch und über die Giftigkeit einiger Mittel und die dadurch hervorgerufenen Vergiftungserscheinungen an mit Panax Ginseng gefütterten Ratten.

Von

Dr. Piungki MIN (閔 丙 祺)
(Aus dem Pharmakologischen Institut der Kaiserlichen Universität Keijo.)
Prof. Dr. Noriyuki Sugihara.

Eingegangen am 22. April 1930.

Einleitung.

Dass von alters her die Chinesen für den Ginseng hohe Preise bezahlt haben, beweist, dass der Ginseng ein wirksames Mittel ist. Besonders galt und gilt der Ginseng in der chinesischen Heilkunde als Lebensverlängerungs- und geschlechtstriebanregendes Mittel und weiter als ein Tonicum für körperlich Schwäche oder alte Personen, besonders da der Ginseng keine starke Wirkung wie der Mohn ausübt. Im folgenden finden sich meine nach einer ganz neuen Methode angestellten Untersuchungen.

Untersuchungsmethode.

Die Wurzel des Ginseng wurde zerkleinert und mit der 3 fachen Menge Wasser 10 Stunden lang auf dem Wasserbad gekocht und filtrirt. Als Versuchstiere gebrauchte ich Ratten. Zwecks der Versuche wurde die halbe Anzahl der Tiere mit Ginseng-Lösung und Hirse und die andere halbe zur Kontrolle mit Wasser und Hirse 4 Wochen lang gefüttert. Im Anschlus

(144)

인삼에 대하여(No. 2)

제목: 쥐에게 인삼을 먹인 후 배고픔 실험과 일부 물질의 독성 및 그에 따른 중독 증상에 관한 연구.

저자: 민병기(Piungki MIN)(소속: 경성제국대학 약리학연구소. Prof. Noriyuki Sugihara)(1930년 4월 22일 수신됨)

게제지: Sugihara u. Min: The Keijo J. of Med. 1, 144-156. J. of Ned. 1

소개: 중국인들이 고대부터 인삼을 비싼 값에 구입했다는 사실은 인삼이 효과적인 치료제라는 것을 증명합니다. 한의학에서 인삼은 수명을 늘리고 성적 욕망을 자극하는 수단으로 여겨졌으며, 특히 인삼은 양귀비처럼 강한 효과가 없기 때문에 몸이 약한 사람이나 노령자에게 강장제로 사용됩니다. 다음에서는 완전히 새로운 방법에 따라 수행된 저의 조사를 볼 수 있습니다.

김하식 박사

김하식金夏植(1894~?) 연구자는 1933년 6월 22일 스기하라 노리유키 교수의 2번째 조선인 박사학위 수여자이다. 박사학위는 일본 경응대학에서 받았다. 아래 1933년 조선일보에 난 기사와 김하식 박사가 스기하라 노리유키 교수와 함께 발표한 논문들 외에는 추가 정보를 찾을 수 없었다. 아래 조선일보 기사에 난 박사학위 논문은 아편과 관련된 내용이지만, 별도로 인삼 연구를 수행하였다. 김하식이 발표한 논문에서 그 당시 저자 이름을 "Kim"이라 하지 않고 "Kin"이라고 하였다. 아마 Kim의 일본식 발음일 것으로 예상된다.

박사학위획득(博士學位獲得) 기사

1933년 6월 22일 조선일보에 난 기사

십팔일경도제대(十八日京都帝大)로부터 제대병원(제대병원(帝大病院))내과에잇는 김하식(김하식(金夏植))씨는 아편(아편(阿片)) 아투카루이드의구조식(構造式)의 장관운동(管運動)에 미치는 작용(作用) 이라는 학위론문을 경도제국대학에제출중이든바 십팔일 동교수회를 통과하야 지난팔일부로 의학박사의 학위를어덧다. 씨는 금년삼십구세녕변(영변(寧邊))출생으로 일천구백이십년에 경성의학 전문학교를 졸업하고 경제국대학 약물학(엽물(葉物)학(學))연구실에서 삼원(삼원(杉原))교수의 지도로 연구 론문을 썻다 지금은 경성제대의 학부이둥 내과(이등내과(伊藤內科))에 근무 중이다

[출처 : 조선일보 뉴스 라이브러리]

https://newslibrary.chosun.com/view/article_view.html?id=432519330622e10229&set_date=19330622&page_no=2

손인수 박사

1933년 조선인으로서 해외에서 최초로 인삼을 주제로 박사학위 수여자

발표자: Insu Sun

발표 제목: Über die echte Ginsengwurzel (Panax Ginseng, Song-Sam). 진짜 인삼뿌리(Panax Ginseng, 송삼)에 대하여.

소속: 뷔르츠부르크 대학교 약리학 연구소.

지도교수: 페르디난트 플러리.

발표 학술지: Naunyn-Schmiedeberg's Archives of Pharmacology

vol 170, p443-457 (1933년 2월 24일 수신, 1933년 12월 출간).

혹은

Sun, I.

Über die echte Ginsengwurzel (Panax Ginseng, Song-Sam). Archiv f. experiment. Pathol. u. Pharmakol 170, 443–457 (1933). https://doi.org/10.1007/BF01954458

Insu Sun

Original paper pages: 443-457

번역본

◆ 진짜 인삼뿌리(Panax Ginseng, 송삼)에 대하여

연구 목적 요약

약물의 효과에 있어 개별 성분의 중요성에 대한 의견은 아직도 엇갈린다. 스기하라와 민(민병기 지칭)의 최근 조사에서는 **파나센, 파낙스산, 글리코사이드**가 중요한 성분이라고 추정합니다. 나는 인삼이 칭찬받는 효능에 **다른 물질**이 관여할 수 있는지, 특히 호르몬이나 비타민과 같은 효과가 있는 것과 같이 분리하기 어려운 물질을 검출할 수 있는지 조사하기로 했습니다. 약물의 치료적 가치가 놀라울 정도로 높고 사용 범위가 매우 넓은 데에는 또 다른 이유가 있습니다.

연구 내용

손인수는 박사학위 논문으로 학술지에 발표한 내용은 개성에서 가

그림 14-1 **손인수 박사가 독일에서 사용한 송삼(개성인삼). 사진은 원래 크기의 1/3으로 줄었음. 인삼 3뿌리를 줄로 연결한 것이 흥미롭다.**

(원문: Abb. 1. Panax Ginsengwurzel. Verkleinert. Ein Drittel der normalen Größe)

져온 백삼(개성에서 생산된 인삼을 "**송삼**松蔘"이라고도 한다)을 이용하였다(그림 14-1). 인삼 성분 분리가 제대로 정립되지 않은 1930년대 초반 백삼을 이용하여 다른 연구자들이 발표한 방법에 따라 메틸알코올, 에테르 및 에틸알코올을 이용하여 인삼 추출물 분획(파낙스산, 진세닌 등)을 준비하여 실험에 사용한 것으로 보인다. 손인수 연구자는 백삼 추출물을 이용하여 다양한 동물들(원생동물부터 쥐까지)을 이용하여 9가지 다양한 실험을 구체적으로 실시했다.

예를 들면, 인삼에 유황이 함유되어 있음을 확인했고, 다른 연구자들이 파낙스산이 용혈 작용이 있다는 것을 재현하였다. 개구리와 쥐를 이용하여 독성 실험을 검증하였다. 인삼에 비타민 B1과 비타민 B2

가 함유되어 있음을 쥐와 비둘기를 이용하여 검증하였다. 원생동물의 하나인 짚신벌레를 이용하여 인삼 추출물의 독성 효과와 증식 촉진 작용을 검증하였다. 즉, 높은 농도에서는 인삼 추출물이 짚신벌레를 죽이지만, 희석을 많이 하면, 인삼 추출물은 짚신벌레를 증식시키는 것을 발견하였다. 또, 거세된 쥐를 이용하여 인삼 추출물이 에스트로제닉 효과가 있음을 확인하였다. 그러나, 인삼은 카르테노이드를 함유하지는 않은 것을 확인했다. 물고기를 이용하여 인삼 추출물이 성기능 강화 기능이 있는가를 확인했다.

연구 결론

동아시아에서는 인삼이라고 불리는 Panax Ginseng C. A. Meyer의 진짜 인삼 뿌리는 한국이 원산지입니다. 동아시아 의학에서 이 약물의 효능은 중국 자료에 따라 설명됩니다. 우리는 진짜 백인삼(송삼)("주근")과 "측근" 즉 약물의 더 작고 가는 뿌리를 사용하여 실험을 진행했습니다. 에테르 추출물은 "파나센", "파낙산" 및 "피토스테롤"이라는 여러 분획으로 나뉘었습니다. 이전에는 오일로 알려져 있고 균일하다고 여겨졌던 "파나센" 분획은 부분적으로 결정 형태로 얻어졌습니다. 에테르 추출물의 잔류물은 메틸알코올로 추출했습니다. 이 약에는 아직 확인되지 않은 유황 성분이 들어있습니다. 주근의 총 유황 함량은 0.15%, 부근의 총 유황 함량은 0.117%였습니다.

인삼은 "파낙스산" 분획과 아직 정확히 특성화되지 않은 메틸알코올 추출물에 강력한 용혈성 물질을 함유하고 있는데, 이는 지금까지 인삼에서 얻은 정제 물질의 효능을 능가하는 것과 마찬가지로, 개구리에 대한 독성 효과가 매우 강한 물질도 함유하고 있는데, 이는 지금까지 조사된 정제 물질보다 더 효과적이었습니다.

비둘기에 대한 실험에서 비타민 B1은 주근에 부근보다 더 많이 존재하는 것으로 밝혀졌습니다. 흰쥐를 대상으로 한 실험 결과, 2차 뿌리에는 주근 뿌리보다 비타민 B2가 더 많이 함유되어 있는 것으로 나타났습니다.

에틸알코올 추출물을 첨가하면 Paramaecium eaudatum(짚신벌레)의 증식이 증가하므로, 특히 주근에서 성장 촉진 물질을 검출할 수 있었습니다. 이 효과는 비타민 B 함량과 관련이 있는데, 약물의 석유 에테르 추출물에 있는 카로티노이드는 염화 안티몬 반응으로 검출되지 않았기 때문입니다.

성기능 장애의 치료적 사용은 거세된 쥐에서 에스트로겐 효과를 나타낼 수 있고 수컷 쥐(Rhodeus amarus)의 혼인깃에서 효과를 나타낼 수 있다는 사실을 확인할 수 있었다.

손인수 박사학위 논문으로 발표된 연구 방법 및 결과를 보면, 21세기 현대 과학 수준과 비교해도 차이가 없을 정도로 상당히 과학적으로 접근하고 있음을 보여주고 있다. 인삼 추출물을 이용한 실험을 실시할 때, 그 당시 다른 연구자들이 이미 수행해서 확립된 연구 방법들을 잘 이용하고 있다. 일본 연구자들이나 조선 연구자들이 수행했던 단편적인 연구와는 달리 선진적인 연구 수행이라고 생각할 수 있다. 또, 다른 손인수 박사의 선구안은 인삼 배당체 외에 인삼에 함유된 다른 성분들의 확인하고 다양한 동물들을 이용하여 약리학적 효능을 연구 및 검증하려고 시도했다는 점이다.

손인수 박사 학위 논문은 독일에 고려인삼(송삼)을 알리는 역할과 독일에서 발간되는 유명 약리학 학술지 발표를 통하여 20세기 유럽에 고려인삼을 소개하는 중요한 역할을 한 것으로 생각된다. 민병기 박사와 마찬가지로, 한 가지 아쉬운 점은, 김하식 박사와 마찬가지로 손인수 박사가 박사학위 수여 후 국내에 들어와서 활동을 했는지, 혹은 해외에서 계속 머물면서 연구 활동을 했는지에 대한 자세한 행적은 해방이 된 뒤에도 기록도 남아 있지 않아서 알 수 없다는 점이다. 요약하면, 일제 강점기 동안에 고려인삼 연구를 수행했던 조선인 연구자들이 해방 후에도 계속 고려인삼 연구를 지속할 수 없었던 이유는, 1945년 해방 후 대한민국 정국의 불안정과 1950년 6.25 전쟁에 기인하지 않았을까?

손인수 박사 지도 교수 소개

손인수의 박사학위 지도 교수인 **페르디난트 플루리**(Ferdinand Flury, 1887～1947년)는 독일의 약리학자, 동물학자, 군의관이었다. 산업 위생에 대한 그의 공헌과 화학전 무기에 관한 그의 연구로 그는 국제적으로 유명하다.

◆ 참고문헌

https://ko.wikipedia.org/wiki/%EA%B3%A0%EC%98%81%EC%88%9C 혹은 고영순 - 위키백과, 우리 모두의 백과사전

Sugihara u. Min: The Keijo J. of Med. 1, 366ff., 379ff., 394ff., 685ff., 703ff.(1930).

Sugihara u. Kin: The Keijo J. of Med. 1, 711ff., 748ff. (1930).

Sugihara u. Min: The Keijo J. of Med. 1, 707If. (1930).

https://newslibrary.chosun.com/view/article_view.html?id=292519290305e10521&set_date=19290305&page_no=5

Sun I. Über die echte Ginsengwurzel (Panax Ginseng, Song-Sam). Archiv für experiment. Pathol. und Pharmakol. 170, 443-457 (1933). https://doi.org/10.1007/BF01954458

부 록

Sun I. Über die echte Ginsengwurzel (Panax Ginseng, Song-Sam). Archiv für experiment. Pathol. und Pharmakol. 170, 443–457 (1933). https://doi.org/10.1007/BF01954458

논문 원본의 번역본

수천 년 동안, 아랄리아 인삼(Araliaceae Panax Ginseng C. A. MeyerI)의 건조된 뿌리는 중국에서 매우 귀중한 약초 치료제로 약재로 사용되어 왔으며, 아마도 동아시아의 다른 나라에서도 사용되었을 것입니다. 이 약은 원래 한국에서 유래되었으며 오늘날에도 여전히 대규모로 재배되고 있습니다.

첫 번째 이름의 학명인 “Panax Ginseng”은 그리스어에서 유래한 것으로, 이 약이 동아시아에서 만병통치약으로 여겨졌고 지금도 그렇다는 사실을 나타냅니다. 별칭 “ginseng”은 일본에서 유래한 것입니다. 한국에서는 이 약을 “인삼”이라고 부릅니다. 조추케이 황제(서기 220년경)는 치료법에 대한 두 권의 저서에서 인삼을 만병통치약으로 언급했습니다. 동아시아에서 시중에 유통되는 약물 운반자 특히 원산지인 한국에서는 이름이 다르고 효과도 매우 다릅니다. 무역과 전문 문헌에서 종종 혼동되는 열등한 제품과 위조품은 진짜이고 때로는 매우 비싼 종류와 명확히 구별되어야 합니다.

아랄리아과(Araliaceae)에는 다섯 가지 다른 Panax 종이 있습니다: Panax Ginseng, Panax quinquefolius, Panax repens, Panax trifolius, Panax Pseudoginseng. 이 중에서 Panax Ginseng C. A. Meyer만이 진짜 인삼 뿌리를 제공합니다. 인삼에는 흰 인삼, 붉은 인삼, 산 인삼이 있습니다. 각 품종 간의 차이점은 여기서 더 이상 논의하지 않습니다. 저는 출처가 명확히 확립되어 있고 완전히 신뢰할 수 있는 출처에서 나온 수치를 사용하는 것이 중요하다고 생각했습니다. 현재 조사에 쓰인 약물은 송도 일대의 인삼이어서 ‘송삼’이라는 이름으로 더 잘 알려져 있다. 저는 이 약을 이 도시에 사는 어린 시절 친구 T. Kong에게 빚졌습니다. 그의 가족은 여러 세대에 걸쳐 “인삼”을 재배하는 사람으로 국가에서 높은 명성을 누렸습니다. 위에서 언급한 세 가지 약물 중에서 ‘인삼’을 선택한 이유는 이 약물이 특별한 주의로 제조되었기 때문에 활성 성분의 변화가 최소화되었을 것으로 추정되었기 때문입니다.

한의학에서는 질병에 단일 치료법을 사용하는 경우가 드물고, 대개 여러 치료법을 결합합니다. 그래서 인삼은 보통 다른 치료법과 함께 쓰이기도 합니다. 인삼의 질병 상태에 대한 설명은 철학적 사고 과정에 기반을 두고 있기 때문에 유럽 의학의 관점에서 인삼에 대한 명확히 정의된 적응증 범위를 지정하는 것은 어렵습니다. 일반적으로 다양한 원인과 형태의 허약 상태에 강장제로 간주된다고 할 수 있습니다. 이 약은 염증성 및 발열성 질환(결핵, 기관지염, 후두염, 산욕열), 출혈(객혈, 코피, 혈뇨, 이질) 및 빈혈과 출산 후를 포함한 기타 치료제와 함께 사용됩니다. 또한 항매독제로 간주됩니다. 그러나 인삼은 신경계 장애와 관련된 질병에서 가장 높은 평가를 받으며, 심리적 기능도 영향을 미치는 우울증에 효과적이다. 단독으로 사용된다는 점이 주목할 만합니다. 인삼은 강력한 최음제로 여겨진다. 아편 중독자들은 기분이 좋아진 후에 아편을 먹습니다. 반면, 흥분한 경우에는 진정제로도 투여됩니다. 고대 힌두교 신앙에 따르면, 인삼에는 수명을 연장하는 효과가 있다고 합니다.

특히 한국과 일본에서 인삼에 대한 수많은 화학 및 약리학 연구가 수행되었습니다. 인삼은 현재 본질적으로 사포닌 약물로 간주되고 있으며, 사포닌에는 파낙스산(Panaxsäure)을 비롯한 다양한 산과 테르펜과 같은 물질, 배당체가 포함되어 있습니다. 언급된 물질의 약리학적 효과는 다양한 방법으로 조사되었습니다. 순환, 심장, 혈압, 혈관, 호흡, 혈액 및 혈구수, 그리고 대사(당 균형, 질소 및 유황 배출)에 미치는 영향이 보고되었습니다. 그 밖에도 흥분, 경련, 각종 마취현상 등의 신경증상이 관찰되었다.(그 당시 연구 결과에 대한 논의)

약물의 효과에 있어 개별 성분의 중요성에 대한 의견은 아직도 엇갈린다. 스기하라와 민4의 최근 조사에서는 파나센, 파낙스산, 글리코사이드가 중요한 성분이라고 추정합니다. 나는 인삼에 대해 칭찬받는 효과에 다른 물질이 관여할 수 있는지, 특히 호르몬이나 비타민과 같은 효과가 있는 것과 같이 분리하기 어려운 물질을 검출할 수 있는지 조사하기로 했습니다. 약물의 치료적 가치가 놀라울 정도로 높고 사용 범위가 매우 넓은 데에는 또 다른 이유가 있습니다.

실험의 재료로는 백인삼(송삼)이 사용되었다. 이 배송물의 개별 뿌리의 평균 무게는 10g이었습니다(그림 14-1). 약물을 추출할 때 주근에는 가장 강한 뿌리 가지 2~3개만 남습니다. 이하에서는 이 실제 인삼을 '본 뿌리'라고 부르겠습니다. 또한, 같은 출처에서 'Nebenwurzel:' (2차근)방송을 들을 수 있었습니다. 이것은 약을 만드는 과정에서 제거되는 가장 작고 가는 뿌리로, 훨씬 저렴한 가격에 구할 수 있지만 그다지 효과적인 것으로 여겨지지 않습니다.

슈트 제작

a) "주근"

뿌리를 가루로 만들어 이테르와 함께 Soxhlet 장비로 추출했습니다. 에테르 추출물을 수조에서 농축시키고, 잔류물을 증기로 증류하여 증류액으로부터 "파나센"을 얻었다. 수증기 증류로부터 나온 잔류물을 수산화칼륨 용액으로 가수분해하고 에테르화했습니다. 증류 후, 에테르는 옅은 황색 잔류물을 남겼고, 방치하면 대부분 응고되었습니다. 이 분획은 "식물 스테롤"을 나타냅니다. 알칼리성 액체는 황산으로 산성화하고 증발시켰습니다. 이로써 조악한 "파낙스산"이 생성되었습니다. - 약물의 에테르 추출 잔류물을 메틸알코올로 여러 번 끓였습니다. 합쳐진 추출물을 수조에서 농축하여 점성이 있는 갈색 시럽을 얻은 다음, 황산 위의 데시케이터에서 건조한 후 갈색 분말로 분쇄했습니다. 이 "메틸알코올 추출물"의 수율은 약물의 12.65%였습니다.

b) "부근"

본루트와 동일한 방식으로 처리하였습니다. 에테르 추출물의 수율은 약물의 1.69%이고, 만병통치약의 수율은 0.25%였습니다. "파나센"은 옅은 황색을 띠는 기름으로, 특히 더운 날씨에는 겨자기름을 연상시키는 냄새가 오래 지속되고, 톡 쏘는 맛이 나고, 얼마 동안 혀가 마비되는 현상이 나타났습니다. 몇 달 후, 상당한 양의 무색의 결정이 침전됩니다. 아직까지 이에 대한 자세한 조사가 이루어지지 않았습니다. 따라서 이 물질이 처음부터 약물에 포함되어 있었는지, 아니면 산화 과정을 통해 2차적으로 생성되었는지는 확실하지 않습니다. 그럼에도 불구하고, 이 관찰은 파나센을 분자식(C5H8)n의 세스퀴테르펜으로 설명한 이전 연구를 보다 면밀히 검토하도록 자극하기에 적합한 것으로 보인다. - 콜트뿌리 200 g의 에테르 추출물 잔류물을 메틸알코올 700 cc로 한 번 끓인 후, 600 cc씩 세 번 더 끓였습니다. 메틸 알코올을 증류하고 황산 위의 데시케이터에서 건조한 후 얻은 잔류물은 황갈색 분말이었습니다. 다양한 실험에서 얻은 수율은 평균적으로 약물의 23.4%였습니다.

인삼의 유황 함량에 대한 실험

약물의 알칼리성 추출물을 산성화했을 때, 여러 차례 강한 황화수소 냄새가 발견되었습니다. 아랄리아과의 유황 함량에 대한 연구는 거의 이루어지지 않은 듯하다. Wehmer의 식물 물질에 관한 책(2판, vol. 2)에서는 Hedera helix(담쟁이덩굴)만이 뿌리에 6.34%의 재가 들어 있고 그 중 1.9%가 SO3라고 명시합니다. 이는 뿌리의 유황 함량이 0.048%라는 의미입니다. 여기서 조사한 인삼의 주근은 총 유황 함량이 0.15%, 부근은 0.117%였습니다. 에테르와 메틸알코올 추출로부터 나온 건조 잔류물에는 총 유황이 0.178% 함유되어 있었습니다. 메틸알코올 추출물의 유황 함량은 0.0041%로 낮았습니다. 메틸 알코올 추출 후 잔류물은 총 유황의 51%를 찬물에 방출하며, 29%는 황산 유황으로 존재합니다. 뜨거운 물이나 희석된 염산을 사용하면 총 유황의 9%를 더 추출할 수 있지만 더 이상 황산염 유황은 추출할 수 없습니다. 총 유황의 42%가 잔류물에서 발견되었습니다. 비교적 적은 양의 강수량을 결정하는 데 불가피하게 발생하는 오류를 고려하면 이러한 결과는 서로 매우 잘 일치합니다. 에테르 추출물에서는 유황이 발견되지 않았으며, 특히 파나센에서는 겨자 냄새가 연상되었습니다.

용혈 실험

메틸알코올 추출물에는 사포닌이 포함되어 있어야 하는데, 다양한 일본 연구자들이 여러 Panax 종에서 사포닌을 생산하려고 시도했습니다. 요네카와1의 진세닌은 1:80 농도에서 용혈 효과가 있는 것으로 알려져 있습니다. Murayama와 Itagaki가 Panax repens에서 얻은 사포닌은 Aoyama3에 따르면 1:1800으로 희석하면 용혈 효과가 있고, prosapogenin도 1:200000에서도 마찬가지입니다. Kin은 메틸 알코올 추출물에서 얻은 사포닌의 약리학적 효과를 조사했습니다. 인삼에 에테르를 채워서 얻은 것입니다. 이 사포닌은 1:160으로 희석하면 완전 용혈 효과가 있었지만, 1:320으로 희석하면 부분적 용혈 효과가 나타났습니다.

위에 설명된 제조 방법의 메틸 알코올 추출물을 세척된 소 혈액 세포에서 용혈 효과에 대해 테스트한 결과 다음과 같은 결과가 얻어졌습니다(표 14-1 참조):

이 실험에 따르면, 원료의약품은 일본 연구자들이 인삼에서 얻은 정제물질보다 더 두드러진 용혈 효과를 나타냈습니다. 원료 제품에는 일본 조사자들의 방법으로는 검출되지 않았던 높은 용혈 활성을 가진 물질이 포함되어 있을 가능성이 있으며, 아마도 에테르로 알코올 용액을 침전시키는 과정에서 모액으로 유입되었을 가능성이 있습니다. 특정 상황 하에서는 약물에서 사포닌이나 사포게닌을 추출할 수도 있다는 점을 언급해야 합니다. 예를 들어, Winterstein과 Hämmerle 1은 에테르를 사용하여 Viscum album의 잎에서 올레아놀산을 추출했습니다. 올레아놀산의 수산화 분해 효과에 대한 정보는 아직 없는 것 같습니다.

이 맥락에서 흥미로운 점은 파낙스산의 놀라울 정도로 강력한 용혈 효과입니다. 파낙스산은 원료 제품이면서도 여전히 지방산을 함유하고 있습니다. 물론, 이러한 실험에서는 알칼리성 용액의 강한 수소 이온 농도를 고려해야 합니다. 그러나 통제실험 결과 이러한 효과는 파낙스산 자체 또는 파낙스산에 포함된 성분에 기인하는 것으로 나타났으며, 이에 대한 추가적인 특성화가 필요합니다.

인삼 추출물의 독성에 대한 실험.

이러한 실험에서는 추출물을 물에 녹이고, 파낙산을 필요한 양의 수산화나트륨 용액에 녹였습니다. 결과(표 14-2)를 Kin(김하식 박사)의 연구 결과와 비교해 보면 모든 물질이 Kin이 조사한 물질보다 개구리(하부 프랑코니아 풀개구리)에게 상당히 더 독성이 강한 것으로 나타났습니다. 흰쥐에 대한 추출물의 독성은 킨이 제공한 인삼 사포닌에 대한 데이터와 일치합니다. 이와 대조적으로 파낙스산의 독성은 킨이 보고한 것보다 낮았습니다.

동물들은 킨(Kin, 김하식 박사를 의미함)에 따르면 파낙스산에 의해 유발되고 요네카와에 따르면 진세닌에 의해 유발되는 "거미반응"을 보이지 않았다는 점이 눈에 띄었고, 이는 모르핀 주사에 대한 알려진 반응(S t r a u b)과 일치합니다. 그러나 이러한 반응은 수많은 다른 물질에 의해 일어나는 것으로 알려져 있으며 주입된 용액의 수소 이온 농도에 따라서도 달라지기 때문에 이것이 인삼에 있는 화학적으로 정확하게 정의할 수 있는 물질에 기인할 수 있는지 여부는 아직 명확히 밝혀질 필요가 있습니다. 중독 중에 개구리와 쥐에서 관찰된 현상은 킨이 설명한 것과 일치했습니다.

(비타민 B2의 측정, 그림 14-2)

귀중한 원료 물질의 소비량이 높다는 점을 고려하여 실험은 평소처럼 쥐를 대상으로 수행하지 않고, 체중이 10~13 g인 쥐를 대상으로 수행했습니다. 동물들은 3마리씩 유리 병에 넣어 키우고, 비타민 B23이 없는 먹이를 먹였습니다. 한 가지 식단만 섭취한 동물(그림 14-2, III 및 IV)에서는 체중이 빠르게 감소했습니다. 쥐들은 16일~18일에 갔습니다. 알려진 환영에 대한 시험의 날. 14일째부터 주근을 추가한 경우(II), 그 이후의 체중 감소는 더 느리게 나타났지만, 동물의 체중은 여전히 증가했습니다. 불균형한 영양 상태를 보이는 쥐에게 콜자(V)를 보충하면 얼마 후 체중이 늘고 동물은 살아남았으며, 비타민 B2 결핍 증상은 완전히 사라졌습니다. 처음부터 주근이나 부근(I 또는 VI)을 보충한 실험에서도 비슷한 결과가 얻어졌습니다.

인삼의 주근보다 2차 근의 비타민 B2 함량이 높은 것으로 실험 결과가 나타났습니다.

비둘기에 대한 실험.

(비타민 B1의 측정)

동물들에게는 이전에 연구소에서 실시한 실험에서 자주 시험 되었던 식단이 제공되었는데, 이는 쌀가루 100 g, 뢰만 소금 혼합물 4 g, 물 145 cc로 만든 식단이었습니다. 혼합물은 큰 주사기를 사용하여 동물의 작물에 투여되었습니다. 쌀가루는 광택이 나는 젤을 갈아서 만든 다음, 묽은 아세트산으로 여러 번 추출한 다음 끓는 메틸 알코올로 여러 번 추출하여 만들었습니다. 마지막 메틸알코올을 에테르로 대체한 후 분말을 공기 중에서 건조시켰습니다. 비둘기들은 오전과 오후에 각각 25cc의 지정된 사료 혼합물을 받았습니다. 이 사례에서 비둘기는 약 14일째 되어서 알려진 증상을 보이며 병에 걸렸습니다. 처음부터 매일 주근 또는 보조근 분말 2 g을 사료에 첨가한 경우, 실험 28일째와 23일째에 각각 첫 번째 결핍 증상이 나타났다. 다발신경염이 발병한 경우, 주근이나 보조근에서 추출한 메틸알코올 추출물(생리식염수에 넣어 복용)을 근육 내 투여하면 증상이 호전되고, 어떤 경우에는 완치되기도 합니다. 다음은 간단한 테스트 프로토콜의 예입니다.

체중 295 g인 4번 비둘기는 각 사료마다 주뿌리 가루 1g을 섭취합니다. 실험 17일째 되는 날, 동물의 체중은 280 g으로 건강했습니다. B.는 비타민이 없는 식단을 섭취합니다. 실험 20일째: 졸리고, 일어설 수 없고, 뒷꿈치 근육이 긴장함. 측근에서 추출한 메틸알코올 추출물 0.2g을 생리식염수 1 cc에 섞어 근육 주사함. 3시간 후, 조건에 변화가 없으면 효모 에멀전을 주입합니다. 실험 24일차: 동물은 걸을 수 없고, 후관절 긴장증이 있음. 원뿌리로부터 메틸알코올 추출물 0.2 g을 주입한다. 2시간 후 비둘기의 상태가 상당히 호전되어 추출물 0.2 g을 더 주입했습니다. 실험 29일째까지는 주근에서 추출한 메틸알코올 추출물 0.2 g을 2회 더 주사하였다. 실험 30일 차: 동물 o. b. B., 잘 달리고, 날 수 있어요.

위의 내용과 다른 실험을 통해 비타민 B1의 함량이 주근의 경우 부근의 경우보다 높은 것으로 나타났습니다.

실험 기술: 온도는 온도 조절 장치의 23°로 유지되었습니다. 파라핀 링과 덮개 유리로 밀봉된 중공 분쇄된 현미경 슬라이드가 시험 용기로 사용되었습니다. 결과를 가능한 한 우연에 의존하지 않게 하기 위해, 다양한 예비 시험을 거친 후 두 마리의 우식충을 한 챔버에 넣고, 각 시험 용액에 대해 이 시험을 세 번씩 반복했습니다. 그런 다음 3개 챔버에 있는 편모충을 매일 세고 총 수를 초기 수 6으로 나눕니다. 이렇게 얻은 평균 수를 초기 수의 백분율로 첨부된 그림 14-3에 입력합니다. Paramecia 배양액의 희석액은 수돗물로 제조되었으며, 1방울에 Paramecia 2개가 포함되어 있습니다. 영양액은 100 g의 수돗물에 1 g의 포도당과 0.2 g의 글리코콜을 섞어 만들어졌습니다. 각 슬라이드에 2개의 젖나방 1방울, 영양액 1방울, 그리고 실험할 동물 용액 2방울을 떨어뜨렸습니다. 농도는 실험 당시의 그대로 주어졌습니다.

테스트할 용액 대신 각 슬라이드에 수돗물 두 방울을 첨가한, 각각 6개의 편모충에 대한 두 가지 대조 시리즈는 일관된 결과를 보여주었습니다. 실험 6일째에는 낙지벌레의 수가 약 5.2로 증가했습니다. 주근 추출물을 1:100으로 희석한 경우에는 단 2분 만에 편모충을 죽였고, 1:400으로 희석한 경우에는 20분 만에 편모충을 죽였습니다. 1:500으로 희석했을 때, 2일차부터 5일차까지 2마리씩 3번의 실험에서 우식충이 죽었습니다. 아무런 증가도 발생하지 않은 날. 측근 추출물은 1:1500으로 희석하면 2시간 이내에 편모충을 죽였고, 1:2000으로 희석하면 약 12시간 이내에 편모충을 죽였습니다. 세 가지 지렁이 중 농도가 1:2500인 것만이 15시간 이상 지속되었습니다.

주근 추출물을 이용한 실험(그림 14-3, a)에서는 농도에 따라 Paramecia의 증식이 급격히 증가하는 것으로 나타났습니다. 급격한 증가는 이미 독성 농도에 매우 가까운 희석으로 인해 발생했습니다. 2차 뿌리 추출물도 번식 증가에 도움이 되었습니다. 이것은 주근 추출물 1:9000보다 1:8000 농도에서 다소 더 강했습니다. 그러나 주근 추출물을 사용할 때 농도를 높이면 번식이 더욱 증가했지만, 부근 추출물에서는 더 이상 발생하지 않았습니다. 이러한 억제는 이 지역에서 이미 눈에 띄는 독성 물질에 기인하는 것으로 보는 것이 합리적이다. 만약 누군가가 Paramecia에 대한 실험에서 흡수 조건이 매우 좋다는 것을 고려한다면, 위에서 간략히 설명한 비둘기에 대한 실험과도 유추가 가능합니다. 그 경우에도 2차 뿌리에서 추출한 메틸 알코올 추출물은 여러 경우에 강한 독성 효과가 있었고 치료 실험에서는 1차 뿌리에서 추출한 추출물보다 효과가 현저히 낮았습니다.

그림 14-3 설명: Paramaecium caudatum의 성장 실험 a 주근의 메틸알코올 추출물 첨가 b 부근의 메틸알코올 추출물 첨가

메틸알코올 추출물의 효과는 농도에 따라 제한될 수 있습니다. 비타민 B가 있는데, 이 효과가 편모충에 직접적 영향을 미치는지, 아니면 동반 박테리아를 통해 간접적으로 영향을 미치는지는 아직 알 수 없습니다. 그 효과는 동화 가능한 물질, 특히 설탕의 증가에 기인한다고 보기는 어렵습니다. 2차근과 주근의 추출물에 함유된 당 함량은 사실상 동일합니다. 가장 강력한 용액(주근 추출물 1:2000)에서도 당 함량의 증가는 기껏해야 10%에 불과합니다.

인삼의 에스트로겐 효과에 대한 실험

실험은 흰 거세 쥐를 대상으로 Allen-Doisy 검정을 사용하여 수행되었습니다. 8일 동안의 예비 기간 동안, 쥐가 더 이상 발정을 보이지 않는지 확인하기 위해 하루 3번 도말 검사를 실시했습니다. 인삼을 이용한 어떤 실험에서도 완전히 순수한 가자미 단계, 즉 완전한 발정(Laqueur)은 이루어지지 않았다. 이와 대조적으로, 실제 실험을 완료한 후 동물들에게 Progynon을 10마리씩 주사하여 반응을 시험했을 때 완전한 발정이 일어났습니다.

현재의 지식에 따르면, 인삼에 에스트로겐 성분이 존재할 경우 에테르 추출 중에는 그대로 유지되지만, 메틸알코올 추출물로는 더 이상 전달되지 않습니다. 반면에,

그들은 물 같은 추출물에 들어갈 수도 있습니다.

먼저, 주근에서 추출한 물 추출물, 메틸알코올 추출물 용액, 에테르 추출물 에멀전을 세 그룹의 쥐에게 시험했습니다. 물 추출물의 경우, 주근 10g을 물 100g과 함께 수조에서 4시간 동안 가열한 후 여과하고, 여과액을 15cc로 증발시켰습니다. 동물들에게 각각 1cc의 이 추출물을 3번 주사했습니다. 0.25g의 메틸알코올 추출물을 수용액으로 3회 주사하였다. 에테르 추출물은 Soxhlet 장치를 이용하여 30g의 주근에서 얻었고, 에테르를 제거하고, 잔류물을 0.8g의 아라비아고무와 4cc의 물에 유화시키고, 이 유화액을 3등분하여 두 마리의 동물에 주사하였다. 수용성 추출물을 주입한 후 상피세포의 증식이 관찰되었고, 결절도 나타났다. 메틸알코올 추출물로 처리한 도말은 이전 대조 기간과 비교하여 도말에 유의미한 변화를 나타내지 않았습니다. 에테르 추출물을 주입하였을 때 상피세포가 증가하고, 도말표본에 덩어리가 나타났다. 이미지의 변화는 매우 눈에 띄었고 5일째까지 지속되었습니다.

특히, 동아시아에서는 약물의 달인 물을 주로 사용하기 때문에 이러한 물질이 흡수되기 때문에 물 추출물에서 에스트로겐 물질을 검출하는 것이 매우 중요합니다.

주요 뿌리와 보조 뿌리에서 에테르 추출물을 사용하여 두 그룹의 평판에서 추가 일련의 실험을 수행했습니다. 추출물과 에멀전은 위에 설명한 것과 동일한 방식으로 제조되었습니다. 두 번째 실험은 첫 번째 실험의 결과를 확인하였고, 시험한 주근의 에스트로겐 성분이 야로우 뿌리보다 더 많다는 것을 보여주었습니다. 인삼에서 이러한 물질의 검출은 다른 연구자들이 다양한 식물성 소재를 조사해 보고한 결과와 일치한다. 최근에는 부테난투까지 갔어요. 야코비는 식물 재료로부터 결정화된 형태로 난포 호르몬을 생산하는 데 성공했습니다.

실험에는 쓴맛이 나는 참돔(Rhodeus amarus)의 수컷이 사용되었습니다. 글라저 헴펠은 남성 호르몬을 주사한 후 거세된 쏘가리의 웨딩드레스 모습에 대한 보고서를 발표했습니다.

그러나 저자들이 요힘빈의 효과에 대해 제공한 정보를 기반으로 하더라도 이 반응의 특이성은 제대로 확립되지 않은 것으로 보입니다. 존덱 크론은 이미 이 점을 지적했으며, 동시에 거세되지 않은 쓴물떼 새의 혼인깃털이 남성 호르몬인 인터메딘, 요힘빈, 스트리크닌, 칸타리딘, 에르고틴에 의해 발생한다는 것을 확인했습니다. 따라서 웨딩드레스가 등장하는 것은, 적어도 거세되지 않은 암컷의 경우, 성적 영역에 어떤 식으로든 영향을 미치는 자극에 대한 반응이라는 매우 일반적인 의미로만 이해될 수 있습니다.

인삼은 동아시아에서 강정제로 여겨지기 때문에 동물 실험을 통해 그러한 효과를 살펴보는 것은 큰 관심사입니다. 언급된 우려에도 불구하고, 비터링은 이 방향의 초기 시도에 적합하지 않은 것으로 보이지는 않습니다. 실험은 1932년 11월과 12월에 실시되었습니다. 주입된 액체의 양은 물고기 한 마리당 0.1 cc였습니다. 이 관찰은 원래 글라자 헴펠이 제시한 계획에 기초했지만 나중에 반응의 강도를 전체적으로 추정하고 그에 해당하는 개수의 더하기 기호로 표시함으로써 단순화되었습니다. 쓴풀이의 혼례복은 앞서 언급한 작품에 자세히 묘사되어 있고 그림으로 설명되어 있으므로, 여기서는 더 이상의 자세한 내용을 생략해도 됩니다.

결과는 표 3에 제시되어 있습니다. 여기에 나열되지 않은 일부 실험에서는 알코올성 스톡 용액을 사용해야 했습니다. 반응이 일어났습니다. 그러나 알코올을 이용한 대조 실험에서는 "식물스테롤"과 "파낙스산" 분획이 쓴맛에 독립적인 효과가 없는 것으로 나타났습니다. 수용액을 준비하는 데 사용된 수돗물을 이용한 대조 시험 결과는 음성이었습니다. 놀라운 점은, Zondek Krohn이 제공한 정보와는 반대로, 물고기 1 g당 0.3~1.7 y의 칸타리딘을 투여해도 반응이 나타나지 않았고, 후자의 실험에서는 심지어 한 마리가 죽어서 필요한 알코올 함량을 감안할 때 더 높은 용량을 투여할 수 없었다는 점입니다.

요약.

동아시아에서는 인삼이라고 불리는 Panax Ginseng C. A. Meyer의 진짜 인삼 뿌리는 한국이 원산지입니다. 동아시아 의학에서 이 약물의 효능은 중국 자료에 따라 설명됩니다. 우리의 실험은 확실히 진짜인 백색 인삼(송삼)('주근')과 '부근' 즉 인삼의 더 작고 가는 뿌리를 사용하여 수행되었습니다.

에테르 추출물은 "파나센", "파낙스산" 및 "식물스테롤"이라는 여러 분획으로 나뉘었습니다. 이전에는 오일로만 알려졌고 균일하다고 여겨졌던 "파나센" 분획은 부분적으로 결정 형태로 얻어졌습니다. 에테르 추출 잔여물은 메틸알코올로 추출했습니다.

이 약에는 아직 확인되지 않은 유황 성분이 들어있습니다. 주근의 총 유황 함량은 0.15%, 길쭉한 뿌리의 총 유황 함량은 0.117%였다.

인삼에는 "파낙스산" 분획과 아직 정확하게 분석되지 않은 메틸알코올 추출물에 강력한 용혈성 물질이 포함되어 있으며, 이는 지금까지 인삼에서 얻은 정제 물질의 효능을 능가합니다. 또한, 독성이 강한 물질도 포함되어 있는데, 이러한 물질은 지금까지 검사한 정제 물질보다 개구리에 더 효과적이었습니다.

비둘기에 대한 실험에서 비타민 B1은 주근에 부근보다 더 많이 존재하는 것으로 밝혀졌습니다.

일부 식물에 대한 실험 결과, 2차 뿌리가 주근 뿌리보다 비타민 B2를 더 많이 함유하고 있는 것으로 나타났습니다.

에틸알코올 추출물을 첨가하면 Paramaecium eaudatum의 증식이 증가하므로, 특히 주근에서 성장 촉진 물질을 검출할 수 있었습니다. 이 효과는 비타민 B 함량과 관련이 있는데, 약물의 석유 에테르 추출물에 있는 카로티노이드는 염화 안티몬 반응으로 검출되지 않았기 때문입니다.

성적 장애에 대한 치료적 사용은 거세된 쥐에서 에스트로겐 효과를 나타낼 수 있고, 수컷 쓴맛이 나는 쥐(Rhodeus amarus)의 혼인깃(번식기에 몸의 털이나 깃털의 색상이나 문양 등의 변화)을 유도할 수 있다는 사실에 의해 정당화됩니다.

참고로 손인수 박사가 송도에서 가져온 인삼에서 다양한 분획 및 물질들을 추출했다고 성분 명칭들 "진세닌", "파나센", "파낙스산" 및 "식물스테롤"의 명칭 및 특징은 제17장에 나옴.

논문 원본 (그림과 Table은 제외함)

Aus dem Pharmakologisehen Institut der Universität Würzburg.

Vorstand: Prof. Dr. phil. et Med. F. Flury.

über die echte Ginsengwurzel (Panax Ginseng, Song-Sam).

Von

Insu Sun.

Mit 3 Textabbildungen.

(Eingegangen am 24. II. 1933)

Seit Jahrtausenden wird in China und wohl auch in anderen Ländern Ostasiens die getroeknete Wurzel der Araliaeee Panax Ginseng C. A. MeyerI als außerordentlich hoch gesehätztes tIeilmittel medizinisch verwendet. Die Droge stammt ursprÜnglieh aus Korea und wird aueh heutenoeh dort in größtem Maßstabe angebaut.

Die wissenschaftliehe Bezeichnung als "Panax Ginseng" bezieht sieh im ersten aus dem Grieehisehenstammenden Namen darauf, daß die Droge in Ostasien als Allheilmittel galt und gilt, der Beiname "Ginseng" ist japaniseh. In Korea wird die Droge als "In-sam" bezeiehnet. Sehon der Kaiser Cho-Chiu-Kei (um 220 n. Chr.) erwähnt In-sam geradezu als Allheilmittel in seinem zweibändigen Werk über Therapie s. Die im Handel befindliehen Drogentragen in Ostasien und besonders im Herkunftsland Korea verschiedene Bezeiehnungen und sind aueh in ihrer Wirkung außerordentlieh versehieden. Von den echten, unter Umständen sehr hoeh bezahlten Artenmiissen die minderwertigen Produkte und Verfälsehungen seharf geschieden werden, die sowohl im Handel als auch in der Faehliteratur häufig verweehselt werden.

Unter den Araliaceen gibt es fünf versehiedene Panaxarten: Panax Ginseng, Panax quinquefolius, Panax repens, Panax trifolius und Panax Pseudoginseng1. Von ihnen liefert aber allein Panax Ginseng C.A. Meyer die echte Ginsengwurzel. Es gibt In-sam (weißer In-sam), Hong-sam (roter In-sam), San-sam (Gebirgs-In-sam). Auf die Untersehiede zwischen den einzelnen Sorten soll bier nieht weiter eingegangenwerden. Es ersehien mir wiehtig, eine I) roge zu verwenden, deren I-Ierkunft einwandfrei feststand, und die arts einer völlig zuverlätssigen Quellestammt. Die zu den Mgenden Untersuehungen benutzte Droge warweiger In-sam aus der Gegend der früheleren koreanisehen hauptstadt, Songdo, undist demnaeh näther als "Song-sam" zu bezeiehnen. Die Droge verdanke ieh meinem in dieser Stadt lebenden Jugendfreund T. Kong, dessert Familie seit vielen Generationen als Pflanzer von "Insam" hohen Ruf im Lande genießt. Von den oben genannten drei Drogenwurde "In-sam" gewahlt, weil bei der Herriehtung dieser Sorte besonders sehonend verfahren wird und deshalb anzunehmen war, daß die wirksamen Bestandteile mägliehst wenig Veränderungen erfahren haben.

In der ehinesisehen Therapie wird selten ein einziges Nittel bei einer Krankheit verwendet, sondern es werden meist mehrere Nittel kombiniert. So wird also aueh In-sam meistens zusammen mit anderen Mitteln gebraueht. Da nun die Besehreibung der Xrankheitszustiinde in philosophisehen Gedankengängen erfolgt, so ist es sehwer, im Sinne der europäisehen medizin einen seharf abgegrenzten Indikationsbereieh für In-sam anzugeben. Man kann sagen, daß es im allgemeinen als Tonikum gilt bei Schwächezuständen versehiedenster Genese und Form. Es wird zusammen mit anderen Mitteln gegeben, unter anderem bei entztindliehen nndfieberhaften Erkrankungen (Tuberkulose, Bronchitis, Laryngitis, Puerperalfieber), bei Blutungen (Hämoptoe, Epistaxis, Hämaturie, Dysenterie), ferner aueh bei Anämien und naeh Geburten. Es gilt aueh als Antisyphilitikum. Das größte Ansehen genießt aber In-sam bei Krankheiten, die mit Störungen des Nervensystems verbunden sind, und beidenen aueh psyehisehe Funktionen eine Rolle spielen, vor allem bei Depressionszustgnden. Es ist auffällig, daß es dabei allein angewandt wird. So gilt In-sam als sigher wirkendes Aphrodisiaeum. Opiumraueher nehmen es naeh dem Rauseh. Es wird andererseits aber aueh bei Erregungszuständen als Sedativum gegeben. Naeh uralter ehinesiseher Ansehauungwirkt In-sam lebensverlängernd.

Über Panax Ginseng sind namentlieh in Korea und Japan zahlreieheehemisehe und pharmakologisehe Untersuehungen ausgeführt worden. Insam gilt bisher im wesentlichen als eine Saponindroge, die außerdem nochverschiedene Säuren, darunter die sogenannte Panaxsäure, ferner terpenartige Stoffe und ein Glykosid enthält. Die pharmakologisehen Wirkungender erwähnten Stoffe sind verschiedentlieh untersucht worden. Dabei sind Wirkungen auf Kreislauf, Herz, Blutdruek, Gefäße, Atmung, Blut und Blutbild sowie auf den Stoffwechsel (Zuekerhaushalt, Ausseheidung von Stiekstoff und Schwefel) mitgeteilt worden. Außerdem wurdenan nervösen Symptomen Erregung, Kriämpfe, versehiedentlieh aueh narkotisehe Erseheinungen beobachtet.

Über die Bedeutung dereinzelnen Bestandteile für dieWirkung tier Droge gehendie Ansiehten noeh auseinander. Die letzten Untersuehe Sugihara u. Min nehmenals wiehtige Bestandteile Panacen, Panaxsäure und Glykosid an. Ieh habe es unternommen, zu prüfen, ob bei derdem In-sam naehgerühmten Wirkung nicht noeh weitere Stoffe beteiligt sein künnten, insbesondere ob auch schwerisolierbare Substanzen, etwasolehe von hormonänlichen oder vitaminartigen Wirkungen nachweisbar sind, die weitere Grundlagen für die ganz auffallend hohe therapeutische Wertschätzungund die ungemein vie]seitige Verwendung der Droge liefern könnten.

Als Material für die Versuehe diente weßer In-sam (Song-sam). Die einzelnen Wurzeln dieser Sendung wogen durehschnittlich 10 g (Abb. 1). Bei der Gewinnung der Droge läßt man an der eigentlichen Hauptwurzelnur die 2-3 starksten Wurzelverzweigungen stehen; diesen eigentliehenIn-sam bezeiehne ieh im folgenden als "Hauptwurzel". Außerdem standmir aus gleieher Quelle eine Sendung von "Nebenwurzel: zur Verfügung. Es sind dies die kleineren und feinsten Wurzeln, die bei der Präparation der Droge entfernt werden und die zu wesentlieh billigerem Preis erhältlich sind, aber auch als nieht sehr wirksam gelten.

Herstellung der Anszüge.

a) "Hauptwnrzel".

Die Wurzeln wurden rein gepulvert und im Soxhletapparat mit Äther ersehöpfend extrahiert. Der Ätherextrakt wurde auf dem Wasserbad eingeengt, der Rückstand mit Wasserdampf destilliert und aus dem Destillat das "Panacen" erhalten. Der Rückstand von der Wasserdampfdestillation wurde mitKalilauge verseift und ausgeäthert. Der "Äther hinterließ nach dem Abdestillieren einen schwach gelblichen Rükstand, der beim Stehen zum gröβten Teil erstarrte. Diese Fraktion stellte das", "Phytosterin" dar. Die alkalische Flüssigkeit wurde mit Schwefelsäure angesäuert und ausgehthert. Dadurch wurde dierohe "Pauaxsäure" erhalten. - Der

Rückstand von der Ätherextraktion der Droge wurde mehrmals mit Methylalkohol ausgekoeht. Die vereinigten Auszüge wurden auf dem Wasserbad eingeengt, bis ein zähflüssiger brauner Syrupentstand, der im Exsikkator fiber Sehwefelsiiure lest wurde und zu einembrgunliehen Pulver verrieben werden konnte. Die Ausbeute an diesem "Methylalkoholextrakt" betrug 12.65% der Droge.

b) "Nebenwurzel".

Die Aufarbeitung geschah in gleieher Weise wie bei der Hauptwurzel. Die Ausbeute an Ätherextrakt betrug 1.69% der Droge, an Panaeen 0.25%. Das "Panacen" war ein sehwaeh gelbliches öl, alas namentlieh in der Wärme einen ziemlieh steehenden, etwas an Senföl erinnernden Gerueh besaß, beißend sehmeekte und für einige Zeit Taubheit der Zunge bevqrkte, hus einigen Proben versehiedener Herstellung hatte sieh naeh mehreren Monaten eine erhebliche Menge farbloser Kristalle abgesehieden. Diese wurden bisher nieht näher untersucht. Es ist daher nieht sieher, ob dieser Stoff von vornherein in der Droge enthalten war, oder ob er erst sekundär vielleicht dureh Oxydations-vorgänge entstanden ist. Immerhin erseheint die Beobachtung geeignet, zu einer näheren Nachprüfung der bisherigen Untersuehungen anzuregen, naeh denen das Panacen als ein Sesquiterpen der Formel (C5H8)n bezeichnet wurde. - Der Rückstand von der Atherextraktion von 200 g Nebenwurzel wurde einreal mit 700 ccm Methylalkohol, dann noch dreimal mit je 600 ccm ausgekocht. Der nach Abdestillieren des Methylalkohols und Trocknen im Exsikkator über Sehwefelsäure erhaltene Rückstand stellte ein gelbbraunes Pulver dar, die Ausbeute betrug bei verschiedenen Versuchen im Durchsehnitt 23.4% der Droge.

Versuche über den Schwefelgehalt von In-sam.

Verschiedentlich fiel beim Ansäuern alkalischer Auszüge der Drogeein starker Geruch nach Schwefelwasserstoff auf. Der Schwefelgehalt von Araliaceen scheint wenig untersucht zu sein. In Wehmers Buch über die Pflanzenstoffe (2. Auflage, Bd. 2) findet sich nur bei Hedera helix (Efeu) die Angabe, daß die Wurzel 6.34% Asche enthält, wovon 1.9% SO3 sind;dies entspricht einem Schwefelgehalt der Wurzel von 0.048%. Die hieruntersuchte Hauptwurzel von In-sam besaß einen Gesamtschwefelgehalt von 0.15%, die Nebenwurzel von 0.117%. Der Trockenrückstand von der Äther und Methylalkoholextraktion enthielt 0.178%

Gesamtsehwefel. Der Schwefelgehalt im Methylalkoholextrakt war gering und betrug 0.0041%. Der Rückstand von der Methylalkoholextraktion gibt an kaltes Wasser 51% seines Gesamtschwefels ab, wobei 29% als Sulfatschwefel vorhanden sind. Mit heißem Wasser bzw. verdünnter Salzsäure lassen sich noch weitere 9% des Gesamtsehwefels, jedoch kein weiterer Sulfatsehwefel, extrahieren. Im Rückstand wurden dann noch 42% des Gesamtsehwefelsgefunden. Unter Berücksiehtigung der unvermeidlichen Fehler bei derFeststellung der relativ kleinen Nengen an Niedersehlägen stimmen diese Ergebnisse recht gut untereinander überein. Im Ätherextrakt, besonders im Panacen, dessen Geruch an Senföl erinnerte, wurde kein Schwefel gefunden.

Hämolyseversuche.

In dem Nethylalkoholextrakt mußten die Saponine enthalten sein, um deren Herstellung aus mehreren Panaxarten sich verschiedene japanisehe Forseher bemüht haben.

Das Ginsenin von Yonekawa soll in einer Konzentration von 1: 80 hämolytisch wirken. Das von Murayama u. Itagaki aus Panax repens erhaltene Saponin wirkt in einer Verdünnung von 1:1800 hämolytisch, nach Aoyama3 ebenso wie das Prosapogenin sogar 1:200000. Kin untersuehte die pharmakologischen Wirkungen eines Saponins, daser aus dem Methylalkoholextrakt von Panax Ginseng durch Füllung mit Äther erhalten hatte. Dieses Saponin wirkte in einer Verdünnung 1:160 total hämolysierend, bei der Verdünnung 1:320 trat noch partielle Hämolyse ein.

Als die Methylalkoholextrakte, deren Herstellung obea beschriebenwurde, an gewasehenen Rinderblutkörperchen auf ihre hämolytische Wirkung geprüft wurden, ergab sich folgendes (s. Tabelle 1):

In diesen Versuehen wirkte also das Rohprodukt stärker hämolytisch als die von japanischen Forschern aus Panax Ginseng erhaltenengereinigten Stoffe. Es wäre möglich, daß in dem Rohprodukte Stoffe von hoher hämolytischer Wirksamkeit enthalten sind, die mit den Methoden der japanischen Untersucher nicht erfaßt wurden und in die Mutterlauge übergingen, vielleicht bei der Fällung alkoholischer Lösungen mit Äther. Es daft erwghnt werden, dab Saponine bzw. Sapogenine aus Drogen unterUmstanden aueh mit Ather extrahierbar sind. Z.B. haben Winterstein u. Hämmerle aus den Blättern von Viscum album mit Äther Oleanolsäure extrahiert.

Uber die h/imolytische Wirkung der Oleanolsiiure scheinen noch keine Angaben vorzuliegen.

Interessant ist in diesem Zusammenhang die auffallend starke hämolytisehe Wirkung der Panaxsäure, die ein Rohprodukt darstellt und sicher noch Fettsäuren enthält. Es muß natürlich bei diesen Versuehen die starkim Alkalisehen liegende Wasserstoffionenkonzentration berücksiehtigtwerden. Kontrollversuehe zeigtea aber, daß die Wirkung der Panaxsäure selbst zukommt bzw. einem darin enthaltenen Bestandteil, der näherer Charakterisierung bedarf.

Versuche über die Toxizität der Extrakte.

Für diese Versuehe wurden die Extrakte in Wasser gelöst, die Panaxsäure in der erforderlichen Nenge Natronlauge. Vergleicht man die Ergebnisse (Tabelle 2) mit den Befunden von Kin, so fällt auf, daß alleStoffe für den Frosch (unterfränkische Grasfrösche) erheblieh giftigerwaren als die von Kin untersuchten Stoffe. Die Giftigkeit der Extrakte für die weiße Maus entspricht den Angaben von Kin für das Panax saponin. Dagegen war die Toxizität der Panaxsäure geringer als Kin sie angibt.

Es fiel auf, daß die Tiere nicht das “Schwanzsymptom” zeigten, das nach Kin durch Panaxsäure, nach Yonekawa dutch Ginsenin hervorgertffen wird und der bekannten Reaktion auf Morphininjektion (Straub) entspricht. Da diese Reaktion abet bekanntlieh auch durch zahlreiche andere Stoffe hervorgerufen werden kann und auch von der Wasserstoffi-ionenkonzentration der injizierten Lösungen abhängt, bedarf es noch näherer Klärung, ob sie chemisch genau definierbaren Stoffen im Panax Ginseng zuzuschreiben ist. Die Erscheinungen, die an den Fröschen und Mäusen im Verlauf der Vergiftung beobachtet wurden, entsprachen im übrigen der von Kin gegebenen Beschreibung.

Fütterungsversuch an Mäusen.

(Bestimmung von Vitamin B2, Abb. 2.)

Mit Rücksicht auf den starken Verbrauch des wertvollen Ausgangs-materials wurden die Versuche nicht wie sonst üblich an Ratten, sondernan 10-13 g schweren Mäusen ausgeführt. Die Tiere wurden in Gruppenzu je drei zusammen in Gläsern gehalten und erhielten ein von Vitamin B2 freies Futter. Bei den nur einseitig ernährten Tieren (Abb. 2, III und IV) trat ein rascher Gewichtssturz ein. Die Mäuse gingen am 16.-18. Versuehstag unter den bekannten Erseheinungen zugrunde. Legte man vom 14. Tage ab Hauptwurzel zu (II), so fiel das Gewicht von da an langsamerab, die Tiere gingen aber doch Bin. Erhielten die einseitig ernährten Mäuse eine Zulage von Nebenwurzel (V), so erfolgte nach einiger Zeit eine Gewichtszunahme und die Tiere blieben am Leben, die Erseheinungen des Mangels an Vitamin B2 versehwanden vollkommen. Ähnliehverliefen die Versuche, bei denen die Mituse von Änfang an Zulagen von Hauptwurzel bzw. Nebenwurzel (I bzw. VI) erhielten.

Aus den Versuchen geht hervor, daß die Nebenwurzel von In-sam einen höheren Gehalt an Vitamin B2 besitzt als die Hauptwurzel.

Versuche an Tauben.

(Bestimmung von Vitamin B1)

Die Tiere erhielten eine in frtiheren Versuchen am Institut oft erprobte Nahrung, die aus 100g Reismehl, 4g Röhmannscher Salzmischung und 145 ccm Wasser bereitet wurde. Das Gemisch wurde denTieren mit einer großen Spritze in den Kropf gegeben. Das Reismehl wurde aus poliertem geis hergestellt, der zerrieben und mehrfaeh mitstark verdünnter Essigsäure, danach mehrmals mit koehendem Methylalkohol ausgezogen wurde. Der letzte Methylalkohol wurde dann durch Äther verdrängt and das Pulver an der Luft getroeknet. Von der angegebenen Futtermischung erhielten die Tauben vormittags und nachmittags je 25 ccm. Bei diesem Fatter erkrankten die Tauben unter denbekannten Erseheinungen etwa am 14. Tage. Wurden dem Futter von Anfang an täglich 2 g gepulverte Haupt- bzw. Nebenwurzel beigegeben, so traten die ersten Mangelerscheinungen am 28. bzw. am 23. Versuchstagauf. Bei ausgebrochener Polyneuritis ließen sich durch intramuskuläre Einverleibung von Me thylalkoholextrakten aus Haupt- bzw. Nebenwurzel(aufgenommen in physiologischer Kochsalzlösung) Besserungen erzielen, teilweise sogar vällige Heilung. Als Beispiel diene das folgendc gekürzte Versuchsprotokoll:

Taube Nr. 4, 295 g schwer, erhält in jeder Futterportion 1 g Hauptwurzelpulver. Am 17. Versuchstag Gewieht 280 g, Tier o. b. B., wird auf vitaminfreie Kost gesetzt. Am 20. Versuchstag: Schläfrig, kann nicht stehen, Opisthotonus. 0.2 g

Methylalkoholextrakt aus Nebenwurzel in 1 ccm Kochsalzlösung intramuskulär injiziert. Nach 3 Stunden Zustand unverändert, Einspritzung von Hefe-Emulsion. 24. Versuchstag: Tier kann nieht laufen, Opisthotonus. Injektion von 0.2 g Methylalkoholextrakt aus Hauptwurzel. Taube nach 2 Stunden erheblich gebessert, nochmMs 0.2 g des Extraktes injiziert. Bis zum 29. Versuchstag noch zwei Injektionen zu je 0.2 g Methylalkoholextrakt aus Hauptwurzel. 30. Versuehstag: Tier o. b. B., läuft gut, kann fliegen.

Aus dem Vorstehenden und aus anderen Versuehen ergab sich, daß der Gehalt an Vitamin B1 in der Hauptwurzel größer war als in der Nebenwurzel.

Versuche an Paramiicien (P. caudatum 1) 원생동물의 하나

Versuchstechnik: Die Kalturen wurden im Thermostaten bei 23° gehalten. Als Versuchsgefäβe dienicen hohlgescbliffene Objektträger, die durch einen Paraffinring und ein Deckglas versehlossen wurden. Um das Ergebnis mÖglichst unabhängig von Zufälligkeiten zu halten, wurden nach verschiedenen Vorversuehen jeweils zwei Paramäcien in eine Kammer gebracht und dieser Versueh mit jeder zu prüfenden Lösung dreimal angesetzt. Die Paramäcien inden drei Kammern wurden dann täiglich gezählt, die Summe durch die Anfangszahl 6 dividierti Die so gewonnenen durchschnittliehen Zahlen sind in der beistehenden Abb. 3 in Prozenten der Anfangszahl eingetragen. Aus einer Paramäieienkultur wurde mit Leitungswasser eine Verdünnung hergestellt, die in 1 Tropfen 2 Paramäcien enthielt. Die Nährlösung bestand aus 1g Traubenzucker und 0.2 g Glykokoll in 100g Leitungswasser. In jeden Objektträger wurde 1 Tropfen mit 2 Paramäcien, 1 Tropfen Niährlösung und 2 Tropfen tier zu prüfenden Lösung gebracht. Die Konzentrationen sind so angegeben, wie sieim angesetzten Versueh waren.

Zwei Kontrollserien zu je sechs Paramäcien, bei denen statt der zu prüfenden Lösung 2 Tropfen Leitungswasser zu jedem Objektträger gegeben wurden, verliefen übereinstimmend. Bezogen auf ein Paramäcium war bis zum 6. Versuchstage eine Vermehrung auf etwa 5,2 eingetreten. Extrakt ausHauptwurzel tötete die Paramäcien in der Verdünnung 1:100 schon in 2 Minuten, 1:400 in 20 Minuten. Bei der Verdünnung 1:500 starben in drei angesetzten Versuchen mit je zwei Tieren die Paramäcien vom 2.-5. Tag sämtlich ab, ohne daβ eine Vermehrung eingetreten wäre. Extrakt aus Nebenwurzel tötete in Verdünnungen 1:1500 Paramäcien im Laufe von

2 Stunden, 1:2000 im Laufe von etwa 12 Stunden. Die Konzentration 1:2500 ertrug von drei Paramäcien nut eines länger als 15 Stunden.

Es ergaben die Versuche mit Extrakt der Hauptwurzet (Abb. 3, a) eine mit der Konzentration stark steigende Vermehrung der Paramäcien. Die starke Steigerung wurde noch dutch Verdünnungen hervorgerufen, die den toxischen Konzentrationen schon sehr nahe liegen. Extrakt aus Nebenwurzel führte ebenfalls zu einer Steigerung der Vermehrung. Diesewar bei der Konzentration 1:8000 etwas stärker wie mit dem Extrakt ausHauptwurzel 1: 9000. Während aber eine Steigerung der Konzentrationbei Verwendung von Extrakt aus Hauptwurzel zu einer weiteren Steigerung der Vermehrung führte, fand eine solche bei Extrakt aus Nebenwurzel nicht mehr statt. Es liegt nahe, diese Hemmung auf toxisch wirkende Substanzen zu beziehen, die sich in diesem Bereich schon bemerkbar machen. Berücksichtigt man, daβ die Resorptionsbedingungen in den Versuchen mit Paramäcien offenbar sehr gut sind, so ergibt sich auch eine Analogie zu den oben kurz geschilderten Versuchen an Tauben, wo auchder Methylalkoholextrakt aus Nebenwurzel verschiedentlich stark toxisch wirkte und in den therapeutischen Versuchen nur eine bedeutend geringere Wirkung entfaltete als der Extrakt aus Hauptwurzel.

Die Wirkung der Metylalkoholextrakte darf wohl auf einen Gehaltan. Vitamin B bezogen werden, wobei often bleiben muβ, ob diese Wirkungdie Paramäcien direkt oder auf dem Umwege tiber Begleitbakterien trifft. Auf eine Vermehrung der assimilierbaren Stoffe, insbesondere des Zuckers, ist die Wirkung wohl kaum zurückzuführen. Der Gehalt an Zucker ist imExtrakt der Nebenwurzel und Hauptwurzel praktisch gleich. Selbst in der am stärksten wirksamen Lösung (1: 2000, Extrakt aus Hauptwurzel) kann die Vermehrung des Zuckergehaltes höchstens 10% betragen haben.

Versuche zum Nachweis von Carotinoiden. 카로티노이드를 검출하기 위한 시험

Da die dem In-sam zugeschriebenen Wirkungen und die Beeinflussung des Wachstums yon Paramlicien auch mit einem Gehalt an VitaminAbzw. an Carotinoiden in Zusammenhang stehen könnten, wurden Versuchezum l~achweis solcher Stoffe mit der bekannten Antimontrictfloridreaktion angestellt, die bekanntlich (vgl. z. B. WoIff, 0verhoffu. van Eckelen) den Nachweis von Vitamin A und von daneben vorhandenen Carotinoiden gestattet.

100 g gepulverte Nebenwurzel wurden im Soxhletapparat mit Petroliither erschSpfend extrahiert, der Petroliäther abdestilliert und der Rückstand in 5 ccm Schwefelkohlenstoff gelöst. Es entstand eine hellbrauneLSsung, die eine bei 520-525 μμ beginnende breite Absorptionsbandezeigte. Auf Zusatz yon Antimontrichlorid trat abet keine Spur einer Blaufärbung ein. Im Spektrum traten Banden auf, die in keiner Beziehung zueiner der bekannten Banden der Antimontrichloridreaktion von Vitamin Aoder von Carotinoiden standen, was durchVergleich mit einem Karottenauszug bestiitigt wurde. Die Färbung war ein schmutziges Rot, alas andie bekannte Saponinreaktion mit konzentrierter Schwefelsäure erinnerte.

Die Versuche ergaben also keinen Anhalt ftir das Vorhandensein von Carotinoiden, obwohl dutch die bisherigen Versuche die Anwesenheit solcher Stoffe nattirlich nicht ausgeschlossen wird.

Versuche über östrogene Wirkung von In-sam.

Die Versuche wurden mit dem Allen-Doisy-Test an weiβen kastrierten Ratten angestellt. In einer Vorperiode von 8 Tagen wurden täglich dreimal Ausstriche gemacht, um sicherzustellen, daβ die Ratten keinen östrus mehr zeigten. Ein ganz reines Schollenstadium, also ein Vollöstrus (L a q u eur) wurde in keinem Versuch mit In-sam erzielt. Dagegen trat Vollöstrus ein als nach Abschlulβ der eigentlichen Versuche die Tiere zur Prüfung ihres Anspreehens Injektionen yon je 10 Mäuse Einheiten Progynon erhielten.

Naeh der bisherigen Kenntnis müβten östrogene Stoffe, wenn sie inIn-sam vorhanden sind, bei der Ätherextraktion erhalten werden, könntenaber in den Methylalkoholextrakt nieht mehr übergehen. Andererseits könnten sie abet in einen wässerigen Auszug eingehen.

Zunächst wurde an drei Gruppen von Ratten ein wätsseriger Auszug, eine Lösung von Methylalkoholextrakt und eine Emulsion von Ätherextrakt aus der Hauptwurzel geprüft. Für den wässerigen Auszug wurden 10 g Hauptwurzel mit 100 g Wasser auf dem Wasserbade 4 Stundenerhitzt, filtriert und das Filtrat auf 15 ccm eingedampft. Von diesem Auszug erhielten die Tiere je drei Injektionen zu 1 ccm. Von dem Nethylalkoholextrakt wurden drei Injektionen zu je 0.25 g in wätsseriger Lösunggegeben. Der Ätherextrakt wurde aus 30 g Hauptwurzel im Soxhletapparat gewonnen, von Äther befreit, der Rückstand mit 0,8 g Gummiarabicum und 4 ccm Wasser emulgiert und diese Emulsion in drei Injektionen zwei Tieren zu gleiehen Teilen eingespritzt. Igaeh der Injektion des wässerigen Auszuges wurde Vermehrung der Epithelzellen beobaehtet, auch traten Seholle auf. Die mit Methylalkoholauszug behandeltentlatten zeigten keine deutliehe Veränderung der Ausstriche gegentiberder vorangegangenen Kontrollperiode. Bei Injektion des Ätherauszugestraten im Ausstrich Vermehrung der Epithelzellen und auβerdem Sehollen auf. Die Änderung des Bildes war sehr deutlich und hielt bis zum 5. Tag an.

Der Nachweis östrogener Substanzen im wässerigen Auszug ist von besonderem Interesse, da ja in Ostasien im allgemeinen Abkoehungen derDroge benutzt und dadureh aueh diese Stoffe aufgenommen werden.

Eine weitere Versuehsreihe wurde an zwei Gruppen yon tlatten mit Ätherextrakten aus Haupt- und Nebenwurzel angestellt. Die Ausztigeund Emulsionen wurden in gleieher Weise wie oben besehrieben hergestellt. Der zweite Versuch bestäitigte das Ergebnis des ersten und zeigtettberdies, daβ die Menge tier östrogenen Substanzen in der untersuehtenttauptwurzel gröβer war als in den Igebenwurzeln.

Der Naehweis soleher Stoffe in In-sam entsprieht den von anderen Autoren mitgeteilten Befunden bei der Untersuehung versehiedenen Pflanzenmaterials. In letzter Zeit ist es ja sogar Butenandtu. Jacobi gelungen, alas Follikelhormon aus pflanzliehem Material in kristallisierter Form herzustellen.

Versuche an Fischen. 물고기에 대한 실험

Für die Versuche wurden Männchen des Bitterlings (Rhodeus amarus) verwendet. Glaser u. Haempel haben über das Hochzeitskleid des kastrierten Bitterlings nach Injektionen des männlichen Sexualhormons Mitteilungen veröffentlicht.

Die Spezifität dieser Reaktion erscheint aber wenig gesiehert, schon durch die Angaben der genannten Autoren selbst über die Wirkung von Yohimbin. Zondek u. Krohn haben hierauf schon hingewiesen undgleichzeitig mitgeteflt, daβ am nicht kastrierten Bitterling das Hochzeitstdeid durch männliches Sexualhormon, Intermedin, Yohimbin, Strychnin, Cantharidin und Ergotin hervorgerufen wird. Danach kann man dasAuftreten des Hochzeitskleides zum mindesten bei nicht kastrierten Bitterlingen nur in ganz allgemeinem Sinne als eine Reaktion auffassen aufReize, die irgendwie von Einfluβ auf die Sextmlsphäre sind.

Da In-sam in ostasien als Aphrodisiacum gilt, ist es von groβem Interesse, nach solchen Wirkungen im Tierexperiment zu suchen. Trotzder angedeuteten Bedenken erscheint der Bitterling für erste Versuche indieser Riehtung nieht ungeeignet. Die Versuche wurden im November und Dezember 1932 angestellt. Die injizierten Flüssigkeitsmengen betrugen 0,1 ccm pro Fisch. Der Beobachtung wurde zunächst das von Glaser u. Haempel angegebene Schema zugrunde gelegt, spätter jedoch dadurch vereinfacht, daβ die Stärke der Reaktion im ganzen abgeschätzt und dureh eine entsprechende Zahl von Pluszeichen angedeutet wurde. Das Hoehzeitskleid des Bitterlings ist in tier genannten Arbeit eingehendbeschrieben und dutch Abbildungen erlhutert worden, so daβ auf nähere Angaben bier verziehtet werden kann.

Die Ergebnisse sind in Tabelle 3 wiedergegeben. Bei einigen dortnicht aufgeführten Versuchen muβte von alkoholischen Stammlösungen ausgegangen werden. Es trat dabei eine Reaktion ein; Kontrollversuehemit Alkohol zeigten aber, daβ den Fraktionen “Phytosterin” und “Panaxsäure” eine eigene Wirkung auf den Bitterling wahrscheinlich ilieht zukommt. Kontrollversuche mit Leitungswasser, das zur Herstellung der wässerigen Lösung benutzt wurde, verliefen dagegen negativ. Anffällig war, daβ im Gegensatz zu den Angaben von Zondek u. Krohn Cantharidin in Dosen von 0.3-1.7 γ pro Gramm Fisch die Reaktion nicht hervorrief, wobei in letzterem Versuch ein Tier sogar einging, so daβ höhere Dosen unter Berücksiehtigung des dann erforderlichen Alkoholgehaltesnieht gegeben werden konnten.

Zusammenfassung.

Die echte Ginsengwurzel von Panax Ginseng C.A. Meyer, in Ostasien In-sam genannt, stammt aus Korea. Der Indikationsbereich der Droge in der ostasiatischen Medizin wird nach chinesischer Quelle geschildert.

Eigene Versuche wurden mit sicher echtem weiβem In-sam (Songsam) angestellt (“Hauptwurzel”) und mit “Nebenwurzeln”, d.h. den kleineren und feinsten Wurzeln der Droge.

Auszüge mit Äther wurden in verschiedene Fraktionen “Panacen”, “Panaxsäure” und “Phytosterin” aufgeteilt; die bisher nur als öl bekannte und als einheitlieh geltende Fraktion “Panacen” wurde teilweisein kristalliner Form erhalten. Die Rüekstände von der Atherextraktion wurden mit Methylalkohol ausgezogen.

Die Droge enthielt Schwefel in noch nicht näher identifizierter Verbindung. Der Gesamtschwefelgehalt betrug in der Hauptwurzel 0,15%, in der Nebenwurzel 0,117%.

In-sam enthält in der Fraktion “Panaxsäure” und in dem Methylalkoholextrakt noch nicht genau eharakterisierbare, stark Hämolytisch wirkende Stoffe, welehe die bisher aus Panax Ginseng erhaltenengereinigten Stoffe an Wirksamkeit übertreffen, ferner Substanzen von hoher Giftwirkung, die an Fröschen stitrker wirksam waren als die bisher untersuchten gereinigten Stoffe.

In Versuchen an Tauben wurde Vitamin B1 festgestellt, in der Hauptwurzel mehr als in der Nebenwurzel.

Versuche an weißen Mäusen ergaben einen Gehalt an Vitamin B2, die Nebenwurzeln enthielten mehr als die Hauptwurzeln.

Wachstumsfördernde Stoffe konnten besonders in der Hauptwurzeldureh die gesteigerte Vermehrung von Paramaecium eaudatum naeh Zusatz der) gethylalkoholextrakte naehgewiesen werden. Die Wirkung wirdauf einen Gehalt an Vitamin B bezogen, da Carotinoide im Petrolätherauszug der Droge mit der Antimontriehloridreaktion nieht naehzuweisenwaren.

Die therapeutische Verwendung bei Störungen der Sexualsphäre findet darin eine Begründung, daß bei kastrierten Ratten östrogene Wirkungen und am männlichen Bitterling (Rhodeus amarus) das Hochzeitskleid hervorgerufen werden kann.

15 인삼사

이마무라 도모今村鞆(1870~1943년)가 일제 강점기 동안에 고대 기원전부터 1940년대까지 중국, 한국, 및 일본 등 동아시아 국가들의 고려인삼과 관련된 사회·문화, 경제, 재배, 본초학, 의약학 효능 연구, 외교, 정치 및 일부 미국에서의 인삼 연구와 관련된 내용들을 총망라하여 7권의 책으로 출간하였다.

즉, 인삼과 관련된 내용들(인삼 역사부터 인삼 성분 및 효능 연구까지) 총정리한 인삼 백과사전식의 내용을 포함한 인삼 종합 해설서이다. 이 책이 나온 후 인삼 연구자들은 인삼사人蔘史 이후 나온 인삼 관련 국내(외) 서적들은 다른 참고서적이 없기 때문에 대부분 인삼사에 나온 내용들을 인용하거나 빌려 써왔다. 그런 의미에서 인삼사는 저자의 국적을 떠나 20세기 초반 인삼의 원전原典이라 할 수 있다. **2015년 고승태 교수가 인삼사 전7권 번역본**을 출간하였다. 인삼사가 나온지 85년이 지났다. 인삼사가 출판된 후 현재까지 인삼재배 기술, 인삼 성분 분석, 효능 및 인삼 제품 개발 등 인삼 분야가 획기적으로 발전했다. 21세기 국내·외에서 인삼 관련 최신 정보들을 총망라하는 제2의 인삼사는 나오지 않고 있다.

이마무라 도모는 독특한 경력을 지닌 사람이다. 일본에서 대학을 나와 조선으로 건너와 오랫동안 경찰 행정 관련 공무원 생활을 하였다. 공무원 생활을 하면서 조선 민속 풍속에 관심이 많아 틈틈이 조선의 풍속 조사와 연구를 해왔다. 그런 이유에선지 그는 조선총독부 중추원에 촉탁되어 조선 풍속 조사와 연구에 종사하기도 하고, 조선사 편수회의 "**조선사**" 편찬에도 관여하였다. 특히, 조선 인삼과 관련된 조사도 포함되어 있다. 저자가 인삼사의 서문에 기록한 것처럼, 저자가 공직에서 물러난 후, 조선 인삼에 관심을 가지고 조금씩 조사연구를 했다. 저자가 64세가 되던 고령의 나이에도 불구하고, 1934년 4월, 조선총독부 관리로부터 "인삼사人蔘史" 편찬을 촉탁받았을 때 흔쾌히 승낙했다.

인삼사를 저술하는 동안 한 명의 도우미 없이, 인삼사 저술을 준비하기 위하여 3년 동안 많은 노력과 함께 바쁘게 자료 수집에 시간을 보냈다. 3년 동안, 인삼과 관련된 동양의 역사, 한방요법, 의약학, 본초학, 20세기 현대 의약학, 식물학 및 농학 등의 서적을 사거나 없으면 멀리 돌아다니면서 열람한 책이 무려 수 만권에 이르렀다. 열람한 책 중에는 고문서, 희귀한 서적이 수 백권이었다고 한다. 그러나, 현재 이마무라 도모가 소장했다고 하는 희귀 책들의 행방은 알려진 바 없다. 또, 인삼과 관련하여 필요하면 국내는 물론 중국 현지답사도 많이 했다고 한다. 그 후 3~4년 동안 모은 자료들을 기반으로 하여 제1권부터 제7권까지 7권의 책을 1940년 완성하였다.

제1권은 인삼사상(思想) 편
제2권은 인삼정치(政治) 편
제3권은 인삼경제(經濟) 편
제4권은 인삼재배(栽培) 편
제5권은 인삼의약(醫藥) 편
제6권은 인삼잡기(雜記) 편
제7권은 삼명휘고(彙攷) 편

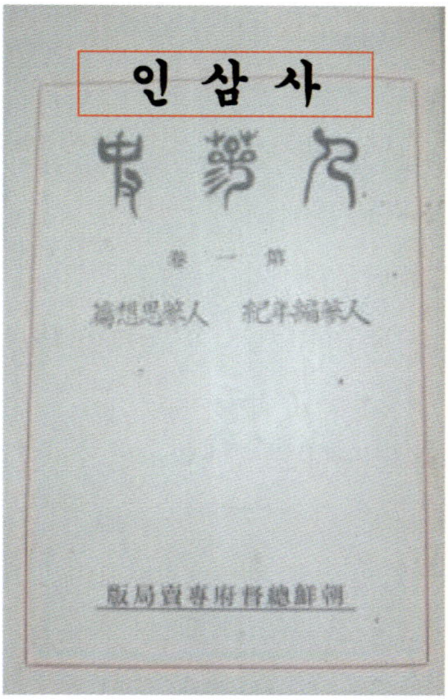

그림 15-1 인삼사 제1권 표지. 내용은 인삼편년기와 인삼사상편으로 적혀있다. 출판은 조선총독부전매국판으로 되어 있다. 한자는 오른쪽에서 완쪽으로 읽는다.

제8권은 주역, 색인, 연표 및 잘못된 글자나 문장을 바로 잡는 것으로 할 예정이었으나, 연표는 제1권에 싣고, 나머지는 3, 4년 후 예정으로 8권 대신에 부록으로 하여서, 실질적으로 출간된 책은 7권이다.

각 권에 해당하는 책은 권의 순서대로 진행된 것이 아니었다. 제일 먼저 출간된 권은 1934년 8월 제7권 삼명 고휘편이었고, 그 다음 1935년 9월 제2권 인삼 정치편, 1936년 11월 제4권 인삼 재배편, 1937년 3월 제5권 인삼 의약편, 1938년 3월 제3권 인삼 경제편, 1939년 3월 제6권 인삼잡기편, 1940년 3월 제1권 인삼 사상편을 마지막으로 출간하였다.

저자가 인삼사를 저술하면서, 고심했던 것은 인삼사를 기술할 때 사용할 문체였다고 한다. 역사학자가 쓰는 형식은 논문처럼 서론, 본론 및 결론 형식은 학술 연구자가 아닌 일반독자들은 이해하기 어려울 것으로 생각했다. 그렇다고 해서 통속적으로 쓰면 학문적이지 못했다고 생각했다. 저자는 종합 인삼 역사서라는 성질을 잃어버리지 않는 범주에서 가능한 한 평이하게 썼다고 하고, 원문(한자)을 많이 사용했다고 한다. 그래서 그런지 번역본이라도 처음 문장을 읽으면 한자(원문)가 많아서 집중하지 않으면 이해하기가 쉽지 않다.

인삼사 각 권 내용을 순서대로 간단하게 소개한다.

제1권 인삼사상(思想)편

제1권의 인삼 사상편은, 상·하편 두 부분으로 나누어져 있다. 상(上)편은 인삼 연도에 따라 인삼 역사를 기록한 편년기(編年紀)다. 고대부터 1940년까지 인삼 기록 중에서 연대가 확실한 것만 연대 순서로 요점만 기원전부터 중국 진나라 시대부터 1940년까지 그 당시 전 세계 여러 나라(중국, 조선, 대한 제국, 일본, 러시아, 미국, 프랑스 등)에서 인삼과 관련된 기사화된 내용 혹은 출간된 내용들(인삼과 정치, 경제, 인삼 효능 연구, 재배, 질병 등)을 시대별로 모아서 간단하게 기록하였다. 그 기록은 약 524건이 된다. 각각의 기록 순서는 년도, 나라, 인삼과 관련된 내용, 해당되는 발췌권 수와 page를 표시하였다. 한 가지 예를 들면,

<서기 1885>

<조선> 고종 22년, 홍삼제조 공정량에 5,000근을 증가하여, 25,200근으로 하였다(3권 p.234).

하(下)편은 인삼 사상(思想)편을 포함하고 있다. 인삼 사상편은 다시 9장으로 나눈다. 그 내용은 중국 본초학의 기원과 인삼과의 관계, 인삼 명칭 유래에 대한 기원, 인삼이 귀하고 비싸서, 인삼 대용으로 사용했

던 삼자가 들어가는 가는 5가지 약초(단삼, 사삼, 현삼, 자삼 및 고삼) 들과의 관계, 인삼 뿌리가 사람 모양을 닮은 것에 대한 해석, 신선(神仙)과 인삼, 별과 인삼 및 고대 인삼의 원기에 대하여 기록하고 있다.

제2권 인삼정치(政治)편

제2권은 인삼이라는 약초가 동북아시아 국가들 사이 국제관계(상편) 및 국내 정치(하편)와 어떻게 관련되어 있는가를 기술하였다. 상편은 동북아시아 국가들 중국, 조선 및 일본 사이에서 인삼이 공물과 예물로서 중요한 위치에 있었음을 보여준다. 귀하고 비싼 인삼 채취(이권)로 인한 조선-여진, 조선-금나라/청나라 국경 마찰 문제(산삼 채취 목적으로 월경 등, 더 자세한 내용은 고려대학교 김선민 교수의 "국경과 인삼" 참조), 밀스, 공무역에서 어떤 역할을 하였는가를 기술하였다.

하권은 3개 나라(중국: 수나라-청나라; 한국: 고려-조선; 일본)에서 시대별로 인삼 관리와 행정은 어떻게 변화되어 왔는가를 기술하하고 있다. 그 이유는 인삼은 그 당시 최고의 영약으로 알려져 있고, 모두 산에서 채취하기 때문에 귀하며 비싸서 인삼을 국가에서 관리(공납 및 무역)하다 보니 국가 재정(제3권에서 더 자세히 기술되어 있음)에 미치는 영향이 컸기 때문이다. 저자는 인삼이라는 약초만큼 동북아시아 3개 국가 간 국가 내에서 지대한 영향을 미친 다른 약초는 없다고 기술하고 있다.

본 인삼 정치편 외에도 조선과 일본과의 인삼과 관련된 국제관계 및 일본 국내 정치 및 무역과 관련된 내용은 카와지마 유지가 저술하고 2025년 저자가 번역한 "조선인삼비사(1993)"에도 기술되어 있다.

제3권 인삼경제(經濟)편

제3권은 주로 중국, 조선 및 일본 각 나라에서 인삼이 국가 수립(발전) 및 재정에 미치는 영향을 기술하고 있다. 또, 조선(고려 포함)과 중국과의 교역에서 인삼의 역할과 조선과 일본과의 교역에서 인삼의 역할을 포함하고 있다. 특히, 중국은 만주족의 누루하치가 청나라를 건국하는 과정에서 인삼이 자본 줄 역할을 하였다는 내용을 포함하고 있다. 고려 시대 및 조선 초기에는 중국과의 다양한 교류 방법(공물, 진상 등)을 통하여 인삼(주로 산삼)을 중국에 수출하여 국가 재정을 충당하였다. 그러나, 조선 산삼이 남획으로 인하여 고갈되자, 재배삼(가삼)이 나타났기 시작하였다.

가삼 생산량이 산삼 생산량을 넘어서고, 가삼이 산삼을 대체하기 시작한다는 내용과 이를 계기로 인삼 소비자 가격이 낮아진다. 그럼에도 불구하고, 여전히 인삼은 고가로 상류층 전유물이었다(이런 현상은 중국이나 일본도 같았다). 이와 더불어 전문 조선 삼업인들(인삼 재배, 가공 및 판매)이 나타난다. 이들은 수삼을 품질이 좋은 홍삼으로 만드는 기술을 개발한다. 홍삼 제조는 전라남도 화순에 사는 최씨가 시작하였다고 하는데, 그 증거는 불명확하다. 어쨌든 즉, 홍삼 재배/생산은 개성상인들을 중심으로 하고, 중국과의 홍삼 무역은 의주 상인들을 중심으로 개편된다(제12장). 그리고, 전반적인 홍삼 관리는 조선 정부에서 한다. 홍삼은 중국인들이 다른 인삼 종류에 비하여 가장 선호하는 인삼으로 태어나 홍삼 중국 수출로 고갈되던 조선 재정에 크게 기여한다. 그러나, 중국인들이 좋아하는 홍삼이라는 커다란 이권이 생기자, 홍삼과 무역(예, 팔포 무역)과 관련된 조선 관리(역관 포함) 및 양반들이 사용하였던 각종 비리들을 생생하게 묘사하고 있다. 조선 정부에서는 관리들의 비리를 발견하고 처벌하는 내용들도 있다.

한편, 조선의 은 생산은 아주 적었기 때문에 중국에서 수입해야 되는 각종 물품들을 일본에서 산삼 수출로 받은 은으로 지불해야 하기 때문에, 일본 은이 필요하였다. 산삼이 그 역할을 한다. 일본은 인삼 처방을 포함하는 중국의 본초강목 의학서 및 금원의학의 영향을 받아 인삼의 수요가 대폭 증가하였다. 인삼 수요를 충당하기 위하여 조선으로부터 매년 비싼 산삼을 공식적인 경로(쓰시마 무역) 및 비공식적인 경로를 통하여 산삼을 수입한다. 그래서 일본에서 생산하는 은이 고갈될 형편에 놓이고 국가 재정에 어려움을 겪게 된다. 또, 수입 인삼의 품질이 저하되고 가짜 인삼이 수입되자, 쇼군 요시무네는 조선에서 인삼을 갖다가 일본에서 재배하는 것을 명령한다. 18세기 중반 25년 지나서 마침내 자력으로 조선에서 가져온 인삼을 재배하는 데 성공한다(더 자세한 내용은 제 4권 인삼 재배편 참조). 이를 근거로 일본에서도 아이즈번과 마쓰에 번에서 일반 일본 국민들을 대상으로 인삼 판매를 시작하여 인삼 영리 사업을 성공적으로 했다는 내용을 포함한다(제9장).

끝으로, 일본 강점기에 조선 홍삼은 조선총독부 전매제로 전환되어 전매국에서 관리하게 된다. 일본 미쓰이 물산이라는 회사가 홍삼과 관련된 모든 독점권(재배, 생산 및 국내 판매 및 해외수출 등)을 행사하게 된다. 미쓰이 물산에 의하여 관리되어 온 홍삼은 주로 중국에 수출하였다. 중·일 전쟁이 발발하여 일본 상품 배척 운동으로 일본 및 조선이 불경기를 맞았음에도 불구하고, 미쓰이 물산의 홍삼 수급 조절로 조선에서 홍삼 산업은 크게 영향을 받지 않았는 것으로 제3권을 매듭짓고 있다.

제4권은 인삼재배(栽培)편

인삼 재배편은 상편, 중편 및 하편으로 나눈다. 상편은 식물학적으로 인삼학명 및 지위를 기술하였다. 또, 각 동북아시아 나라별(중국, 조선 및 일본)과 유럽문헌에서 나오는 인삼 형태 차이를 기술하였다. 인삼 변종, 자연삼과 산양삼 차이를 기술하였다.

중편에서는 중국, 조선 및 일본에서 인삼재배에 대한 내용을 포함하고 있다. 중국에서의 인삼재배는 수나라 이전 시대부터 청나라 시대까지 인삼재배에 관한 내용을 포함한다. 청나라 시대 인삼재배는 주로 백두산 주변 만주 지역에서 이루어졌다. 조선에서와 같이 산삼이 고갈되어 값이 비싸져 산림을 개간하여 인삼씨를 뿌리고 싹이 나면 이를 다른 지역에 옮겨심은 뒤 수년 뒤에 수확하는 방식으로 진행하였다. 처음에는 규모가 작은 조방적 소규모로 재배가 진행되었지만, 수요가 많아지자 점차 집단적 대규모로 변화하였다. 인삼재배는 주로 산속에서 이루어졌고, 한 번 재배한 장소에서는 다시 재배하지 않았기 때문에 인삼 재배로 인한 산림 훼손이 심하게 일어났다고 한다.

조선에서 인삼재배의 기원 및 재배 지역을 기술하고 있다. 또, 인삼재배 방법에 대한 서적들(해동 역사, 임원십육지 및 종삼보)을 포함한다. 이들 서적들에서 언급된 인삼재배와 관련된 토양의 준비, 파종 시기, 파종, 인삼재배의 어려움, 인삼밭 관리, 직접적인 햇빛에 노출을 막는 방법, 해충 방제 방법, 채종, 종자 관리(개갑 포함) 및 묘포/본포 준비 방법에 대하여 아주 구체적으로 기술하고 있다. 인삼사에 기술된 조선의 인삼 재배 방법은 해방 후 국가에서 제정한 "**표준인삼재배법**"의 기반이 된다.

일본은 원래 인삼 자생지가 아니다. 그러나, 제3권에서 기술한 바와 같이 조선에서 인삼 수입으로 국가 재정이 어려워지자, 쇼군 요시무네는 조선에서 쓰시마를 통하여 인삼을 가져다가 일본에서도 인삼 재배가 가능하도록 지시한다. 이 지시에 따라, 쓰시마 번주와 쇼군 신하 사이에 조선에서 가져온 인삼 전달 과정을 구체적으로 기술한 내용을 포함하고 있다. 또, 가져온 인삼을 쇼군이 직접 관리하는 어약원에서 인삼재배 성공 과정을 설명하고 있다. 그리고 조선에서 가져온 인삼이라고 하여 조선종 인삼이라고 이름을 붙인다. 특히, **사카노우에 노**

보루는 쇼군의 어의로서 쇼군의 명령에 따라 직접 자기가 사는 집의 밭에 인삼을 경작하는데 성공하고, 자신이 수확한 29년 된 인삼에 대한 그림을 포함한다(제9장). **사카노우에 노보루**는 자기가 경험한 인삼재배에 대한 내용을 아주 구체적으로 1749년 "조선인삼경작기" 책을 세계 최초로 발간한다. 쇼군은 조선종 인삼재배를 점차 확대하고 국가 관리에서 자율적 민간인 및 지역별 인삼재배로 전환시킨다. 인삼재배 방법은 조선에서의 인삼재배 방법과 비슷하다.

중편 후반부에서는 인삼 병충에 대하여 기술하고 있다. 하편에서는 중국, 조선 및 일본 이외의 지역인 미국에서의 미국 인삼 재배 방법 및 병충해에 대하여 소개하고 있다. 마지막으로 일본에서 자생하는 것으로 알려진 **죽절인삼**에 대하여 간단하게 소개하고 있다.

제5권은 인삼의약(醫藥)편

인삼 의약편은 저자가 제일 심혈을 기울여 준비하였다고 한다. 또 분량이 제일 많다. 그 만큼 기술할 내용이 많았다는 의미다. 좀 더 자세히 보면, 인삼을 약용으로 한방 의약으로 사용한 역사적 개관과 동북아시아 3개국이 고대로부터 20세기 초까지 개요 성격으로 시대별로 기술하고 있다. 중의약품으로 인삼의 지위는 상약 및 군약으로서의 역할과 인삼 가공법과 저장법을 기술하고 있다. 또, 중국, 조선 및 일본에서 한의약 처방 시 인삼이 포함된 많은 종류의 처방 사례들을 들고 있다. 특히, 다양한 질병 처방 시 독삼탕 처방 사례들을 들고 있다.

후반부에서는 19세기 말부터 20세기 초에 이루어진 인삼 성분에 대한 연구가 소개되고 있다. 1840년 미국의 라피네스크가 미국인삼에서 분리했다는 "장뇌 캠퍼(camphor), 강심제로 사용함"와 같은 물질을 분리했다(더 자세한 내용은 제10장). 15년 뒤에 1854년 미국의 거리게스가 독일 굉팅겐 대학에 박사학위 논문으로 제출한 미국 인삼에서 분리한 당원질의 파니퀼론이 있다고 했다(더 자세한 내용은 제11장), 다비노프(Davydow)는 우수리 지역에서 생산된 인삼을 이용하여 거리게스가 한 것을 재현했다는 내용을 포함하고 있다.

20세기 초반, 일본 과학자들은 일본에서 재배한 인삼에서 인삼 성분을 분리·추출한 성분을 이용한 약리학적 연구를 처음으로 실시했다고 기술하고 있다. 예를 들면, 1902년 이노우에 에엔지는 다른 종류의 인삼인 죽절인삼에서 당원질을 분리하고, 그 특징이 사포닌(saponin)일 가능성이 높다고 처음 주장하였다. 그 후, 1905년 후지타니 노부히고는 교수는 "한약 인삼의 화학적 및 약물학적 연구" 발표 인삼의 약물학적 작용(효능)을 처음으로 발표한다. 1906년 야사히나 나스히코 교수는 다구치 분타와 같이 인삼에서 당원질[28]을 분리하고 구성 분자식이 $C_{23}H_{38}O_{10}$이라고 발표하였다. 1915년~1920년 사이에 곤도 헤이자부로는 다른 연구자들과 함께 인삼을 물 추출 엑기스, 에틸알코올 엑기스와 에테르 엑기스 3가지로 나누어서 각각의 화학적 성질을 연구한 결과 사포닌에 속하는 당원질이 함유되어 있음을 확인하였다.

그 당시 50여명의 일본 학자들이 인삼 연구에 적게는 10년 길게는 30년을 전념하고 있다는 내용을 포함한다. 특히, 이후 인삼 연구는 일본과 조선에서 일본 연구자 중심으로 1930년 중반까지 이루어진 것들을 소개한고 있다. 이때 최초로 인삼 성분에 대한 용어가 나타나기 시작한다. 거리게스가 인삼 성분에 붙인 **파나퀼론, 파나콘, 파낙신, 진세닌**, 인삼 지방산 성분인 파낙스산, 인삼의 휘발성 성분인 파나센 등이 출현한다. 이런 성분들의 이름은 나중에 동경대 교수 시바타 쇼지 교수 그룹에 의하여 인삼 사포닌 구조가 규명된 뒤에 **진세노사이드**라는 한 단어로 통일된다. 인삼의 다른 성분들도 구조가 밝혀짐에

28 당원질(糖原質) : 당류의 헤미아세탈성 하이드록시기와 알코올이나 그 밖의 비당질 화합물이 결합하여 아세탈 결합을 한 화합물을 통틀어 이르는 말.

따라 그 성분명으로 바뀐다(더 자세한 내용은 제17장). 시바타 쇼지 교수가 인삼에서 인삼 사포닌 구조 해명에 성공할 수 있었던 원동력은 1900년도 초반부터 1930년도 초반까지 선배 일본 과학자들이 닦아놓은 인삼 성분 연구 기반이 있었기에 가능했을 것이다.

그 당시 일본 학자들에 의하여 수행된 인삼에 대한 약리학적 작용은 중독작용(흥분 및 진정 작용 포함), 용혈 작용, 순환기 계통(심장, 혈압 및 말초 혈관), 호흡, 골격근, 신진대사(혈당)에 미치는 영향에 대한 실험적 연구들이 포함되어 있다. 그 당시 발표된 논문 제목, 년도 및 학술지들이 기술되어 있고, 일본인 지도 교수 밑에서 연구를 수행했던 조선인 연구자들도 다수 나온다(더 자세한 내용은 제14장). 인삼의 임상적 응용 연구 수행과 효능들에 대하여서도 예시를 들고 있다. 예를 들면, 진세닌을 먹은 두통 환자가 두통이 없어졌다는 내용과 류마티즘으로 고통받고 있는 여성이 진세닌을 먹은 후 개선되었다는 내용을 포함하고 있다. 남성에서는 강장 및 성욕 증진 효과가 있었다는 것과 여성에서는 불감증을 개선시켰다는 임상적 시험 결과들을 기술하고 있다. 끝으로, 인삼 처방시 사용량(사용 권고량)에 대하여 기술하고 있다.

제6권은 인삼잡기(雜記)편

인삼잡기편은 크게 4가지로 나눈다. 첫 번째는 인삼과 관련된 신화와 전설, 두 번 째는 인삼과 관련된 소설, 시와 문예와 관련된 내용들을 포함하고, 세 번째는 산에서 인삼을 캐는 심마니(산삼 채취업자)와 관련된 전반적인 이야기들이다. 끝으로 서양에서 자라는 만드라고라(mandragora)와 인삼과의 유사성과 차이점을 설명하고 있다.

인삼과 관련된 동북아시아 3개국의 전설 및 신화들을 자세히 보면, 중국과 조선에서 전래되는 주요 내용은 인삼을 먹고 신선이 되었거나, 먹지 못하여 신선이 못되었다는 내용과 인삼과 불로장생 내용들이 있다. 인삼과 효심과 관련된 신화들이 대부분이다. 일본에 나오는 학이 조선에서 인삼을 물고 일본으로 왔다는 이야기의 3가지 전설이 있다. 한 가지 예를 들어보면, 한 쌍의 학이 어린 학과 같이 날아오다가 갑자기 매의 공격을 받아 어린 학이 바닷가에 떨어졌는데 근처 어부가 어린 학을 구하고 치료해 줬는데, 그 이듬해에 돌아온 학이 조선 인삼을 물고 돌아왔다는 이야기다. 즉, 은혜를 보답했다는 것이다. 일본 전설에서 조선 인삼 이야기가 나오는 것은 흥미롭다. 사실은 쓰시마 번주가 조선 부산 왜관에서 인삼 종자를 일본으로 가져온 것인데 학에 비유한 것이 아닐까?(더 자세한 내용은 제5권 재배편과 제9장).

심마니의 발생 이유, 심마니가 많은 지역(주로 평안남도, 평안북도와 함경남도와 북도)과 종사자 수, 산에 들어가는 심마니 조직 단원들 및 명칭을 보여준다. 예를 들면, **어인**은 단원들의 통솔자를 의미한다. 어인은 수년간 입산을 계속하여 그 일에 숙달된 사람이며, 절대 권력을 가진다. **중어인**은 부통솔자를 의미한다. **정재**는 취사를 담당하는 사람이다. 그 밖에 땔감과 제사를 준비하는 사람과 또, 처음 입산하는 사람을 **소대인** 혹은 **소댕인**이라 부렀다.

입산 절기, 입산 시 복장 및 휴대품, 제사용 물품 및 입산 전 금기 사항와 입산 후 제사들을 설명하고 있다. 심마니들이 산에 들어가서 동연(東連, 심마니 숙박장소)을 만들고, 주변에 제사를 지내는 여섯 종류의 신당들(성인당, 산산당, 지주당, 여주당, 어인당, 수배당)은 동연에서 멀리 떨어지지 않은 곳에 짓는다고 한다. 입산자가 꾸는 꿈과 산삼을 찾는 동작과 심마니들 자신들만이 사용하는 언어들의 예들을 요약하였다. 1926년부터 1930년 사이에 심마니들이 채취한 산삼의 양과 등급, 거래 금액에 대하여 설명하고 있다. 조선 외 만주와 러시아 삼마니에 대하여 간략하게 기술하고 있다.

제7권 삼명휘고(彙攷)편

제7권은 인삼 외 다른 식물 중에 인삼 이름이나 혹은 인삼의 "삼"자가 들어가는 식물들의 명칭 기원, 사용된 시기 및 지역과 이름이 지어진 배경등을 설명하고 있다. 그래서 삼명蔘名이란 용어는 인삼 이름을 의미하며, 휘고彙攷의 휘彙는 무리 혹은 집단을 의미한다. 고攷는 고려한다의 뜻이므로, 앞에서 기술한 바와 같이 **인삼이란 이름을 가진 식물들 집단을 고려한다는 의미**이다. 총 500여 종류의 식물들을 예시하였다. 제7권은 1828년 미국의 라피네스크(Rafinesque)가 미국에서 자생하는 약용식물들에 대하여 저술한 medical flora (제10장)와 유사한 형식을 띠고 있다.

파급효과

인삼사 7권을 저술한 이마무라 도무는 본초학자, 한의학자 혹은 20세기 의학 연구자도 아니고 1904년 호우세이 대학 전문부 법률학과를 졸업하고 1908년에 한국에 건너오게 되었다. 다만, 조선 인삼을 포함한 조선의 풍속에 관심을 가지고 있었던 것으로 알려져 있다. 인삼과 관련된 자료를 모았다고, 조선총독부에서 인삼과 관련된 저술 부탁을 받았을 때, 흔쾌히 승낙한 것을 보면 대단한 용기를 가진 분이라고 할 수 있다. 인삼사는 한국, 중국, 및 일본이라는 국가 간의 경계를 떠나 기원전부터 20세기 초반까지 인삼 역사를 기록한 것이다. 인삼사는 인삼이 존재하는 한 앞으로도 계속 우리 인삼의 미래를 연결하는 가교역할을 할 것이다.

◆ 참고 문헌

이마무라 도무, 인삼사 (1940)(고승태 번역, 2015)

16 17~20세기 서양 사회가 보는 인삼의 의학적 효능에 대한 인식과 인식 변화 유도의 필요성

◆ 인삼의 의학적 효능에 대한 서구 사회가 보는 시각은 어땠을까?

저자는 본 저서를 준비하는 과정에서 한 가지 흥미로운 사실을 발견하게 되었다. 발견 내용은, 인삼의 효능에 대하여 서구 사회에서는 우리나라에서 인정하는 것 만큼 크지 않다는 것이다. 먼저, 1978년 한국 인삼 연초 연구소의 배효원이 편집 출간한 "Korean ginseng(한글판, 고려인삼)"이라는 영문판에서 서구 사회에서 인삼의 의학적 효능에 대한 평가를 2가지 예를 들어서 아래와 같이 기술하였다. 하나는, 정확한 내용 설명으로 잘 알려진 Encyclopedia Britanica(브리태니카 백과사전, 1969년 edition)에서 "인삼은 경제성이 있는 농산물(economic product)이지만, 의학적 효능을 지닌 약(medicine) 혹은 정력제(aphrodisiac)로 보기에는 어렵다"라는 내용을 인용하였다. 또 다른 하나는, 인삼은 미국 약전(United States Pharmacopeia)에 1840년부터 1880년까지 공식적인 약물(official drug)으로 등록되었지만, 그 뒤 약으로서의 내용은 삭제되었다. 현재는 미국 농무부 산업 식물부(U.S. Department of Agriculture Bureau of Plant Industry)에서 발행하는 Bulletin No.89에 비공식적 약용식물(unofficial drug plant)로 분류되어 있다는 것이다.

또 다른 예들은, 2020년 설혜심 교수가 출간한 "인삼의 세계사"에서 고려인삼이 세계화되는 과정 중, 17~20세기 초 영국과 미국을 중심으로 하는 서구 지식인 사회에서 인삼의 의학적 치료 효능이 실제 인삼이 가지고 있는 것보다 많이 과장되어 있다는 내용들이 여러 Chapters 안에 조금씩 포함되어 있는 것을 확인할 수 있었다. 그래서, 저자는 위의 2가지 내용을 참고로 서구 사회가 인삼에 대하여 가지고 있는 인식은 무엇인가 확인하기 위하여 서구 사회에서 발간된 인삼 관련 참고문헌들을 조사하였다.

본 장에서 소개하는 내용은 다른 장들과는 달리 인문 사회과학적 혹은 자연과학적 고려인삼 세계화에 기여한 인물들을 소개하는 것은 아니다. 본 장 소개의 목적은 서구 사회에서 의학적 치료 용도로서 인삼에 대한 부정적 인식 변화 발생 과정을 알아보고, 고려인삼의 범 세계화를 위하여 대응 방법 및 돌파구를 모색하기 위하여 준비하였다(제 22장).

서양 사회에 고려인삼의 첫 소개

동북아시아 3국(한국, 일본 및 중국) 및 동남아시아 국가들이 바라보는 인삼에 대한 인식은 비슷하다. 즉, 고대-중세-근세-현대에 이르기까지 중의학을 기반으로 인삼의 전통적 효능을 그대로 가감 없이 받아들이고 있다. 서구 문물을 일찍이 받아들여 근대화를 달성한 일본은 인삼의 전통적 효능에 대한 인식은 많이 변화되었다. 즉, 일본은 메이지 유신 이후 서양 의학(특히, 네덜란드 의학)을 빨리 수용하여 서구 의학을 발전시켰다. 따라서, 일본인들의 인삼에 대한 인식은 메이지 유신 전과 후가 많이 달라졌다. 지금은 인삼에 대한 인식은 노년층을 제외하고는 서구인과 거의 비슷하다고 볼 수 있다. 그에 반하여 한국과 중국의 인삼에 대한 인식은 지금까지 큰 변화가 없다.

유럽은 인삼 자생지를 가지고 있지 않았기 때문에 인삼은 그들에게 낯선 약초였다. 유럽은 16세기 대항해 시대를 맞아 무역 항로 확장을 통하여 남아프리카 희망봉-인도를 거쳐 동남아시아-중국-일본으로 가는 대항로가 개척되었다. 서구 사회에 인삼의 소개는 중국 혹은 일본과 무역의 일환으로 동인도 회사를 통해서이다. 인삼이 영국에 처음 1617년에 의하여 소개되었다(제3장). "영국 식물학의 아버지"라고 불리는 **존 레이**(John Ray, 1627~1705년)는 식물의 역사(Historia Plantarum, 1686년 발간)을 동양의 인삼을 소개하면서 처음으로 인삼의 다양한 효능을 서술하면서 "Panaceæ"라 붙였다(제5장).

프랑스 예수회 자르투 신부를 통하여 18세기 초인 1711년 프랑스에 중국 타타르(만주)의 조선 및 중국 국경지대에서 자생하는 야생인삼(산삼)을 서양에 처음 소개되었다(제6장). 동북아시아 국가들과는 달리 유럽 사회에서는 처음에는 인삼 효능에 대한 전통적이고 경험적이고 지식이 축적되지 않은 상태에서 인삼을 신비한 약초로 인식하였다. 인삼이 유럽에 처음 도입되었을 당시 서구 사회가 참고할 만한 의학 서적은 중국에서 16세기 말에 발간된 이시진의 "본초강목(1596년 출간)(제2장)"에 포함된 인삼에 대한 기록은 포르투칼 출신의 예수회 선교사 알바루 세메두(Álvaro Semedo, 1585~1658년)나 폴란드 출신의 예수회 선교사 미카엘 보임(Michal Boym, 1612~1659년)에 의하여 유럽 각국의 언어로 번역된 번역본이 전부였다.

그 당시 본초강목에 수록된 인삼의 효능은 고대 중국으로부터 16세기 말까지 전해져 내려온 다양한 중국 의학서들(신농본초경, 상한론, 명의별록 등)의 내용들을 종합적으로 수록한 것이다. 여기에는 인삼의 다양하고 많은 효능들이 추가로 나열되어 있었다. 인삼을 먹으면 모든 질병이 치료되는 만병통치약으로 기록되어 있었다(제2장). 더군다나, 동북아시아에서 자생하는 인삼은 희귀하고 값이 비싸니, 왕족이나 귀족들의 전유물이었다. 인삼은 동북아시아 3국의 지배자가 병든 고위 신하에게 혹은 공을 많이 세운 신하에게 하사하는 귀중품이어서, 권력의 상징이기도 하였다. 조선, 중국 및 일본의 일반 서민들은 감히 인삼을 구입하여 소비할 엄두도 내지 못했을 것이다. 그 당시 희소가치가 높고 귀하고 비싼 인삼을 유럽에서 인삼을 먹거나 소유하는 것은 아마 선망의 대상이었을 것이다(제3장).

프랑스에 머물고 있던, 선교사 뒤 알드(Jean-Baptiste Du Halde, 1674~1743년)는 비록 자신이 중국을 직접 방문하지는 않았다. 그러나, 그 동안 중국에 파견된 선교사들이 보낸 중국과 관련한 전반적인 정보들을 정리하여, 1735년 "**Description géographique, historique, chronologique, politique et physique de l'Empire de la Chine et de la Tartarie Chinoise**(중국 제국과 중국 타타르 제국의 지리적, 역사적, 연대적, 정치적, 물질적 설명)"라는 프랑스어로 된 책을 출간하였다. 이 책은 4권으로 구성되어 있다(그림 16-1). 책 내용은 중국, 티베트, 조선 등에 대한 지리, 역사, 정치, 문화, 과학 등 다양한 분야를 담고 있었다. 이 책이 그 당시 중국을 소개하는 내용으로 유럽에서 많은 인기를 끌자, 1741년 영국의 **존 와츠**(John Watts)가 영문으로 "**The General History of China**(중국 통사)"라는 책 제목으로 런던에서 출간되자, 중국에 관심이 있는 유럽의 일반 대중들이 많이 구독한 것으로 알려져 있다

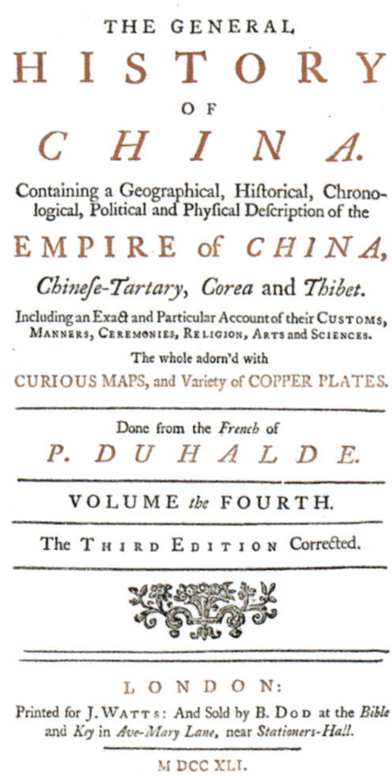
THE GENERAL
HISTORY
OF
CHINA.
Containing a Geographical, Hiſtorical, Chronological, Political and Phyſical Deſcription of the
EMPIRE of CHINA,
Chineſe-Tartary, *Corea* and *Thibet*.
Including an Exact and Particular Account of their CUSTOMS, MANNERS, CEREMONIES, RELIGION, ARTS and SCIENCES.
The whole adorn'd with
CURIOUS MAPS, and Variety of COPPER PLATES.

Done from the *French* of
P. DU HALDE.

VOLUME *the* FOURTH.

The THIRD EDITION Corrected.

LONDON:
Printed for J. WATTS: And Sold by B. DOD at the *Bible* and *Key* in *Ave-Mary Lane*, near *Stationers-Hall*.
M DCC XLI.

그림 16-1 1741년 발간된 영문판 중국 통사 표지.

(그림 16-1). 또, 영어 외에도 독일어 및 러시아어로 번역되어 현재로 치면 중국에 대한 베스트셀러로 될 정도로 유럽 사회에 큰 영향을 미쳤다.

뒤 알드는 중국 통사에서 중국 통사 1권 p. 8~9에는 자루투가 그렸던 인삼 그림이 나온다(그림 16-2). 제4권 p. 1에는 큰 제목으로 "A Collection of various Receipts, made use of by the Chinese Physicians for the Cure of different Diseases (중국 의사들이 다양한 질병을 치료하는 데 사용했던 다양한 처방전 모음입니다)"과 그 밑에 작은 제목으로 "Of Gin Seng, a Plant of the first Rank in the Chinese Medicine; of its Nature, Qualities, and the different Receipts they make use of it in(인삼은 중국 의학에서 일등의 식물입니다. 그 본질, 특성, 그리고 그것을 활용하는 다양한 방법에 대해 설명합니다.)"라고 하면 p.21까지 서양에 없는 "인삼"을 소개하였다.

또, 인삼 외에 차(tea), 다른 약용 식물들과 코끼리 상아나 낙타와 물고기, 해마 같은 바다 동물 등도 소개하고 있다. 1711년 자르투 신부가 중국 타타르 지역에서 보낸 보고서에 그렸던 그림을 제1권에 중국의 다른 약용 식물들과 함께 묘사되어 있다. 따라서, 뒤 알드는 중국 통사를 저술하면서 자르투가 작성한 보고서를 많이 참조하였다. 대부분의 인삼 관련 내용들은 이시진의 본초강목(제2장)에 기술된 인삼 원산지, 77가지 효능과 질환에 대한 인삼 처방, 약재 준비 방법들에 대한 내용을 포함하고 있다.

뒤 알드가 중국 통사에 서술된 인삼의 의학적 치료 효능에 대하여 4명의 중국 의사들이 주장하는 것을 아래에 번역 소개한다.

인삼의 우수성(탁월성), 효능들 및 효과(원문은 부록에 있음)

고귀한 부분을 강화하고, 동물 정신을 고정하고, 갑작스러운 공포로 인한 심계항진을 치료하고, 폐의 악성 증기(vapours)를 없애고, 시력을 맑게 하고, 심장 질환을 고치고 확장하며, 판단력을 강화합니다. 상당한 시간 동안 함께 복용하면 신체를 가볍고 활동적으로 만들고 수명을 연장합니다. 이것은 저자 자신, 즉 Chi tchin(이시진)에서 발췌한 것입니다.

차가운 위와 장을 따뜻하게 하고, 배의 통증과 부기를 치료하고, 심장 질환과 가슴(breast)의 막힘, 대변이나 구토로 인한 배출을 치료합니다. 위의 상부 구멍을 회복하고, 부종을 예방하고, 혈관의 막힘을 완화하고, 장에 형성된 굳은살을 해결하고, 정맥과 혈액으로 침투하고, 갈증을 해소합니다. 이것은 다른 저자에게서 발췌한 것입니다.

신체를 약화시키고 쇠약하게 하는 모든 종류의 질병을 치료하는 데 탁월하며, 신체나 정신의 과도한 노동으로 인한 허약함도 치료합니다. 구토와 심장 장애를 치료합니다. 고귀한 부분과 일반적으로 모든 장을 강화합니다. 그것은 위의 가래를 녹이고, 폐의 허약함을 치료하고, 추운 계절에 발생하는 악성 열병에 효과적이며, 구토가 수반될 때; 실신, 괴로운 꿈과 환영으로 인한 수면 방해에 효과적입니다; 상당한 시간 동안 함께 복용해야 합니다: 이것은 저자 Tchin xiuen에서 발췌한 것입니다.

소화를 돕고, 식욕을 돋우고, 생명력과 동물 정신을 회복시키고, 돌이나 금속에서 추출한 독에 대한 대항 독입니다: 이 설명은 Ta ming에서 발췌한 것입니다.

허약한 폐를 강화하고, 약하고 갑작스러운 호흡과 천식 및 짧은 호

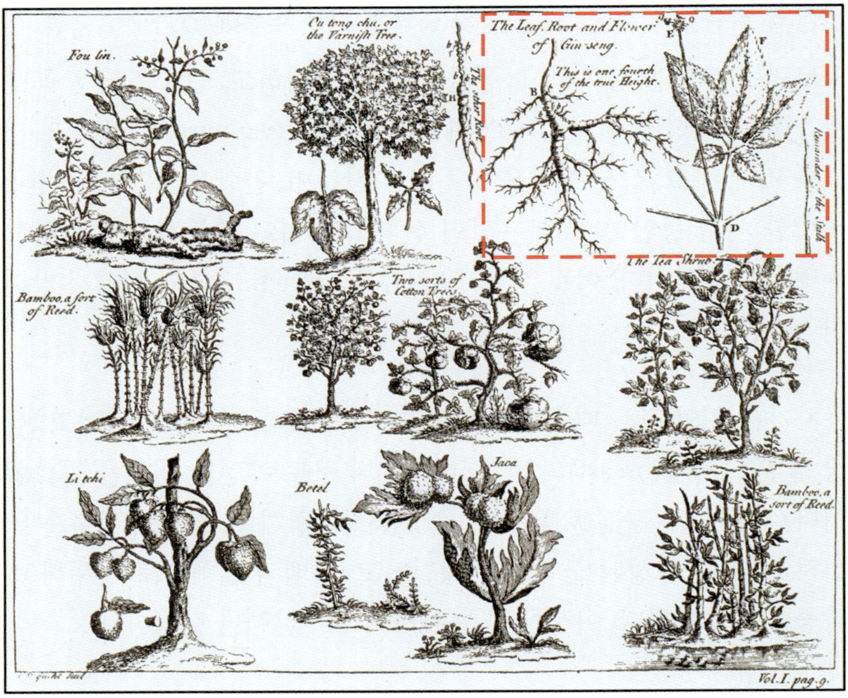

그림 16-2 인삼과 함께 다른 식물들을 소개한 그림들(파우린; 우통추 또는 니스나무; 인삼의 잎, 뿌리, 꽃; 대나무, 일종의 갈대; 두 종류의 면화나무; 차나무; 리치; 베텔; 자카). 여기에 소개된 인삼은 제6장 자르투가 그린 인삼과 같다(붉은 box).

A Collection of various Receipts, made use of by the Chinese Physicians for the Cure of different Diseases.

Of GinSeng, a Plant of the first Rank in the Chinese Medicine ; of its Nature, Qualities, and the different Receipts they make use of it in.

흡을 치료합니다; 심장, 폐, 간 및 위의 열을 분산시킵니다; 갈증을 달래고 혈액에 림프를 생성합니다; 한마디로, 그것은 남녀 모두에게 기력 부족이나 허약함에서 비롯되는 모든 질병에 효과적입니다. 땀을 동반하는 열을 치료합니다. 현기증, 시력 감퇴, 두통, 복통 및 구토에 효과적입니다. 간헐적인 열, 만성 설사 및 텐네스무스(Tenesmus, 배설 후 뒤가 무지근한 증세)에 효과적입니다. 실신 및 무기력증(권태), 장의 부풀음 또는 장의 염증에 효과적입니다. 피가 튀거나 토하는 것에 효과적입니다. 혈액 유출에 효과적입니다. 임신 전후의 여성에게 특유한 모든 종류의 질병에 효과적입니다.

뒤 알드가 중국 통사 4권에서 다른 약재들을 다 제쳐두고 처음 책 시작부터 인삼을 일등(first rank)으로 소개할 정도면 아마, 본인은 물론이고 신비로운 인삼의 다양한 의학적 효능을 서구 사회에 알려서 질병 치료에 인삼 활용이 가능하게 하기 위해서다. 뒤 알드의 중국 통사에 따르면 인삼은 그야말로 다양한 육체 질환 및 정신 질환에 이르기까지 모든 질환을 치료할 수 있는 만병통치약인 셈이다. 그러나, 중국의 중의학서에서 주장하는 인삼의 만병통치약으로서 의학적 효능들은 서구 사회에서는 검증되지 않았었다. 서구 사회에서 인삼의 의학적 치료 효능에 대한 검증 과정을 거치면서 인삼의 의학적 치료 효능에 대한 환상은 17~18세기부터 조금씩 깨지기 시작한다.

◆ 서구 사회에서 인삼의 의학적 효능 가치에 대한 인식 변화 및 부정적인 담론 형성 시작

동북아시아에서 고려인삼 중심의 독점을 깬 것은 북아메리카 대륙에서 발견된 서양삼이었다. 앞에서 기술한 것과 제6장에서 기술된 바와 같이, 자르투 신부의 예언을 실천한 라피토 신부가 캐나다 온타리오 지역과 더 나아가 미국 동부와 중서부에 걸쳐 지천으로 널린 야생인삼을 발견한 것이다. 비록, 캐나다에서 발견된 인삼종(species)은 동북아시아에서 자생하는 인삼종과는 달라도, 서양삼은 동북아시아에서 생산되는 부족한 인삼 공급을 대체할 수 있는 역할을 시작한다. 즉, 중국에서 인삼을 블랙홀처럼 빨아드리는 인삼의 수요를 충당하기 위하여 북미산 인삼은 1739년 중국으로 수출이 시작된다. 캐나다와 미국에서 중국으로 얼마나 많은 인삼이 수출되었기에 미국삼이 "**광동 인삼**"이라는 중국 지명을 딴 인삼으로 둔갑하여, 일부 중국인들은 실제로 광동에서 인삼을 생산하는 것으로 착각할 정도였다. 이로 인하여, 중국에서 부족한 인삼 수요를 어느 정도 충당이 가능했지만 그래도 중국에서의 인삼은 다른 약재에 비하여 비쌌다.

여기서 한 가지 흥미로운 일이 발생한다. 17세기초부터 19세기까지 미국과 캐나다 산속에 지천으로 널려있는 서양삼을 중국으로 수출하기 바빴지만, 정작 서양인들은 동북아시아 사람들만큼 인삼에 대하여 커다란 의학적 가치를 두지 않았다. 북미 대륙에서는 대부분의 자생한 인삼 혹은 자생한 인삼이 고갈되어 후에 재배한 인삼을 중국으로 경제적 이득을 위하여 수출만 할 뿐, 본국에서의 인삼 수요는 많지 않았다는 것이다. 그 이유 중의 하나는 국내에서 판매하는 것보다 중국으로 수출하는 것이 더 많은 이익을 주었기 때문이다. 따라서 서양삼의 국내 소비보다도 해외 수출에서 더 많은 이익을 창출할 수 있었다.

아무리 북미 인삼의 중국 수출에 대한 수출 단가가 좋다 하더라도 이것 하나만으로는 북미 인삼의 국내 소비가 거의 일어나지 않았다는 것은 충분한 설명되지 않는다. 북미 대륙에 인삼 소비가 거의 일어나지 않은 것에 있어서는 서구 사회에서 인삼의 의학적 치료 효능에 대한 인식이나 정서가 동북아시아 사람들과 다른 데서 온다. 즉, 무슨 이유인지 몰라도 서양인들은 인삼을 동양인만 귀하게 여기는 단순한 풀(약초)로 여긴다는 것이다.

이에 대한 언급은 아래에 다양한 문헌이나 출간된 책 내용에 서술되고 있다. 즉, 인삼의 의학적 치료 효능 가치에 대한 부정적인 담론은 아래에 서술한 바와 같이 18세기 초 영국에서 시작된다. 일부 영국 의사들이 아주 허약한 사람이나 장기 만성 질환자들에게 처방한 후 고려인삼의 효능을 보고했을지라도 시험에 사용한 사람들의 숫자가 많지 않았다(제4장). 더 중요한 것은, 남미 대륙 약용 식물에서 추출한 말라리아 치료제인 키니네와는 달리, 다른 영국 의사들이 인삼을 이용한 후속 임상 시험을 통하여 앞서서 행했던 인삼의 의학적 치료 효능에 대한 긍정적인 효과를 관찰했다는 후속 보고들이 속속 나오지 않았다. 이런 이유들이 인삼의 의학적 효능에 대한 재현성을 인정받지 못하게 된 것 중의 하나로 추측된다.

더욱이, 영국 지식인들 인삼의 의학적 효능에 대하여 가지고 있는 부정적인 인식과 관련된 논문들이나 책 내용들이 고스란히 서양삼 생산국인 미국에 직접적으로 영향을 미쳤다. 영국 지식층의 영향을 받은 미국 지식층 및 국민들 역시 인삼의 의학적 효능에 대한 의심 때문에 자국의 수요가 많지 않았다. 그러나, 중국은 여전히 중의학의 영향 아래에 있었고, 인삼의 의학적 효능 가치를 존중하였다. 그래서, 항상 공급이 부족하여 만주나 조선에서 생산된 고려인삼 대신 서양삼을 수입하여 부족한 부분을 메꾸어주는 역할을 수행하게 된다. 그러면서, 미국이나 캐나다는 국내 내수 대신 생산된 인삼을 중국으로 수출하여 자국의 이익을 챙길 수 있는 기회를 잡은 것이다.

저자는, 서구 지식인들이 가지고 있는 인삼의 의학적 치료 효능에 대한 부정적인 인식이 **책이나 논문을 통하여 직접 혹은 간접적으로 일반인들에게 전파되어 일반 서양인이 인삼을 대하는 인식 및 정서에 지속적으로 영향을 미쳐 왔다는 것을 확증할 수는 없다.** 다만, 17~20세기 영국과 미국 사회 지식인들(**의사, 식물학자, 인삼 재배자, 언론인, 작가, bulletin, 백과사전 기록 등**)에 의하여 기록된 24가지 사례들을 연대순으로 작성 하였다.

인삼의 의학적 효능에 대한 17~20세기 서구 사회 밑바탕에 널리 퍼져 있었던 연도별 담론 예시들이다.

토마스 살몬(Thomas Salmon, 1679~1767년, 영국의 역사 및 지리 작가)은 1739년 "Modern history: or, the present state of all nations" 8권을 책을 발간하였다. 그중 인삼에 대한 짧은 소개는 중국을 소개하는 vol1 p.20에 포함되어 있다.

인삼.

중국인들이 **인삼이라고 부르는 것보다 더 귀하게 여기는 식물은 없는 듯**합니다. 그들의 말에 따르면, 인삼은 다른 모든 단순한 효능을 지니고 있으며, 거의 모든 고급 처방의 재료 중 하나이지만, 일반 사람들에게는 너무 비쌉니다. 잎과 뿌리는 종종 차 대신 사용됩니다. 병든 사람에게는 5분의 1온스를 주지만, 예방 차원에서 복용하는 사람은 10분의 1온스만 섭취합니다. 뿌리를 0.5파인트의 물에 썰어 넣고 끓여 커피잔에 가득 채운 다음, 설탕을 약간 넣어 마십니다. 한 번 마시면 되며, 아침저녁으로 한 접시만 마셔도 충분합니다. 우리가 차를 마시는 것처럼 많은 양을 마시면 부작용이 발생합니다. 인삼은 랴오퉁(요동,遼東)성과 인근 타타르 산맥의 울창한 숲, 급류 기슭, 바위 주변, 나무 아래, 그리고 온갖 약초가 있는 곳에서 채취됩니다. **뿌리가 두 갈래로 갈라져 사람의 허벅지처럼 퍼져 나가기 때문에 인삼이라고 불립니다(제10장).** 뿌리는 새끼손가락만 하고 길이는 새끼손가락과 같습니다. 잎은 작고 끝이 뾰족합니다. 꽃은 보라색이고 줄기에는 털이 있습니다. 중국에서는 "**영리하고 단순한**", "**땅의 순수한 정령**", "**불로초**" 등 **거창한 이름**을 많이 붙입니다.

> Ginseng
>
> There is no plant which the Chinese seem to value more than that which they call ginseng : this, if we believe them, has the virtues of every

other simple, and is one ingredient in almost all their prescriptions to. men of quality, but is too dear for the common people. The leaves as well as the roots are often used instead of tea: to sick persons they give a fifth part of an ounce; but those who take it by way of prevention take only a tenth part of an ounce: the root is sliced into half a pint of water and boiled till it is wasted to a coffee-dish full, and then drank with a little sugar. It may be filled up once, and a single dish drunk morning and evening is sufficient, It cannot be drank in such quantities as we drink tea, without producing ill effects. It is gathered in the province of Leaotung and the neighbouring mountains of Tartary, in close thick woods, on the banks of torrents, or about rocks, at the feet of trees, and in the middle of all kinds of herbs. It is called ginseng, that is man-plant, because the root divides into two branches which spread like a man's thighs. The root is about as big as one's little finger, and as long again; the leaves are small, and terminate in a point; the flower is of a violet colour, and the stalk hairy. The Chinese give it abundance of pompous names, as the spirituous simple, the pure spirit of the earth, and the plant that dispenses immortality, &c.

한스 슬로안(Hans Sloane, 1660~1753년, 영국의 의사, 박물학자 및 수집가이며, 대영 박물관, 대영 도서관, 런던 자연사 박물관의 기초를 마련한 것으로 알려져 있음)은 어렸을 적에 식물 표본을 모으는 것에 관심이 많았다고 한다. 의사가 된 후에 카리브해에 있는 자메이카와 주변 섬들에서 다양한 식물과 동물들을 채집하였고 영국의 첼시(Chelsea) 약초원을 설립하였다고 한다. 또, 동아시아 인삼에도 관심이 많아 13가지 다른 종류의 인삼 표본을 수집한 것으로 알려져 있다. 따라서, 그 당시 슬로안은 "인삼 전문가"로 알려지게 되어 인삼과 관련된 문의 사항은 있으면 슬로안에게 물어보는 것이 관례였다. 그래서, 서양삼 무역에 참여한 영국의 윌리암 버드 2세(William Byrd II)

라는 사람이 인삼 전문가인 슬로안에게 인삼 약효에 대하여 추천장을 써달라고 하자 슬로안은 Byrd에게 1739년 "편지"를 보내면서 그 내용에 **"인삼은 약재로서 쓸모가 없다"**고 답신하고 있다.

한 가지 흥미로운 것은, **1739년** 슬로안이 인삼은 약재로서 쓸모가 없다고 처음으로 버드에게 보내는 회신은 프랑스 예수회 신부 뒤 알드가 1735년 "중국 통사"라는 책을 출간한 지 4년이 지난 뒤였다. 뒤 알드가 저술한 중국 통사에서는 인삼의 다양한 의학적 효능들에 대한 정보를 대부분 중국 의학서에서 유래한 것으로 서술되어 있었다. 그러나, 슬로안이 주장한 것과 같이 **"중국이 주장하는 인삼의 의학적 효능에 대한 부정적인 의견"**이 불과 4년(프랑스어로 발간한 1735년) 지나서 영국 의사 슬로안으로부터 나왔다는 것이 놀랍다. 영국의사 슬로안이 1735년 뒤 알드가 프랑스어로 발간한 책을 미리 읽어 보고 의사로서 인삼의 의학적 효능 실험을 직접 수행했는지는 모르겠지만, 그 당시에도 유럽 국가들 간의 정보 교류가 매우 빨랐음을 알 수 있다.

존 힐(John Hill, 1714~1775년, 영국의 작가이자 식물학자)는 영국의 식물에 대하여 최초로 린네(Linne)분류 시스템에 기반으로 책을 쓴 것으로 알려져 있다. **1759년** 출간한 **"The vegetable system** vol5" 의 p. 37~38 인삼이 산형과 식물이라고 소개하고 있다. 인삼의 효능에 대하여 간단하게 서술한 내용은 번역한 것이다.

이것이 바로 유명한 인삼의 뿌리가 있는 식물입니다. 중국인들은 인삼의 놀라운 효능을 믿습니다. 그들은 인삼이 **거의 모든 질병을 치료**한다고 여기며, 인간을 **불로불사의 몸**으로 만들어 줄 것이라고 생각합니다. **우리에게도 시도되어 강장제이자 원기 회복제로 여겨지지만, 그 의학적 효능 탁월성(virtues)은 중국의 기록과는 전혀 다릅니다**.

산형화과 식물인 시움(Sium)의 한 종인 닌드시(Nindsi)에서 같은 효능을 기대하는 사람들은 속기 쉽습니다. 닌드시는 인삼과는 전혀 다릅니다. 우리는 인삼을 보통 썩고 품질이 좋지 않은 상태로 가지고 있습니다. 그리고 가끔 인삼을 먹으려고 생각했던 사람들의 실망을 가중시키기 위해, 금값으로 살 때 재치 있는 **중국인들이 이익을 늘리기 위해 중간에 납을 넣어두었다는 사실**을 알게 되었습니다.

This is the Plant whose Root is the famous Ginseng, of which the Chinese think such wonders: they esteem it a cure for almost: all diseases; and fancy it will make men any thing but immortal. It has been try'd with us and is found a cordial and restorative, but its virtues by no means answer the Chinese accounts.

They might well be deceived who looked for the same virtues in the Root Nindsi, which is a species of an umbelliferous Plant, Sium, altogether different from this. We have it usually stale and bad; and to encrease the disappointment of those who have sometimes thought of taking it, we have found that when it has been bought at its weight in gold, the ingenious Chinese had lodged lead in its middle to encrease the profit.

리차드 브룩스(Richard Brookes, 1721~1763년)은 **1765년**에 **"The General Dispensatory, 일반 약전"**의 p.42에 인삼을 소개하면서 다음과 같은 기록을 남겼다. 인삼은 중국, 타타르, 그리고 북미 일부 지역에서 자라는 작은 식물의 뿌리입니다. 중국에서는 인삼을 특별한 효능을 지닌 약재로, 일반적인 **회복 및 강화 효과**가 있는 것으로 여겨지며, **비록 그 정도는 낮지만 이러한 효능을 가진 것으로 여겨집니다.**

Ginseng, a Root of small plant growing in China, Tartars, and likewise in some Parts of North America. It is among the Chinese accounted a Medicine of extraordinary Virtue, a general Restorative and Corrboront, and has undoubtedly, though in an inferior degree, a Title to these Qualities.

윌리암 핸버리(William Hanbury, 1725-1776년, 영국의 성공회 성직자이자 정원사)는 "A complete body of planting and gardening. Containing the natural history, culture, and management of deciduous and evergreen forest-trees"의 제목으로 2권의 책을 발간하였다. 책 내용은 주로 영국 내 혹은 해외에서 유래한 다양한 식물을 정원에 재배하는 방법 등을 소개하였다. 인삼에 관한 소개는 **1770년** 발간된 vol1의 p.690에 서술되어 있다. 여러 식물 중 인삼 소개 내용은 인삼의 식물학적 특징, 종류 및 효능에 대한 간단하게 포함하고 있다. 아래 내용은 인삼의 효능 부분을 번역한 것이다.

제325장

효능 탁월성(virtues)

이 식물의 뿌리는 모든 질병에 효과가 있다고 알려져 있지만, 그 효능은 주로 노화, 과음(무절제한 행위), 피로로 인한 쇠약에 놀라운 회복 효과를 발휘한다는 것입니다. 위장을 튼튼하게 하고 식욕을 증진시키며, 폐병, 흉막염 등에 효과가 있고, 강력한 성욕 유발제로 알려져 있습니다.

중국인과 타타르인들은 뿌리를 매우 조심스럽게 채취하여 말려 판매하는데, 이를 비싼 가격에 판매합니다. 이 식물은 현재 북미에서 자생하고 있으며, 가치가 있고 중국인과 타타르인들이 주장하는 뛰어난 효능을 가지고 있는 것으로 입증되면 충분히 구할 수 있습니다. 하지만 그들은 이 식물이 성욕 유발(최음제)에 매우 강력한 효과가 있다고 믿기 때문에, 그들이 이 **식물의 건강 효과를 지나치게 극찬하는 것은 아닌지 우려스럽습니다.** 그리고 건강과 장수에 기여한다는 명분 아래, 많은 사람들이 그것을 나쁜 목적으로 사용하고 있을까 봐 염려될 따름입니다.

CHAP. CCCXXV (제 325장)

PANAX, GINSENG

Its virtues

The root of this plant is said to be a remedy for all disorders, though its excellency consists chiefly in being an admirable restorative in decays from age, intemperance, and fatigues; It is great strengthener of the stomach, creates an appetite, is good in consumptions, pleurisies, &c. and is said to be a powerful provocative to venery.

The Chinese and Tartars gather the roots with great caution, and dry them for sale, which they Sold up at a great price. The plant is now found growing naturally in North America, and may be procured in plenty if it is found deserving of it, and is proved to be possessed of those eminent virtues which the Chinese and Tartars affirm belong to it; but as they believe it to be a most Powerful provocative to venery. It is to be feared they extol its sanative qualities too greatly; and under a pretence of contributing to health and long life, many of them, it is to be feared, use it for bad purposes.

윌리암 커티스(William Curtis, 1746~1799년, 영국의 식물학자)가 **1783년**에 출간한 카탈로그인 "A catalogue of the British, medicinal, culinary, and agricultural plants, cultivated in the London Botanic Garden"에 런던과 에딘버그 약전에 포함된 의료용 식물들(Medicinal Plants of the London and Edinburgh Dispensatories)과 약전에 포함 안 된 식물들을 분류하는 표를 만들었다. 그 당시 **약전(p.44)에 인삼은 의료용 식물에 포함되어 있지 않다**(p.44 Title: Medicinal Plants not contained in the London and Edinburgh Dispensotories).

윌리암 컬렌(William Cullen, 1710~1790년, 영국의 의사, 화학자, 에딘버그Edinburgh 의과 대학 교수)이 **1789년** 발간한 본초학 논문 "A treatise of the materia medica"이라는 책자(p.109)에서 인삼에 대한 짧은 내용으로 소개하고 있다. 인삼은 중국과 북미에서 생산되고 있다고 서술하고 있다. **인삼의 효능은 너무 약해서 중국인들이 가지고 있는 일반적인 생각(만병통치약)과 비싼 가격 외에는 우리의 관심을 약으로 끌어들이지 못했을 것**입니다. 중국인들은 그것을 강력한 **최음제(정력제)**로 여기지만, **미국에서 다년간 매일 인삼을 씹어서 먹은 신사**가 있는데, 그 신사의 의견을 들으면 전혀 **정력 증진 효과(venereal faculties)**를 보지 못했다고 서술하고 있다.

윌리암 우드빌(William Woodville, 1752~1805년, 영국의 의사이자 식물학자)은 "Medical botany, vol2, **1792년** 출판"에서 인삼(**p.270**)을 소개하고 있다. 즉, 인삼의 식물학적 특징과 중국과 북미 대륙 자생지를 구체적으로 설명한다. 더욱이, 1740년 피터 콜린슨이 처음으로 영국에 인삼을 도입하여 현재 큐(Kew) 왕립 식물원(Royal Botanic Gardens, Kew)에서 자라고 있다고 서술하고 있다.

윌리암 우드빌 자신이 가지고 있는 인삼의 효능에 대한 의견을 다음과 같이 서술하고 있다. "중국인들은 인삼 뿌리에 특별한 효능을 부여하고, 오랫동안 그들이 걸리기 쉬운 거의 모든 질병에 대한 최고의 치료제로 여겨 왔으며, 그것과 함께 사용하지 않는 한 어떤 약들도 치료에 대한 확신감이 없습니다. **자르투는 중국에서 가장 저명한 의사들이 이 식물의 약효에 대해 책을 썼다고 서술했습니다**. 그들은 이 식물이 신체나 정신의 **극심한 피로**에 즉각적인 완화를 제공하고, 호흡기 점액질(pituitous humours)을 녹여서, 호흡을 쉽게 하고, 위를 강화하고, 식욕을 증진시키고, 구토를 멈추고, 히스테리, 건강 불안증 및 모든 신경 질환을 제거하고, 극도로 노령일 때에도 신체에 활력을 준다고 주장했습니다.

이 뿌리의 이러한 효과와 마찬가지로 믿기 어렵고 과장된 다른 많은 효과에 대해 여러 저자가 언급했으며, **자르투는 인삼을 선호하는 동양의 편견에 너무 치우쳐 그 효과를 전적으로 인정한 것처럼 보이며**, 자신의 경험에서 어느 정도 이를 확인합니다. 그러나 **우리는 유럽에서 인삼의 효능에 대한 증거를 알지 못하며, 그 감각적 특성으로 볼 때 약으로서의 효능이 거의 없다고 판단합니다**".

> These, and many other effects of this root, equally improbable and extravagant, are related by various authors, and Jartoux was so much biassed by this eastern prejudice in favour of Ginseng, that he seems to have given them full credit, and confirms them in some measure from his own experience. But we know of no proofs of the efficacy of Ginseng in Europe, and from its sensible qualities we judge it to possess very little power as a medicine.

존 콕스(John R. Coxe, 1773~1864년, 펜실베니아 대학의 의사이자 의학 교수) 미국 약전, The America dispensatory(**1818년 발간**)에 다음과 같이 서술하고 있다. 중국에서는 귀하게 여겨 인삼을 살 때 인삼 무게의 몇 배의 은을 지불하고 사지만, 미국에서는 **너무 흔해서 하찮게 여긴다**... 효과는 단지 온화한(mild) 자극제이다.

제이콥 비글로(John Bigelow, 1786~1879년, 미국의 의사, 식물학자). 제이콥 비글로는 **1817년과 1821년** 사이에 "**America medical botany**"라는 3권의 책을 출간하였다. 미국 원산 약용 식물을 모아 놓은 책으로, 식물학적 역사와 화학 분석, 의학, 식단(diet), 예술에서의 특성과 사용법이 담겨 있으며, 60가지 약용 식물에 대한 컬러 사진(engraved plates)이 포함되어 있다.

이 나라(미국)와 유럽에서 인삼을 약으로 시도한 한, 그 효능은 중국인이 인삼을 높게 평가하는 것을 정당화할 만큼 좋지 않은 것으로

보입니다. 인삼이 매우 활성적인 물질이 아니라는 것은 뿌리 전체를 불편 없이 먹을 수 있다는 사실로 증명됩니다. 본초학에서 인삼의 위치는 완화제 중 하나입니다. 맛과 외부적 특성 면에서 다른 어떤 약보다 **감초**에 더 가깝습니다.

> As far as Ginseng has been tried medicinally in this country, and in Europe, its virtues do not appear, by any means, to justify the high estimation of it by the Chinese. That it is not a very active substance, is proved by the fact, that a whole root may be eaten without inconvenience. Its place in the materia medica is among demulcents. It approaches more nearly to liquorice, than to any other medicine in its taste and external qualities.

콘스탄틴 라피네스크(Constantine S. Rafinesque, 1783~1840년, 식물학자, 교수)는 **1830년** 그의 저서 **"Medical Flora"**에서 우리의 의학적 회의론자들이 중국의 설명을 의심하는 것은 항상 이상하게 보였습니다. **인삼의 효능이 약간 과장**되었을 수도 있지만, 오랜 세월의 경험을 조롱해서는 안 됩니다. 중국 사람들이 인삼을 파운드당 100달러에 사는 것에 대하여 비웃을 것이 아니라, 중국인들이 전통적으로 인삼을 그렇게 귀하게 여기는 이유를 알아야 하고, 그러기 위해서는 성분을 분석하여 active 성분을 찾아내야 한다고 주장하였다. 참고로 라피네스크는 인삼에 **장뇌(Camphor, 강심제)**와 같은 성분이 들어 있다고 주장하였다.

리차드 힐드레스(Richard Hildreth, 1807~1865년, 미국의 언론인, 작가, 역사가)는 **1840년** 발간한 "On banking and the Curreny"의 책의 한 단원인 "Letter to His Excellency Marcus on the Banking and the Currency" 내용 중, 인삼과 관련된 내용 일부를 아래에 발췌하였다.

"가격과 관련하여, 가격에 영향을 미치는 영향력이 있는데, 정치 경제학자들은 아직 이에 대해 언급하지 않았지만, 통제력을 행사하는 영향력은 바로 상상의 의견입니다. **인삼은 우리에게 쓸모없는 잡초로 여겨집니다. 중국에서는 비싼 값을 치릅니다. 중국인들은 인삼이 약효가 있다고 믿습니다.** 의견의 다양성에 따른 가치의 다양성은 다른 대부분의 약물과 관련하여 발생하며, 사실 모든 종류의 대부분 또는 오히려 모든 다른 것들과 관련하여 발생합니다. 야생 땅의 가격과 미완성 기업의 모든 주식의 가격은 미래에 가치가 어떻게 될지에 대한 의견에 따라 달라지며, 따라서 엄청나게 많은 다른 품목의 가격도 마찬가지입니다. 실제로 미래 가치에 대한 이러한 의견은 모든 것의 가격에서 중요한 요소입니다"라고 기술하고 있다.

With respect to prices, there is an influence exercised over them, upon which political econonlists have not yet dwelt; but an influence which exerts a controling power and that is, fancy opinion. Ginseng is esteemed a worthless weed with us. In China it commands a high price. The Chinese believe it to possess medicinal qualities. The same diversity of value according to diversities of opinion, takes place with respect to most other drugs, and in fact with respect to most, or rather all other things of every kind. The price of wild lands, and of all stocks in any unfinished enterprize, depends upon opinion as to what their value will be at a future day, and so of a vast many other articles. Indeed this opinion as to future value, is an important element in the price of every thing.

미국에서 1860년에 발간한 **"미국 농부의 백과사전, The American Farmer's Encyclopedia"**는 원래 영국에서 출판되었었다. 그러나, 미국 농부들에게 농업에 대한 정보를 제공하는 것을 목적으로 미국판이 출간되었다. 이 백과사전의 미국 편집자들은 농사를 짓는 미국 농부들에게 최고의 정보를 제공하는 것이다. 주요 내용은 미국 농부의 관심을 끄는 주요 대상, 예를 들어 다양한 가축들과 북부와 남부의 옥수수, 면화, 담배, 대마 및 인삼 등 기타 필수 품목들이 있다.

백과사전에 기록된 인삼의 의학적 효능과 용도

인삼에 대한 내용은 p. 540에 서술되어 있다. 인삼이라는 식물의 특징과 재배 조건들과 미국에서 재배되는 북부 및 중서부 지역의 경사 지역에서 주로 재배된다고 소개하고 있다. 중국에서는 인삼 효능은, 모든 질병의 치료제로 여겼으며 건강을 유지하고, 신체를 활성화하고, 수명을 연장하는 데 거의 기적적인 힘을 가지고 있다고 생각했습니다. 중국 **베이징에서는 금만큼이나 가치**가 있었다고 합니다. 이 나라에서 뿌리를 발견한 후 북미에서 광저우로 처음 선적했을 때 엄청난 이익이 발생했습니다.

의학적 효능 및 용도

인삼에 부여되었던 놀라운 의학적 효능은 **중국인의 상상 속에서만 존재**했습니다. **그것은 완화제에 불과하며, 이 나라에서는 약으로 사용되지 않습니다**. 그러나 어떤 사람들은 그 맛에 반해 씹는 습관이 있으며, 주로 이런 사람들의 필요를 충족시키기 위해 상점에 보관됩니다. {미국 약전}

Medical Properties and Uses.

The extraordinary medical virtues formerly ascribed to ginseng, had no other existence than in the imaginations of the Chinese. It is little more than a demulcent; and in this country is not employed as a medicine. Some persons, however, are in the habit of chewing it, having acquired a relish for its taste ; and it is chiefly to supply the wants of these that it is kept in the shops. {U.S. Dispensatory)

윌리암 린드(William Rhind, 1833~1867년, 영국의 식물학자)는 **1866년** "A history of the vegetable kingdom (1866): embracing the whole physiology of plants with their uses to man and the lower animals, and their application in the arts, manufactures, and domestic economy"라는 식물 활용에 대한 역사책을 발간한다. 이 책의 특징은 수백종의 식물을 음식 재료, 의료 용도, 염료 용도, 의료 용도 및 장식 용도로 분류하였다. 이 책의 p.528~529에서 인삼에 대한 소개를 한다. 소개 내용은, 인삼의 유래와 식물학적 특징을 설명하고, 다른 학자들과 마찬가지로, 먼저 감초나 회향과 인삼이 가지는 특징들 비교(맛, 냄새, 다른 약초와의 유사성 등)을 서술하였다. 중국인들이 주장하는 인삼의 탁월한 효능(virtues)에 대하여 설명한다. 아래 내용은 그에 해당하는 것을 번역한 것이다. 인삼에 대한 의견은 **윌리암 우드빌**과 비슷하였다.

맛에 따라 감초에 가까운 점액질의 단맛이 느껴지고, 약간의 쓴맛과 은은한 향긋한 따뜻함이 느껴지며, 냄새는 거의 또는 전혀 나지 않습니다. 회향 뿌리보다 훨씬 달콤하고 상쾌하며, 일부에서는 회향과 유사하다고 여겨지기도 합니다. 또한, 그 성질과 특성이 회향 뿌리와는 현저히 다릅니다. 인삼의 단맛은 물이나 주정 추출물 모두에서 온전히 보존되는 반면, 회향 뿌리의 단맛은 물 팅크가 증발하면서 파괴되거나 사라집니다. 인삼의 은은한 향긋한 맛 역시 물 추출물에는 상당 부분, 주정 추출물에는 완벽하게 보존됩니다.

중국인들은 인삼 뿌리에 특별한 효능이 있다고 믿으며, 오랫동안 자신들이 걸리기 쉬운 거의 모든 질병에 최고의 치료제로 여겨 왔습니다. 인삼과 병용하지 않는 한 어떤 약에도 신뢰를 두지 않았습니다. 자르투는 중국의 가장 저명한 의사들이 인삼의 약효에 대해 여러 권의 책을 썼다고 지적하며, 인삼이 심신의 극심한 피로를 즉시 완화하고, 과다하고 유해한 체액을 해소하며, 호흡을 원활하게 하고, 위를 튼튼하게 하며, 식욕과 소화를 촉진하고, 구토를 비롯한 거의 모든 질병을 완화한다고 주장했습니다. 이러한 효과와 더불어 이 뿌리의 놀라운 다른 많은 효과들은 여러 저자들에 의해 심도 있게 다뤄지고 있으며, 자르투는 동양의 편견에 크게 편향되어 있었기에, 그 효과를 전적으로 인정한 것으로 보이며, 자신의 경험을 통해 어느 정도 그 효과를 입증하기도 했습니다.

오스벡은 중국의 약재상을 들여다본 적은 없지만, 그들은 항상 인삼을 팔고 있었다고 말합니다. 가난한 사람들과 고위층 모두 인삼을 사용했으며, 매일 아침 차나 국에 반 온스를 끓여서 소화불량이나 다른 질병의 치료제로 사용했다고 합니다. 그러나 유럽에서는 이러한 주장을 뒷받침하는 경험이 전혀 없습니다. 인삼은 현재 거의 또는 전혀 사용되지 않으며, 그 효능이 실제 효과를 나타내는 것 같지도 않습니다.

To the taste it discovers a mucilaginous sweetness, approaching to that of liquorice, accompanied with some degree ofbitterness, and a slight aromatic warmth, with little or no smell. It is far sweeter and pleasanter than the roots of fennel, to which it has been by some supposed similar, and differe likewise remarkably from those roots in its nature and properties; the sweet matter of the ginseng being preserved entire in the watery as well as in the spirituous extract, whereas that of fennel root sis destroyed or dissipated in the evaporation of the watery tincture. The slight aromatic flavour of the ginseng is likewise in a good measure retained in the watery extract, and perfectly in the spirituous.

The Chinese ascribe extraordinary virtues to the ginseng root, and have long considered it as a sovereign remedy in almost all diseases to which they are liable, having no confidence in any medicine unless in combination with it. It is observed by Jartoux, that the most eminent physicians in China have written volumes on the medicinal powers of this plant, asserting, that it gives immediate relief in extreme fatigue, either of body or of mind, that it dissolves superfluous and noxious humours, and eases respiration, strengthens the stomach, improves the appetite and digestion, allays vomitings, and almost any other ill that flesh is heir to. These and many other effects of this root equally extravagant, are related gravely by various authors; and Jartoux was so much biassed by this eastern prejudice in its favour, that he seems to have given them full credit, and confirms them in some measure by his own experience.

Osbeck says that he never looked into the apothecaries' shops in China but they were always selling ginseng; that both poor people and those of the highest rank made use of it; and that they boil half an ounce in their tea or soup every morning, as a remedy for consumption and other diseases. In Europe, however, experience has by no means borne out those assertions. It is seldom or never now employed, nor do its sensible qualities seem to produce any active effects.

1893년 영국 왕립 식물원 큐(Royal Botanic Gardens, Kew)(영국 리치몬드 소재)에서 발간하는 **"**Bulletin of Miscellaneous Information (Royal Botanic Gardens at Kew), Vol. 1893, No.76/77 (1887), p72."에 인삼의 약리학적 효과에 대하여 아래와 같이 소개하고 있다.

미국에서는 인삼 뿌리가 약효가 있는 것으로 여겨지지 않습니다. 하지만 향긋하고 달콤하면서도 쌉싸름한 맛이 나고, 다소 점액질이며, 순하고 자극적이며 강장 효과가 있습니다.

In America the roots are not regarded as possessing active medicinal properties. They have, however, an aromatic bitter-sweet taste, are somewhat mucilaginous, and have a mild, stimulant, tonic effect.

죠지 내쉬(Goerge V. Nash, 1864~1921년, 미국의 식물학자)는 "American Ginseng-Its Commercial History, Protection and Cultivation" 라는 bulletin를 미 농무부 식물학부에 편지 형식으로 보냈다. **1895년** 이 bulletin을 책으로 발간한 것이다. 주요 내용은 중국의 인삼 수요가

많아져, 서양삼의 수출이 증가하자 야생삼 수출로는 중국의 수요를 충당하는데 한계가 있다고 서술하고 있다. 그 대안으로 서양삼 재배가 많이 증가하는데, 인삼 재배 농가들이 인삼 재배에 대한 많은 정보들을 요구하자 이에 맞춰서 본인이 이 책자를 준비하게 되었다고 서술하고 있다.

그 내용들 중 인삼의 의학적 치료 효능(medicinal properties)에 대하여 서술한 내용은 다음과 같다.

> "이 나라에서는 **인삼이 약효가 거의 없다고 여긴다**. 뿌리는 약간 향기롭고 약간 자극적이다. 그러나, **중국인들은 인삼을 매우 중요하게 여기고, 실제로 만병통치약으로 여긴다**"
>
> **인삼에 대한 중국인의 신앙이 대체로 허황된 근거에 근거한다는 것은 그들이 선호하는 뿌리가 인간 형태**와 얼마나 비슷한지에서 알 수 있습니다. 이런 종류의 거친 유사점은 종종 식별할 수 있으며, 조작을 통해 증가한다고 합니다. 이름 자체가 **"인간 식물(man root)"**을 의미합니다. 유사한 사례는 지중해 지역의 **맨드레이크**(mandrake)로, 비슷한 이유로 오랫동안 강력하다고 여겨졌습니다. 뿌리는 얻은 출처에 따라 다르게 사용되는 것으로 보이며, 아마도 어느 정도는 실제적이고 **어느 정도는 허구적일 것**입니다.
>
> **죠지 내쉬는 처음으로 미국 정부 제출한 bulletin에 인삼은 의학적 효과를 가지고 있지 않다고 주장하였다.**

이사벨라 비숍(Isabella B. Bishop, 1831～1904년, 여행가, 지리학자, 작가)는 1897년"Korea and her Neighbours(조선과 그 이웃 나라들)"이란 기행문 형식의 책을 출간한다. 송도(Chapter 25 Song-Do: A Royal City) 소개와 함께 송도의 대표 특산물인 인삼도 같이 기술한다. 인삼 소개의 마지막 문장에 아래와 같은 서구 사회가 가지고 있는 인삼에 대한 인식을 짧게 표현하면서 끝을 맺는다.

제25장

송도: 왕의 도시

이 약(인삼)은 극동 전역(Far East)에서 매우 높고 어느 정도 당연한 평판을 받았지만, 유럽인에게는 적합하지 않고 유럽 의사들에게도 별로 주목받지 못합니다.

CHAPTER XXV

SONG-DO: A ROYAL CITY

This medicine (ginseng), which has such a high and apparently partially deserved reputation throughout the Far East, does not suit Europeans, and is of little account with European doctors.

1898년 Scientific America라는 잡지의 5월 14일자 p.314 기사
(기사 작성자: M.G. KAINS)

미국 인삼

수세기 동안 중국 인삼(Panax ginseng)은 키닌(말라리아 치료제)이 미국에 미친 영향보다 훨씬 더 큰 영향력을 중국에 미쳤습니다. 그러나 키닌과는 달리, 인삼의 용도는 특정 질환에만 국한되지 않았습니다. 미국에서는 완화제, 순한 향과 자극제로만 사용되었으며, 본초학에서는 이러한 목적으로 훨씬 더 효과적인 약물을 권장합니다. 중국에서는 그렇지 않았습니다. **몽골인의 보수적인 사고방식과 초자연적인(occult) 신앙 때문에 인삼의 효능에 대한 과장된 평가가 유지**되었습니다. 중국에서는 **인삼을 사소한 것부터 심각한 것까지 거의 모든 질병에 특효약**으로 사용해 왔습니다. 이러한 미신적인 믿음 때문에 인삼은 온갖 질병으로부터 면역력을 얻고 보장하며, 심지어 **수명을**

연장하는 효능까지 가지고 있다고 여겨집니다. 만병통치약이라는 이름에 걸맞은 이름입니다.

> Scientific American (발행일자: 1898 May 14, p.314)
>
> American Ginseng. BY M. G. KAINS
>
> For centuries Chinese ginseng (Panax ginseng) has been to China far more than quinine has been to America. Unlike quinine, however, its use has not been limited to certain classes of disorders. It has been used in America only as a demulcent, a mild aromatic and stimulant, for which purposes our materia medica recommends many more effective drugs. Not so in China; the conservatism of the Mongolian and his belief in the occult have maintained an exaggerated estimate of its efficacy. It has been employed by the Chinese as a specific for nearly every ailment that flesh is heir to, from the most trivial to the most serious. It is further thought, such is the superstitious belief, to procure and insure immunity from all sorts of diseases and even to possess the power of prolonging life. It is well named panacea.

찰스 루트(Charles M. Root, 1837~1906년) **1905년 Root**라는 미국 사람이 저술한 미국 일반인을 대상으로 하는 인삼 재배를 장려하는 입장에서 쓴 즉, 인삼 재배 입문서 격인 "What is ginseng?"이라는 책에서 "**중국과는 달리 미국 의사들은 인삼을 귀하여 여기지 않는다**"라는 기술이 있다.

시노부 준베이信夫淳平(1871-1962년, 일본의 외교관, 와세대 교수)는 **1907년** "조선 인삼의 가치"라는 책(p.38)에도 "**네덜란드 상인들은 인삼을 하찮은 풀**로 여기지만 중국에서는 귀하고 비싸게 여기니 미국이나 캐나다산 인삼을 가져다가 중국으로 수출하면 많은 이익을 남길 수 있다"고 서술하고 있다.

존 쾰러(John H. Koehler, 1866-?, 1912년 미국인삼재배자협회 회장역임)는 어릴 때부터 야생인삼에 대하여 관심이 많았다고 한다. 그래서, 30대에 직접 인삼을 재배하고 공부하여 상업성이 있을 정도의 큰 규모로 인삼재배에 성공하였다. 그 당시 인삼 재배에 대한 정보들이 불완전한 것을 확인하였고 또, 주위에서 인삼 재배 관련해서 많은 문의들을 받아서, **1912년 "Ginseng and goldenseal growers' handbook"**이라는 책을 저술하게 되었다고 하였다.

먼저, 인삼의 사용과 의학적 특성에 대하여 서술하면서, 미국 약전에 따르면 이 나라에서는 1840년부터 1880년까지 공식 약물이었지만, 현재는 **비공식 약물 식물로 분류**되어 미국 농무부 식물 산업국 공보 제89호의 p.51에 그렇게 인용되어 있다. 그렇지만, 최근 과학적 조사에서 얻은 결과를 보면, 인삼의 진정한 장점이 이 나라에서도 곧 발견될 가능성이 높으며, 매우 귀중한 약물이 될 것이라는 징후가 보인다고 서술하고 있다.

인삼은 과거에 중국에서는 주로 사용된 두 분야는 전반적인 **허약상태(debility)**와 특히 **최음제(aphrodisiac)**로 사용되었다고 서술한다. 그러나, 다른 분야에서의 효능 예를 든다. 즉, 책 내용 중에 미시간 대학의 동종요법학과(Homeopathic Department)와 하네만 대학(Hahnemann College of the Pacific, of San Francisco)에서 공동으로 사람(10명)을 대상으로 한 실험에서 인삼은 **"우울증"을 개선하는데 효과**에 있다는 것을 서술하고 있다. 이런 연구 결과는 "**어떤 사람들은 때때로 인삼은 약효가 없다고 말하며**, 중국인이 인삼에 두는 가치는 허황된 것이거나 **미신에 근거한 것**이라고 말하기도 한다" 하지만, 위 두 대학에서 수행한 실험은 그러한 진술은 근거가 없고 아마도 편견에 근거한 것으로 보인다고 존 쾰러는 서술하고 있다.

이러한 편견의 유래는 "**인삼을 약으로 사용하는 것을 비웃고, 중국인이 인삼을 사용하는 것을 미신의 결과로 보기 때문이고, 그 미신에 대한 근거는 종종 뿌리가 인체와 닮았다는 데서 유래했을 것이다**"라고 서술하고 있다. 미국인들이 미신을 믿는 근거는 "**인삼 뿌리가 인체와 매우 비슷하면 중국인이 뛰어난 효능이 있다고 믿고, 그런 이상한 모양의 뿌리에 더 높은 가격을 지불한다**"고 서술하고 있다.

존 퀼러가 내린 결론은 "**어쨌든 인삼의 약효에 대한 판단은 우리가 그것에 대해 더 많이 알 때까지 보류하는 것이 좋다**" "Anyway it is just as well to suspend judgment on the medicinal properties of ginseng until we know more about it."다고 서술하고 있다.

세쓰 험프리(Seth K. Humphrey, 1864~1932년, 미국 작가)라는 사람도 **1931년 "중국 밖에서는 인삼 가치를 인정받지 못하고 있다**"라고 말하고 있다, **인삼 효능이 너무 과장**되어 있다는 식으로 서술하고 하고 있다"

1986년 알바르 W. 카슨이라는 사람이 "**Economic Botany**"라는 학술지에 "Ginseng: America's Botanical Drug Connection to the Orient"라는 제목으로 논문을 발표했다. (Economic Botany, Apr.-Jun., 1986, Vol. 40, No. 2 (Apr.-Jun.) p.233-249.

아래 내용은 p.240과 p.245에서 발췌한 것이다.

> 1820년대부터 1950년대까지 **미국 약전**(1826년 초판)은 인삼을 전 세계 약재로 사용되는 2차 식물 목록에 등재했습니다. 그러나 이 권위 있는 약물백과사전(compendium of materia medica)은 **미국과 영국의 약전을 따르며 인삼을 약재로 인정하지 않았습니다**. 인삼은 중국 가정 의학에서 역사적으로 사용되어 왔고, 독성이 있을 수 있으며, 완화제로 사용할 가능성이 있다는 이유로 목록에 계속 등재되었습니다.

From the 1820s to 1950, The Dispensatory of the United States of America (first published in 1826) listed ginseng in the catalog of secondary plants from around the world that were used in remedies. This authoritative compendium of materia medica did not recognize ginseng, however, as an officinal drug, following the pharmacopeias of both the United States and Great Britain. The plant con- tinued to be listed because of its historical use in Chinese domestic medicine, possible toxic properties, and potential use as a demulcent.

그러나 많은 미국 연구자들은 인삼의 치료적 가치에 대한 주장에 회의적인 태도를 보였습니다. 1955년에 발행된 미국 약전 25판에서는 **인삼을 비공식적인 약물에서도 제외**했습니다. **미국 식품의약국은 인삼을 어떠한 약물이나 의약품으로 사용하는 것을 승인하지 않았고**, 건강보험협회는 인삼이 알려지지 않은 의학적 문제를 일으킬 수 있다고 주장했습니다.

Many American researchers have been skeptical, however, about claims regarding the curative value of ginseng: the 25th edition, issued in 1955, of The Dispensatory of the United States of America dropped ginseng even as an unofficial drug (Osol and Farrar, 1955); the Food and Drug Administration has not approved ginseng for use in any drug or medicine (Anonymous, 1978) and the Health Insurance Institute claimed it can cause unspecified medical problems.

◆ 18~20세기 서구사회가 가지고 있는 인삼의 의학적 효능에 대한 담론 요약

18~20세기에 걸쳐서 의사, 교수, 식물학자, 인삼 재배자, 작가, 역사학자가 저술한 논문, 책, 및 백과사전 등에 실리거나 주장한 인삼의 의

학적 치료 효능에 대한 설명 내용을 보면, 가장 공통적으로 언급되는 것은 인삼은 "**인삼의 모양이 사람을 닮았다**", "**그래서 중국에서는 그 가치를 높게 쳐주고, 인삼의 가격은 은이나 금과 같은 무게만큼 비싸다는 것과 최음제로서 용도를 강조한다**" 인삼에 붙은 상징들이 불로불사 효능(immortal)을 지닌 "**불로초**"로 포함하여 매우 거창하다. 그러나, 그렇게 비쌈에도 불구하고, 서구인들이 인삼의 의학적 치료 효능에 대한 태도는 처음에는 중국인들이 찬양을 놀라움으로 바라보면서 **관조하는** 분위기에서, **인삼 효능에 대한 과신을 경계하는 것**에서 **인삼의 효능이 상상 및 미신에 의하여 만들어진 것**으로 **인삼은 단순한 잡초의 하나**로 **질병 치료 효능을 인정을 하지 않는 의견으로 변화**하고 있다.

특히, 영국의 **윌리암 우드빌과 윌리암 린드**는 **자르투 신부**가 만주에서 극심한 피곤함을 인삼 복용으로 극복하였다는 경험조차도 자르투 본인의 "**동양을 좋아하는 편견에서 나온 것**"이다 라고 비판한다. 왜냐하면, 자기들은 그런 효과를 관찰할 수 없었기 때문이었다. 또 다른 의견은, 인삼의 의학적 **약효는 명확하지 않지만, 중국이나 일본에서 전통적으로 오랫동안 사용해 왔는데 그 역사나 전통을 무시하면 안된다**고 주장하는 사람도 있다. 세 번째 부류는 아직 인삼에 대하여 모르는 것이 많으니 세월이 지나면 그때 **인삼에 대하여 더 많이 알게 되니까 그때 가서 판단**하자는 의견을 가진 사람들로 나누어져 있음을 알 수 있다. 그러나, 인삼의 효과는 너무 약해서 의학적으로 효과가 없다고 주장하는 첫 번째 사람들이 우세한 것으로 나온다. 결론은 중국의 "**본초강목**"**에서 주장했던 인삼의 의학적 치료 효능들이 너무 과장되어 있어 서구 사회에서는 전반적으로 인정하지 않았다.** 미국 및 영국 약전에 등록은 되었지만, 약전에서 의료용 약재 용도로 인삼을 인정하지 않았다.

참고로 인삼의 의학적 효능에 대하여 서양의 담론과 반대되는 의견을 제시한 동양의 학자와 미국의 의사가 있다. **스기하라 노리유기** 경성제대 의학부 교수가 **1929년** 조선총독부 전매국의 촉탁을 받아 출간한 "**조선인삼예찬**"에서는 조선인삼은 강장제이며, 불로불사의 불로초이며 규방비약(최음제)으로 서술하고 있다. 이 책의 내용은 그 당시 동북아시아 지식인이 인삼을 바라보는 관점을 대변하는 것으로 예상된다. 스기하라 노리유키 교수가 서술한 조선인삼의 효능에 대한 설명은 몇 가지 매우 간단한 동물 실험 예를 들었지만, 20세기 초 서양의(과)학과 달리 중의학 의존적이며, 주관적이고 은유적 관점에서 서술하고 있음을 알 수 있다. 인삼의 의학적 효능에 대하여 서구사회가 보는 관점과 동북아시아 사회가 보는 관점이 많이 다르다는 것을 알 수 있다. 더 자세한 내용은 제13장에 서술되어 있다.

아서 하딩(Arthur R. Harding, 1871~1930년)은 미국 의사이자 인삼 재배자이다. 1908년 자신이 발간한 책 "Ginseng and Other Medicinal Plants"의 Chapter 12, Medicinal Qualities(p.163~170)에서 자신이 재배한 서양삼을 환자들에게 제공하여 치료 효능을 확인한 임상 사례들을 보여주었다. 예를 들면, 약으로 치료가 안되는 류머티즘으로 고생하고 있는 중년 남성이 인삼을 추가해서 먹게 했더니 류머티즘이 많이 개선되었다 내용이다. 또 다른 사례들은 만성 기침(chronic cough), 소화불량(dyspepsia)이 있는 사람과 잦은 딱꾹질(hiccough)로 인한 경련이 있는 사람이 인삼 복용 후 개선되었다는 임상 사례들을 들었다. 더 많이 사례들을 본인이 관찰했으나, 책에 일일이 다 기술하기는 어렵다고 하였다. 끝으로, 인삼 효능에 대한 자신의 이론을 아래 문장으로 남겼다.

"My theory is that disease comes from indigestion directly or indirectly. Ginseng is the medicine that will regulate the digestion

and cure the disease no difference by what name it is called; if the disease can be cured, Ginseng will cure it where no other drug will (제 생각에는 질병은 소화불량에서 직접 또는 간접적으로 비롯됩니다. 인삼은 소화를 조절하고 질병을 치료하는 약입니다. 질병 이름이 무엇이든 상관없습니다. 즉, 질병을 치료할 수 있다면, 다른 어떤 약도 치료할 수 없는 질병을 인삼이 바로 그 질병을 치료할 것입니다)." (인삼의 만병통치 효능에 대한 하딩의 또 다른 표현방법이라고 생각된다).

또, 하딩은 인삼이 독성이 없는 약초(mild and non-poisonous plant)이므로 가정에서 인삼을 약으로 이용하는 방법을 소개하였다.

1. 가장 간단한 방법으로 캔 인삼 뿌리나 잎을 씻은 다음 생으로 먹는다. 다른 약 먹듯이 규칙적으로 섭취해라. 우유나 차에 섞어서 마셔도 된다.

2. 건조한 인삼 조각을 입안에서 천천히 씹어서 먹어라. 이 방법은 중국인들이 많이 사용하는 방법이다.

3. 인삼 뿌리나 잎의 알코올 팅크처를 만들어서 먹어라. 뿌리와 줄기 혹은 잎을 따로 해도 좋고 같이 섞어서 만들어도 좋다.

4. 건조한 인삼 뿌리나 잎을 차 형식으로 섭취해라.

이러한 민간요법(home preparations)은 신경통, 류머티즘, 통풍, 감기로 인한 기관지나 폐 자극, 위장관 소화불량, 심장 약화, 뇌척수액 및 기타 신경 질환에 효과적이며, 특히 어린이와 노인의 치료에 적합합니다. 인삼은 수면제, 수면 유도제, 진통제, 각성제, 신경 강장제, 그리고 약간의 완하제(laxative) 역할을 한다.

◆ 서구사회에서 인삼의 의학적 치료 효능을 인정하지 않은 이유에 대한 근거

1. 서구 사회에서 인정할 만한 인삼의 의학적 치료 효능 부재

제4장에서 17~18세기 서구 사회에서 인삼의 효능을 몇몇 임상 사례에서 관찰했다는 보고는 있으나, 중의학 서적에서 주장하는 다양한 의학적 치료 효능을 반복해서 같은 효능을 얻거나 관찰했다는 의사 혹은 민간인들의 보고서는 18~20세기에 나오지 않았다. 미국에서 인삼이 중국이나 홍콩으로 계속 수출되어도, 어느 순간 서구사회에서 1854년 거리게스에 의한 인삼 연구를 끝으로, 연구 대상으로서 인삼의 의학적·학문적 언급은 사라진다. 즉, **아래에서 기록된 중의학서에서 인삼이 가지고 있다고 주장하는 의학적 효능들은 서구 사회에서 일부 재현이 되었지만, 보편적 다수가 인정할 만한 구체성, 재검증성 및 재현성을 보여주진 않았다.**

주보오장主補五臟(간, 신장, 심장, 폐 및 비장 기능을 강화).
안정신安精神(흥분을 가라앉히는 역할).
정혼백定魂塊(넋을 안정시킴).
지경계止驚悸(놀라거나 가슴이 두근거리는 것 억제).
제사기除邪 (사람 몸에 병을 일으킨다는 미신적인 나쁜 기운 제거).
명목明目(눈을 맑게해 줌).
개심開心(심장을 안정시킴).
익지益智(지혜롭게 함).

구복경신연년久服輕身延年(일반적인 신체상태를 개선해주고, 생명을 연장시킴)의 효능이 있다.

◆ 아래 중의학에서 주장한 인삼의 치료 의학적 효능을 레피네스크가 영어로 번역했지만, 서구사회에서 의심하는 효능 예시들

신체 전반에 미치는 효능

인삼은 몸을 보하고, 쇠약과 피로를 회복시키며, 심신의 과로를 견뎌내고, 피로와 낙담을 예방합니다. 갈증을 해소하고 허기를 달래줍니다. Ginseng revives the body, repairs emaciation and debility, sustain excessive labours of the body and mind, preventing weariness and dejection. It quenches thirst, and assuages hunger.

정신에 미치는 효능

인삼은 괴로운 꿈, 실신, 심계항진, 갑작스러운 공포증을 예방합니다. 기운을 돋우고, 시력을 맑게 하며, 판단력을 강화하고, 몸을 가볍고 활발하게 하며, 정신을 강하고 활기차게 합니다. 또한 우울증, 신경질, 히스테리성 질환을 치료합니다. Ginseng is preventing troublesome dreams, fainting fits, palpitations and sudden frights. It renovates the vital spirits, clears the sight, strengthens the judgment, making the body light and active, and the mind stronger and vigorous. It cures hypochondriacal, nervous, and hysterical affections.

소화기와 폐에 미치는 효능

최고의 인삼은 차가운 위와 장을 따뜻하게 하고, 복통과 질병을 치료하며, 식욕을 돋우고 소화를 돕습니다. 허약한 위와 폐를 튼튼하게 하고, 가스가 찬 속, 소화불량, 구토 등을 치료합니다. 폐의 점액질을 묽게 합니다. The best Ginseng warms the cold stomach and bowels; it cures the belly-ache, disorders. It gives appetite, and assists digestion. It fortifies a weak stomach and weak lungs windy bowels, dyspepsia, and vomiting et al., and dissolves pituitous humours.

호흡기 및 심혈관계에 미치는 효능

인삼은 호흡 곤란, 가쁜 숨, 천식, 그리고 유방 폐색에 효과적입니다. 부종과 혈관 및 장 폐색을 예방합니다. 인삼은 심장을 확장시켜 줍니다. Ginseng is useful for feeble breathing, short breath and asthma. and obstructions in the breast. It prevents dropsyies and obstructions of the vessels and bowels. Ginseng dilates the heart.

나이로 인한 신체 기능 강화 효능 및 최음 효과

인삼은 노인의 기운을 북돋아 주고 수명을 연장시켜 줍니다. 허약하고 쇠약한 모든 병을 없애고, 심지어 최음 효과도 있습니다. Ginseng invigorates old people, and prolongs their life. It removes all the disorders of weakness and debility, nay, is also aphrodisiac.

기타 효능

인삼은 현기증, 혼미, 두통, 이명, 실신, 발한, 발열, 가스성 장염, 소화불량, 구토 등을 제거합니다. Ginseng removes also vertigo, dimness, head-ache, tenesmus, fainting, sweating, fevers, windy bowels, dyspepsia, and vomiting et al.

2. 인삼의 다양한 의학적 효능을 대변할 수 있는 눈에 띄는 생리학적·약리학적 성분 부재

17~19세기 유럽을 포함한 서구사회는 과학 기술 발달과 천연물 분석 및 분리기술 발달로 의학적 효능을 보이는 천연 식용·약용 식물에서 기능성 혹은 의학용 성분 분리가 가능하였다. 예를 들면, 키니네-말라리아 치료제, 양귀비의 모르핀-통증 치료제, 커피의 카페인-각성제, 담배 니코틴-각성, 피부질환 치료제 등을 들 수 있다. 그러나, 그 당시 인삼의 의학적 치료 효능을 대변할 수 있는 성분(물질)이 발견되지 않았다. 따라서, 인삼의 무슨 성분이 만병통치 역할을 하는지? 인삼의 무슨 성분이 어떤 효과를 발휘하는지? 명확하게 설명할 수 없었다. **서구 사회에서는 인삼에 대한 의학적 치료 효능의 재현 부재와 약리활성 성분 부재라는 담론과 함께 그들의 관심에서 멀어진다.**

3. 서구 사회에서 식이보충제로서의 인삼 역할 인정

미국에서 인삼은 더 이상 질병 치료를 위한 의학적 용도가 아닌 단순 약초 유래 식이보충제(Dietary supplements, 기능성 식품) 중의 하나로 격하되어 분류된다.

미국에서 생산된 서양삼이 미국내에 소비되기보다 중국으로 수출이 많이 되고 있었지만, 중국으로의 서양삼 수출은 국내 및 국제 정세 변화에 따라 영향을 받았다. 예를 들면, 1930년대의 대공황으로 인한 인삼 농장 경영의 어려움과, 제2차 세계대전 및 1950~60년대 중국과의 외교 단교로 인한 수출 시장 상실 등의 변수는 많은 미국의 인삼 경작자들에게 큰 고난을 안겨줬다. 이때 중국으로 수출이 현격히 감소하여 미국내 많은 인삼 재배 농장들이 문을 닫는 등 어려움을 겪었다. 또, 중국내 서양삼 재배가 본격화되어 홍콩으로 수출하는 바람에 미국에서 생산된 인삼과 경쟁 관계를 형성하게 되었다.

미국 정부 차원에서 판단할 때 인삼이 의학적 효능은 공식적으로 인정되지 않았을지라도, 동아시아 국가들에서의 정통적 인삼 효능 인정과 여전히 활발하게 활용되어 왔다. 이와 동시에, 정부 차원에서 볼 때 영국이나 미국의 지식인들이 이야기한 것처럼 서양삼을 하찮은 다년생 풀들 중의 하나로 무시할 수 만은 없는 상황에 이르렀다. 즉, 자국에서 생산된 서양삼의 안정적 내수를 유지할 만한 자국의 인삼재배 농가를 보호해 줄 정책이 필요했다.

돌파구는 기존 식이보충제의 확대였다. 기존에 인정된 식이보충제가 비타민, 미네랄, 아미노산 및 식사를 보충하기 위하여 사용되는 식용 물질, 혹은 효소 등의 필수 영양소를 의미했다. 기존의 식이보충제에 "약초(herb), 식물성 물질(botanical), 혹은 약초나 식물성 물질의 농축물(concentrate), 대사물(metabolite), 혹은 추출물(extract)" 등을 추가하여 식이보충제의 범위를 넓혔다. 이 법은 1994년 "**식이보충제 건강 및 교육법(Dietary Supplement Health and Education Act: DSHEA**"으로 제정되었다. 미국의 식이보충제를 우리나라로 그 의미를 해석하면 건강 기능성 식품에 해당된다. 우리나라 식약청에 따르면, 건강기능식품이란 인체에 유용한 기능성을 가진 원료나 성분을 사용하여 제조(가공을 포함한다. 이하 같다)한 식품을 말한다"라고 정의하며, "기능성이라 함은 인체의 구조 및 기능에 대하여 영양소를 조절하거나 생리학적 작용 등과 같은 보건 용도에 유용한 효과를 얻는 것을 말한다".

어떻게 보면, 2000년 전부터 동아시아에서 전통 의약품으로 사용되어 왔던 인삼이 이제 미국에서 식이보충제 역할을 하는 식품으로만 인정을 받게 된 것이다. 물론, 유럽 국가마다 인삼을 의약품으로 분류하는 나라(독일)와 미국과 같이 식이보충제로 분류하는 나라들이 있다. 현재, 인삼 외에 미국에서 식이보충제로 인정받고 있는 것들은 차전차피(Psyllium), 엘더베리(Elder berry), 아쉬와간다(Ashwaganda), 에키네이셔(Echinacea, 허브의 하나), 생강(Ginger), 마늘(Garlic), 마카(Maca), 세인트 존스 워트(St. John'swort), 알로에(Aloe), 은행(Ginkgo biloba), 및 톱야자(Saw palmetto) 등 다양하게 있다. 이들은 대부분은 타겟이 정해져 있다. 즉, 면역력 증진, 감기 및 독감 예방, 정신적 스트레스 감소, 수면의 질 개선 및 노화 방지 작용과 전립선 기능 강화까지 다양한 건강 증진 효과와 연결되어 있다. 현재, 미국에서 인삼은 다양한 식이보충제와 경쟁 관계에 있어서 다른 허브 유래 식이보충제들에 비하여 매출이 높은 편은 아니다.

서구 사회에서는 인삼이 무엇인가에 대하여서는 알고 있었지만, 그 의학적 효능에 대하여서는 다른 천연물 유래 치료제만큼 인정하지 않았다. **그 이유는 인삼 성분 및 효능 타겟의 구체성이 없기 때문이다.**

여기에 서양인이 보기에는 중국 의학서에 기술되어 있는 인삼의 효능은 현대 과학적인 관점에서 볼 때 근거 없이 너무 과장되어 있었다고 생각할 수 있다. 시대가 변하고 있다. 우리도 인삼에 대하여 "건강(몸)에 좋다" 옛날 정서적·전통적으로 가지고 있는 인삼 효능에 대한 무비판적 색안경을 벗고 객관성이라는 안경을 다시 써야 한다. 그래야 비로소 인삼이 무엇인가 보인다.

◆ 서양 사회가 보는 인삼 효능 인식 변화 유도 필요성

본 16장에서는 영국과 미국 중심의 서구 사회가 가지고 있는 인삼의 치료 효능에 대한 담론에 대하여 살펴보았다. 서구 사회의 인삼 효능에 대한 부정적인 인식이 어디부터 시작되었고 그 이유 혹은 원인은 무엇인가를 확인하는 것이 매우 중요하다. 즉, 우리가 할 일은 이런 점들을 분석하고 검증하여 부정적인 인식에서 긍정적인 인식으로 바꾸어주는 전환 작업이 무엇인가 진지하게 생각해 볼 필요가 있다. 고려인삼의 범 세계화를 위한 필수 요소다. 그러기 위해서는 우리나라 고려인삼 관련 산학연의 모든 종사자들이 힘을 합쳐 대처할 수 있는 방법을 모색해 나가야 한다. 더 자세한 내용은 제21장과 제22장에 추가 기술되어 있다.

◆ 참고문헌

Alvaro Semedo, Relatione della grande monarchia della Cina (Romae: sumptibus H. Scheus (1633).

Hanson M, Pomata G. Medicinal Formulas and Experiential Knowledge in the Seventeenth-Century Epistemic Exchange between China and Europe. Isis. 2017 Mar;108(1):1-25.

Jean-Baptiste Du Halde, Description géographique, historique, chronologique, politique et physique de l'Empire de la Chine et de la Tartarie Chinoise (1735).

Thomas Salmon, Modern history: or, the present state of all nations (1739)

Marion Tinling, ed., The Correspondence of tbe Three William Byrds of Westover,. Virginia, Charlottesville (1977).

John Hill, The vegetable system (1759).

Richard Brookes, The General Dispensatory (1765).

William Hanbury, A complete body of planting and gardening. Containing the natural history, culture, and management of deciduous and evergreen forest-trees (1770).

William Curtis, A catalogue of the British, medicinal, culinary, and agricultural plants, cultivated in the London Botanic Garden (1783).

William Woodville, Medical botany (1792).

John R. Coxe, America dispensatory (1818).

John Bigelow, America medical botany (1821).

Richard Hildreth, On banking and the Curreny (1840).

The American Farmer's Encyclopedia (1860).

William Rhind, A history of the vegetable kingdom (1866): embracing the whole physiology of plants with their uses to man and the lower animals, and their application in the arts, manufactures, and domestic economy (1866).

Royal Botanic Gardens at Kew, Bulletin of Miscellaneous Information, Vol. 1893, No.76/77 (1887).

Goerge V. Nash, American Ginseng-Its Commercial History, Protection and Cultivation (1895).

시노부 준베이信夫淳平, 조선인삼의 가치 (2021년 번역본) 온이퍼브.

John H. Koehler, Ginseng and goldenseal growers' handbook (1912).

Seth K. Humphrey, Following the Prairie Frontier (1931).

Rafinesque, C. S., Medical Flora; or Manual of the Medical Botany of the Untied Statesof North America, 2 vols. (Philadelphia: S. C. Atkinson, 1830), vol. 2.

이시진, 본초강목 (1596).

Alvar W. Carlson. Ginseng: America's Botanical Drug Connection to the Orient Author(s), Economic Botany, Apr.-Jun., 1986, Vol. 40, No. 2 (Apr. - Jun.), pp. 233-249.

Dietary supplements Health and Education Act of 1994. Public Law 103-417 (1994).

Herbalgram, 2024, spring No. 139, p52-68 (Herbal market report).

Hyo-Won Bae(배효원), Korean Ginseng (1978).

설혜심, 인삼의 세계사 (2020).

Sul H. The Perception of Ginseng in England and America, 1600-1800. Uisahak. 2016 Aug;25(2):273-308. English. doi: 10.13081/kjmh.2016.25.273.

Arthur R. Harding,, Ginseng and Other Medicinal Plants (1908).

Isabella B. Bishop, Korea and her Neighbours (1897) Fleming H. Revell Company.

17 고려인삼 사포닌 화학구조 규명 연구 경쟁에 뛰어든 연구자들

1854년 거리게스가 서양삼에서 파나퀼론이라는 인삼 성분을 분리하여 그에 해당하는 분자식을 발표한 후, 100년이 지난 뒤에 일본의 **시바타 쇼지**柴田 承二 교수(1915~2016년), 러시아의 **게오르기 엘리아코프**(Georgy B. Elyakov)(1929~2005년) 박사와 한국의 **한병훈** 교수(1933~2019년)을 포함한 3명의 과학자들이 고려인삼 사포닌 분리 및 화학 구조 규명을 위한 연구에 주로 참여하였다. 더, 자세한 내용은 아래에 서술한다.

19~20세기 인삼 성분 분석 연구 시작과 다양한 인삼 성분명들에 대한 역사에 대하여 간단하게 살펴보자

앞에서 기술한 바와 같이, 18~19세기는 유럽의 과학자들은 전통적으로 약리학적 효능을 발휘하는 약용 식물에서 효능 발현의 원인이 되는 성분을 찾았거나 지속적으로 찾아내는 작업을 열정적으로 하던 시기였다. 동양에서 서양에서 소개된 인삼은 거의 만병통치약으로 알려져 있어 서양 과학자들에게는 관심의 대상이었다. 처음으로 인삼을 대상으로 인삼 성분에 대하여 보고한 사람은 **라피네스크(Rafinesque)**라는 미국 교수가 미국에서 자생하는 인삼을 대상으로 분석을 하였다고 주장하였다. 1834년 발표된 보고에서 라피네스크는 서양삼 뿌리에서 "장뇌(camphor, 강심제)"와 같은 상쾌한 냄새가 난다고 하였다. 따라서, 서양삼의 다양한 효능(신경계 및 비신경계)을 발휘하는 성분은 장뇌와 비슷한 물질이다고 하였다. 그 물질의 이름을 **파나신(panacine)**이라고 명명하였다. 파나신이라는 성분은 알코올과 물에 잘 녹는다고 하였다. 미국 인삼은 파나신 외 다른 지질과 당분을 함유하고 있다고 하였다.

또, **거리게스(Garrigues)**라는 미국 과학자는 필라델피아에서 태어났지만, 독일 괴팅겐 대학으로 유학가서 독일 박사학위를 받았다. 거리게스가 독일로 유학을 간 이유는, 그 당시 유럽(독일)이 천연물 분석에 있어서 미국보다 독일이 더 진보했기 때문에 갔을 것으로 예상된다. 거리게스의 괴팅겐 대학의 박사학위 논문은 미국 인삼을 라피네스크가 수행했던 것보다 좀 더 구체적으로 분석한 것이다. 즉, 1854년 거리게스는 미국 인삼에서 사포닌 성분으로 무정형의 화합물을 분리하고 조성(amorphous compound, $C_{32}H_{56}O_{14}$)을 밝히고 이를 "**파나퀼론**panaquilon"이라고 불렀다. 1889년 러시아의 **Davydow**라는 사람은 시베리아 우수리(Ussuri) 지역에서 수집한 인삼(조선 인삼)을 이용하여 게리거스가 분리한 실험을 반복하여 재현했다고 보고하였다. 또, 파나퀼론에 높은 농도의 염산, 질산을 처리하면서 온도를 올리면 탄산이 발생하고 백색 침전물이 석출된다. 이 물질은 물에 잘 녹지 않았고, 이를 **파나콘(Panacon)**이라고 명명했다(제11장).

◆ 일본에서 조선종 고려인삼 연구 시작

제11장에서 서술한 바와 같이, 서양 사회에서 의학적 치료 목적으로 인삼 사용에 대한 관심은 시들해진다. 특히, 1854년 거리게스가 서양삼에서 파나퀼론을 분리하고 이 성분이 배당체일 것이라는 추측하였다. 그 이후, 약 50년 동안 인삼에 대한 과학적 후속 연구가 보고되지 않았다. 그 이유 중의 하나는 중의학 서적에서 주장했던 다양한 인삼의 의학적 치료 효능 탁월성이 서양 사회에서 재현 및 증명이 되지

않았기 때문이다(제16장). 그럼에도 불구하고, 동양 사회에서는 여전히 인삼을 전통적 의약으로 여전히 활발하게 사용하고 있었다.

거리게스의 파나퀼론 분리이후 약 50년이 지난, 1905년 교토京都 대학의 후지타니 노리히코藤谷功彦 교수가 "**한약 인삼의 화학적 및 약물학적 연구**"라는 제목으로 논문을 발표했다. 이 논문은 서양삼이 아닌 일본에서 재배한 조선종 고려인삼(이즈모 인삼)과 조선인삼을 이용한 최초 보고였다. 그의 연구 동기는 "**진보한 현대의 학문적 원리에 따라, 인삼의 기본 연구를 상세하게 하고 그 효능의 유무를 추구한다**"였다고 서술하고 있다. "**유럽의 연구는 화학적 연구**(거리게스한 연구)**뿐으로, 왠지 약물학적 연구는 거의 없다, 또, 조선이나 중국은 무슨 근거로 인삼을 널리 사용하고 있는가?**"라고 썼다. 아마도, 이 문장은 제16장에서 서술한 것과 같이 서구 사회에서 널리 퍼져 있는 인삼의 의학적 치료 효능에 대한 부정적인 담론에 대한 반발일 수도 있다. 그 당시, 일본은 2가지 면에서 인삼을 과학적이고 체계적으로 연구할 할 수 있는 준비가 되어 있었다. 하나는, 조선에서 유래한 조선종 고려인삼을 자체적으로 재배하고 있어서 시료 공급이 원활하였다. 다른 하나는, 일찍이 서구 과학 기술을 받아들였고, 과학자 양성을 위하여 해외 유학생을 파견한 것이다. 즉, 일본은 인삼을 연구할 과학적 사회적 인프라를 확보한 셈이다. 그러나, 조선이나 중국은 국내외 정치적·경제적 상황이 인삼 연구를 수행할 수 있을 정도로 연구 인프라가 갖추어 있지 않았다. 이때부터 전 세계 인삼 연구는 일본이 주도하게 된다.

이 연구에서 후지타니 노리히코 교수는 거리게스가 인삼 고유의 성분으로 분리한 파나퀼론과 동일 물질을 일본 인삼과 조선인삼에서 분리하였다. 추가로, 파나퀼론의 화학적 성질을 자세히 조사하기 위하여, 개구리, 집토끼 및 개를 이용하여 약물학적인 연구를 실시했다. 그리고, 거리게스의 파나퀼론은 배당체인데, "**사포닌 특징을 지닌 배당**

체"라고 했다. 집토끼와 개에게 배당체를 정맥주사하면, 일반작용은 미약하고 특이한 작용이 나타나지 않았다. 혈압은 집토끼(rabbit), 약 1시간 후에 약간 저하, 많은 양을 정맥으로 계속 주사하면, 약 1시간 후에 사망했다고 보고했다. 후지타니는 약물학적 연구에서 "파나퀼론"은 독극물이라고 표현하고 있다.

1906년 일본 과학자 **Asahina**와 **Taguchi**가 조선 인삼에서 **사포닌**을 분리하는데 성공하였다. 즉, 일본에서 생산된 조선종 인삼에서 분리한 물질을 가수 분해하면, 사포닌인 **prosapogenin**과 **glucose**이 형성되는 것을 확인하였다. 그 후, 1915년부터 1920년 사이에, 일본 과학자 **Kondo** 등은 고려인삼에서 주요 성분으로 결정 사포게닌(crystalline sapogenin)과 당(glucose)을 얻었다. 비사포닌 성분으로, 1917년 사카이 가즈타로는 **인삼의 에테르 추출물에서 알칼리성으로 용해되는 성분**을 분리하였다. 이것을 불포화산으로 추정하고 **파낙스산**으로 명명하였다. 또, 이 에테르 추출물의 수증기 증류로 얻은 휘발성유(지질성분)를 정제해 **파낙센**(panaxsen)이라고 명명했다. 1926년 **요네카와 미노루**米川稔는 인삼 추출물의 메탄올에 녹는 분획에 에테르를 가해 침전하는 분획을 분리하고, 이 물질을 **진세닌(ginsenin)**이라고 불렀다. **진세닌** 정제를 반복하면 용혈성이 없어지므로 사포닌이 아니라고 주장하였다. 1930년, **Kotake**는 용혈 작용이 없는 사포닌을 분리하였고, 이를 **panaxin**이라고 불렀다. 이와 더불어, prosapogenin인 **α-panaxin**을 분리하였다. **α-panaxin**은 높은 농도의 염산으로 가수분해하면 염소(chloride)를 포함하는 sapogenin이 형성되었다. 그 당시에는 **코타케**가 분리한 파낙신 화학 구조를 분석할 기술이 발달되지 않았다. 여전히 파낙신의 화학 구조를 모르는 상태로 30년을 더 기다려야 했다.

그 후 2차 세계대전으로 인한 인삼 연구에 대한 공백기가 있었다. 1950년 말에 러시아 과학자 **브레크만(Brekhman)**과 불가리아 과학자 **페트코프(Petkov)**가 인삼 추출물을 가지고 약리학적 효능에 대한 연구를 시작하고, 이를 보고하였다. 이 두 과학자가 발표한 인삼의 효능은 인삼 사포닌이 중추신경계 자극(흥분) 작용과 항피로 효과가 있다고 주장하였다. 두 과학자에 의한 인삼 효능 연구는 서양 사회의 인삼에 대한 많은 관심을 불러일으켰다. 아마 이 발표가 서양에 소개된 서양인에 의한 인삼 효능에 대한 첫 번째 보고였다. 이 발표는 인삼의 생리활성 성분이 무엇인가에 대한 성분 분리와 그 성분의 화학적 구조 규명 연구를 하도록 자극하였다.

그러나, 1930년 **코타케(Kotake)**라는 일본 과학자는 "사포닌 화학은 현대 유기화학 미로의 하나이다"라고 하면서 **사포닌 분석 어려움**을 언급하였다. 인삼 사포닌 분리와 구조 결정과 관련된 연구는 서양 과학자들에 의하여 먼저 시도되었다. 1958년 Stahl이 개발한 thin layer chromatography (TLC)를 기반으로 하여 1960년대 들어와 TLC와 column chromatography를 이용한 물질 분리 기술 및 화학물질 구조 분석 장비들이 발달되었다. 이런 기술들을 응용하여 1961년 독일의 **Hörhammer** 등은 인삼 사포제닌(sapogenins) 연구를 실시하였고, oleanolic acid를 분리하는데 성공하였다. 1962년 스위스의 **Wägner-Jauregg와 Roth**는 인삼에서 사포제닌을 분리하였고 이 성분 이름을 **panaxol**이라고 하였다. Panaxol에는 hydroxyl group과 ether likage를 가지고 있다고 하였다. 1961년 대만의 **Lin**은 인삼에서 사포게닌과 stigmasterol을 분리하였다. 1962년 같은 년도에 **엘리아코프(Elyakov)** 등은 인삼으로부터 여러 다른 사포닌들을 분리하였고, 이를 panaxoside A-F이라고 이름지었다. 또, 이들 사포닌 분해 산물로 나온 사포게닌(sapogenin)을 panaxogenin이라고 했다.

1962년 **후지타(Fujita)** 등은 일련의 시리즈 연구를 통하여, 백삼과 홍삼 메탄올 추출 후에 얻은 옅은 노란색을 띠는 crude saponin

를 분리하는데 성공하였다. 앞의 과학자들처럼, 인삼 사포닌은 약한 산성 조건(mild acidic conditions)에서 사포닌이 가수분해되어 prosapogenin과 glucose로 나누어지는 것을 확인하였다. 그리고, prosapogenin을 panaxadiol이라고 불렀다. Panaxadiol의 구조는 mass spectrometry를 통하여 panaxadiol의 분자식은 $C_{30}H_{52}O_3$라고 하였다.

◆ 고려인삼 진세노사이드 화학 구조 규명을 위한 러·일 인삼 연구 경쟁

앞에서 서술한 바와 같이, 1900년 초반부터 주로 일본 과학자들이 인삼 성분 및 효능에 대한 연구를 주도적으로 하였다. 그러나, 그 동안 밝힌 인삼 성분이 사포닌의 일종이라는 증거를 찾았지만, 1900년 초부터 1960년도 초까지 사포닌 구조를 밝히는 것은 어려운 과제(숙제) 중의 하나였다. 그 이유는 배당체(사포닌)는 결합 형태가 복잡한 당에 다른 골격 성분이 함께 결합되어 있어서, 그 구조를 밝히는 것은 그 당시 과학 수준으로는 어려운 난제였다. 그러나, 1960년도에 들어서면서부터, 천연물을 분리하는 기술과 분리된 성분의 분자량 및 구조 분석에 도움을 주는 여러 분석 장비들이 속속 개발되어 천연물에도 활용되는 시기가 왔다. 일본과 러시아가 인삼 사포닌 구조 분석의 중심에 있었다.

일본과 러시아는 한반도를 중심으로 두 번의 부딪힘이 있었다. 한 번은 조선(한국)의 지배권(주도권 쟁취)을 두고, 1904년 2월부터 1905년 가을까지 무력 충돌이 있었다. 이를 **러일 전쟁**이라고 부른다. 러일 전쟁의 주요 무대는 만주 남부, 특히 요동 반도와 한반도 근해였다. 결국, 일본이 승리하여 그 후 1945년까지 한반도의 지배권을 확보하는 계기가 되었다.

두 번째 전쟁은 첫 번째 러일 전쟁처럼 한반도 지배권을 두고 서로 싸운 물리적인 전쟁은 아니다. 한반도에서 자생하는 인삼 성분 및 구조 규명을 어느 나라가 먼저 선점하는가에 대한 양국 과학자들의 과학 경쟁 전쟁이었다. 앞에서도 서술한 바와 같이, 인삼이 생산되는 지역은 한반도와 만주 및 러시아 우수리(연해주) 지역 일부에서는 생산된다. 따라서, 러시아도 인삼에 대한 관심이 많았다. 인삼 대량 소비국인 중국이 바로 이웃에 있어서, 러시아 우수리 지역에 인삼밭을 만들고 대량으로 인삼재배를 시작하였다. 대량 인삼 재배 목적은 러시아 내에서의 소비도 있겠지만, 이웃에 중국이라는 엄청 큰 인삼 소비국에 수출하기 위해서다. 그러니, 당연히 인삼 성분 및 효능에 대하여 관심을 가질 수 밖에 없었다. 이런 사실은 파울크가 기술한 내용 중에 송도 인삼 재배자들이 연해주에서 러시아인들의 대규모 인삼재배에 대하여 걱정하는 내용과 일치한다(제12장). 그 이유는 송도 상인들이 중국에 고려인삼을 수출하는데 러시아산 인삼과 경쟁해야 하기 때문이었다.

특히, 블라디보스톡에 연구소를 설립한 **게오르기 엘리아코프 (Georgy B. Elyakov,** 1929-2005년)는 생유기화학 연구를 위한 태평양 연구소, Pacific Institute of Bioorganic Chemistry, PIBOC 설립자) 박사는 극동지역(우수리)에서 생산되는 인삼을 이용하여 인삼 성분(사포닌) 연구를 수행하였다. 다른 한편, 일본에서는 한약재의 하나인 시호柴胡에 함유된 사포닌을 연구하던 **시바타 쇼지**(1915~2016년) 동경대 교수 역시 조선종 인삼에 함유되어 있는 인삼 사포닌 분리 및 화학구조 규명으로 관심을 돌렸다.

이런 새로운 고급 분석 장비들을 이용하여 일본과 러시아 인삼 연구자 사이에 인삼 배당체(사포닌) 물질 분리 및 구조 규명 경쟁이 시작되었다. 처음 시작점은 같았다. 블라디보스톡 PIBOC에 근무하는 러시아 과학자 게오르기 엘리아코프 박사와 시바타 쇼지 동경대 교수는 각각 1962년 같은 연도에 러시아에서 발행하는 Izvest. Acad. Nauk. USSR. Otd. Chim., n., p.2054(1962)라는 학술지에 발표했다. 주요 내용은 "인삼 뿌리를 이용한 메탄올 추출물에서 2개의 중성 배당체 **파낙소사이드(panaxosides)-A와 -B**를 분리했다"고 발표했다. 같은 연도에 일본의 시바타 쇼지 교수는 일본에서 발간되는 야쿠카쿠자시(Yakugaku Zasshi 약지藥誌, vol82, 1634-1638, 1962)라는 일본에서 발간되는 학술지에 "Chemical Studies on Ginseng. I"라는 제목으로 엘리아코프 박사 그룹보다 몇 달 늦게 발표하였다. 시바타 쇼지 교수 그룹은 엘리아코프 박사 그룹처럼 인삼에서 배당체를 분리하였는데, 그 배당체 성질을 엘리아코프 박사 그룹보다 좀 더 구체적으로 아래와 같이 제시하고 있다.

> "일본에서 재배한 인삼(백삼) 잔뿌리와 홍삼 잔뿌리를 이용한 메탄올 추출물로부터 먼저 사포닌을 분리하였다. 이 사포닌을 가수분해하여 미국 과학자 거리게스가 분리했다고 주장한 파나퀼론, 코다케가 주장한 파낙신과 미나가와가 주장한 진세닌을 분리하였다. 이들 물질들은 모두 배당체의 당이 일부 떨어진 프로사포게닌(prosapogenin)에 해당된다. 이 프로사포게닌을 더 가수분해하면 곤도가 주장한 당이 모두 떨어진 사포게닌(sapogenin)이 된다."

시바타 쇼지 교수 그룹은 인삼 사포닌의 강산(strong acid) 가수분해 산물인 사포게닌을 **파낙사다이올(panaxadiol)**이라고 이름 지었다.

그 뒤, 엘리아코프 박사 연구 그룹에서 인삼에서 추가로 파낙소사이드-A부터 파낙소사이드-F까지 총 6가지 배당체 물질을 분리했다고 1962년부터 1968년도까지 5편의 논문을 발표하였다. 그러나, 엘리아코프 박사 그룹에서 인삼에서 사포닌 분리했다고 보고는 먼저 했지만, 분리한 물질의 정확한 구조를 밝히는 데는 실패했다. 즉, 시바타 쇼지 교수 그룹에 비하여 뒤처져 있었다.

예를 들면, 1966년 엘리아코프 박사 그룹과 시바타 쇼지 교수 그룹에서 분리했다고 주장한 인삼 사포닌을 강산 가수분해하여 얻은 파낙사다이올(panaxadiol)과 파낙사트리올(panaxatriol)의 화학 구조를 서로 비교 분석한 결과, 모두 시바타 쇼지 교수 그룹에서 제시안 화학 구조가 맞는 것으로 나타났다(그림 17-1). 그 후, 엘리아코프 박사 그룹은 1968년도에 인삼과 관련된 1편의 논문을 추가로 발표하고, 그 뒤 후속 논문을 발표하지 않았다. 아마도, 그 이유는 인삼 사포닌 구조

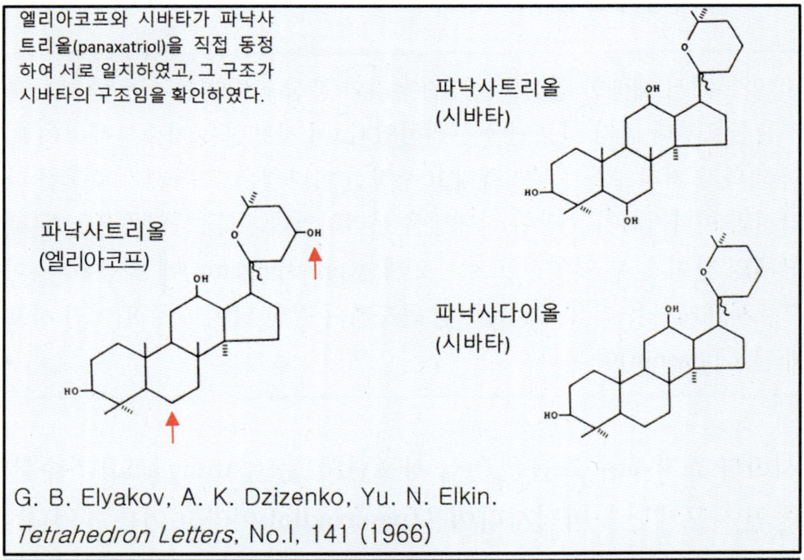

그림 17-1 엘리아코프 박사그룹과 시바타 쇼지 교수 그룹에서 제안한 파낙사트리올의 화학적 구조. 두 그룹에서 제안한 구조가 약간 달랐지만, 결과 시바타 쇼지 교수 그룹에서 제안한 화학구조가 맞는 것으로 나타났다. 두 그룹 간의 화학 구조 차이는 붉은 화살표 표시하였다. 이때부터 인삼사포닌(진세노사이드) 구조 규명 연구에서 일본의 시바타 쇼지 교수 연구진이 주도권을 잡게 된다.

를 밝히는 연구는 시바타 쇼지 교수 그룹에 비하여 인삼 사포닌 존재/분리와 명칭을 붙이는 것은 자기들이 먼저 했을지라도 정확한 구조를 밝히는 연구는 뒤처진 것으로 생각했을 것이다. 그래서 이 분야를 계속 연구해도 시바타 교수 그룹과 경쟁이 되지 않을 수 있다고 생각한 것이다. 아마도 이런 결정은 냉철한 판단에서 나왔을 것이다.

1960년대 초반에는 러시아는 2차대전 승전국이었고, 원자폭탄을 만들 정도로 과학이 발전했음에도 불구하고 아마 정확한 이유는 모르겠지만, 아마도 장비와 정부 지원 부족으로 인하여 뒤처지지 않았나 추측된다. 이쯤에 같은 엘리아코프 박사와 같은 연구소에 근무하는 **이스라엘 브레크만** 박사는 1969년에 인삼의 효능은 인삼 사포닌에서 유래한 **사포닌 작용 원리를 설명할 수 없는 비특이성(non-specific) 아답토젠 효과**라는 현대 과학으로서는 납득하기 어려운 **두리뭉실한 이론**을 내놓았다.

한편, 시바타 쇼지 교수 그룹은 인삼 사포닌 구조와 관련된 연구를 계속하여 수십 편의 논문을 국내 혹은 국제 학술지에 발표하고 마침내 1968년 **진세노사이드 Rg1의 완전한 화학구조**를 학술지에 처음으로 발표한다. 이로써, 인삼 사포닌 분리와 구조 규명과 관련된 연구는 초기에는 거의 같은 1960년도 초반에 인삼에서 분리한 성분 및 구조에 대하여 대등한 관계로 출발하였지만, 결국 일본의 시바타 쇼지 교수 그룹이 먼저 인삼 사포닌의 화학 구조를 먼저 규명하여 조선종 인삼 사포닌 물질 분리 및 구조 규명 연구 경쟁에서는 일본이 승리하게 된다(그림 17-2). 시타바 쇼지 교수 그룹과 그 그룹에 있던 제자들과 다른 연구자들은 다른 대학으로 임용되어 소속이 바뀌었을지라도, 후속 연구를 지속적으로 하여 인삼 뿌리 및 잎에 함유된 사포닌 30여 종을 분리하고 그들의 구조를 밝히는데 성공한다.

진세노사이드-Rg1을 결정 디카(10개)아세테이트를 경유하여 정제하고, 그 구조는 6,20-di-O-글루코실-C-20S-프로토파낙사트리올이라고 결정했다. 엘리아코프의 파나소사이드 A[I]는 진세노사이드-Rg1와 일치했지만, 그의 제안 [I]은 부정되었다.

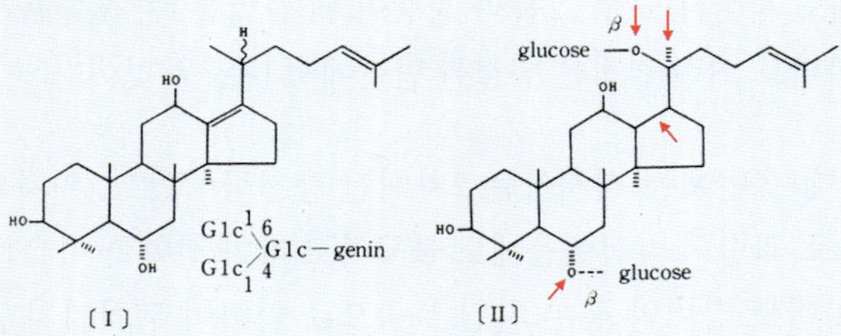

Y. Nagai, N. Tanaka, S. Shibata.
Tetrahedron Letters, 27, 881 (1971)

그림 17-2 엘리아코프 박사 그룹(I)과 시바타 쇼지 교수(II) 그룹에서 제안한 진세노사이드 Rg1의 화학 구조에서도 시바타 쇼지 교수 그룹에 제안한 화학 구조가 맞는 것으로 나타났다. 두 그룹 간의 진세노사이드 Rg1의 화학 구조 차이는 붉은 화살표 표시하였다.

시바타 쇼지 교수 연구 그룹이 인삼 사포닌 분리 및 구조 규명 경쟁에서 러시아 과학자들을 이길 수 있었던 것에 대한 저자의 의견은, 1900년대 초반부터 1930년대 선배 일본 연구자들의 인삼 성분과 관련된 선행 연구들의(특히, 코타케의 연구) 축적된 기술 및 정보가 뒷받침되지 않았나 생각한다. 시바타 쇼지 교수 그룹은 이를 바탕으로 1960년도 도입된 새로운 과학 기술 장비들을 적시에 활용하고, 또 자기들이 할 수 없는 것은 다른 국가 연구소(예, 스웨덴 카롤린스카 연구소)의 도움이나 공동 국내 연구를 통하여 달성될 수 있었다.

시바타 쇼지 교수 그룹이 인삼 사포닌 구조를 밝힌 과정을 요약하면, 인삼에서 분리한 사포닌을 강산으로 처리하여 당들을 먼저 제거한 후 골격 구조(panaxadiol 혹은 panaxatriol backbone structure) 규명 및 결정 → 골격 구조가 triterpenoids 계통의 구조라는 것 검증 → 3차 구조 → triterpenoids 계통의 stereoisomer (epimer) (S)-form 및 (R)-form 입체 위치 결정 → 인삼 사포닌의 골격 구조는 다른 식물(예, 자작 나무)에서 발견되는 담마란(dammarane II) 구조와 같다는 것 규명 → 담마란에 당이 부착된 위치 검증 → 최종 인삼 사포닌 3차 구조 완성으로 요약될 수 있다.

시바타 쇼지 교수 연구 그룹은 자기들이 분리하고 구조를 규명한 인삼 사포닌을 "**진세노사이드**"이라고 이름을 지었다. 그 의미는 ginseng에 함유된 **glycoside**의 합성어이다. 즉, **ginsen+oside**에서 유래하였다. 그리고, thin layer chromatography (TLC) 방법을 이용하여 인삼에 함유된 사포닌 10가지 종류(가 그 특성에 따라 서로 분리될 수 있음을 보여주었다(그림 17-3). 개개의 다른 진세노사이드 이름들은 아래에 기술한 각각의 진세노사이드의 물리화학적 특징에 따라 진세노사이드 x (x=Ro, a, b, c, d, e, f, g1, g2, g3, h)라고 구분하였다. **진세노사이드 Ro, Ra, Rb1, Rb2, Rc, Rd, Re, Rf, Rg1, Rg2, Rg3, Rh**라고 명명하였다. 결국, 엘리아코프가 명명한 **파낙사소이드**이라는 인삼 사포닌 명칭은 더 이상 사용하지 않는다. 대신에, 현재 시바타 교수 그룹이 명명한 진세노사이드이라는 이름이 널리 이용되고 있다.

그림 17-3에서 보듯이 시작점에 가까이 있는 사포닌들은(Rb2) 당이 많이 붙어있어 물과 같이 있고자 하는 성질(친수성)이 있어 멀리 올라가지 못한다(예, 진세노사이드 a, b, c, d, e 등). 반면에, 당이 많이 붙지 않아 물과 섞이지 않고 수요 지용성 성질을 지닌 사포닌들은(소수성 성질) 물과 멀리 떨어지는 현상을 이용하여 인삼에 함유된 개별 사포닌들을 간단한 방법으로 분리하였다. 시바타 쇼지 교수는 101살에 작고하였지만, 그가 분리하고 이름을 지은 진세노사이드는 인삼이

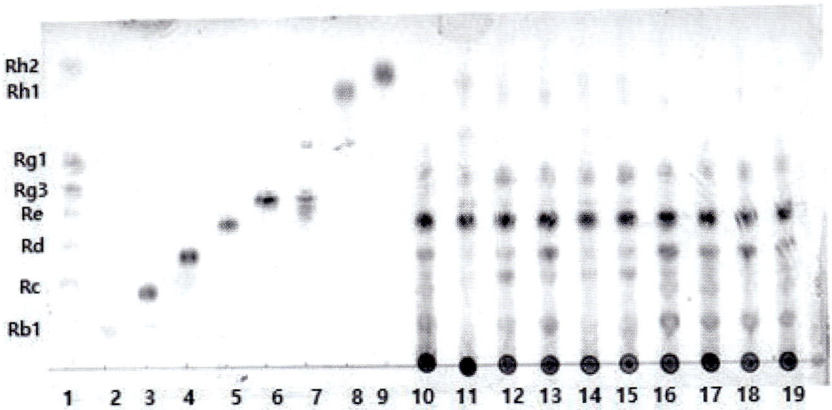

그림 17-3 **Thin layer chromatography (TLC) 실험 결과 예시. 1→9까지는 표준 진세노시이드이다. 10→19까지는 인삼 시료들을 적용한 것이다. 인삼 진세노사이드에 당이 많이 부착될수록 바닥에서 위로 올라가는 정도가 낮다(예, Rb1, Rc, 및 Rd). 그러나, 당이 적게 붙어있는 진세노사이드일수록 더 멀리 이동한다. 시바타 쇼지 교수 그룹은 진세노사이드들의 이런 특징 차이를 이용하여 인삼에서 개별 사포닌을 분리하였다. 즉, 표준 진세노사이드와 같은 위치에 있는 TLC 판을 긁어서 모은 후, 그 성분들의 화학 구조 결정을 위하여 활용하였다. 출처: 동아시아식생활학회지, 26(1), 88-98(2016).**

존재하는 한 영원히 존재할 것이다.

한 가지, 저자가 인삼 연구자들에게 들은 후일담이 있다. 시바타 쇼지 교수 연구 그룹에서는 인삼 사포닌 구조를 밝히는 중간 과정에서 어느 물질이 만들어지고 분광학적인 방법을 이용하여 구조를 결정하였다. 그 다음 단계로 그 구조와 유사한 화학물질을 구하여, 구조 화학적으로 일치하는가를 일일이 검증하는 연구도 병행하였다고 한다. 아마, 이런 두 번의 재검증 과정을 통하여 확인(confirmation)된 인삼 사포닌 구조를 발표한 것이 러시아 과학자들과 정확한 인삼 사포닌 구조를 밝히는 경쟁에서 이긴 요인이 아닐까 추측된다.

또 다른 일화는, 일본 과학자들과 러시아 과학자들 사이에 인삼 사포닌 분리 및 구조 해명 결과에 대한 또 다른 이야기다. 정확한 연도는 불분명하지만, 1970년대 초반에 하와이에서 열린 태평양 약학회에서 일본 과학자와 러시아 과학자가 인삼 사포닌 구조 규명 연구에 대한 발표가 있었다고 한다. 이때 일본 시바타 쇼지 교수 연구 그룹이 발표한 인삼 사포닌 구조가 맞고 러시아 과학자가 발표가 틀렸다는 학회 발표가 있었다. 이때, 최종 인삼 사포닌 구조 결정 결과에서, 일본 시바타 쇼지 교수 그룹은 비록 세계 제2차대전이라는 전쟁에서 러시아에 졌지만, 인삼 사포닌 구조 결정에 대한 과학 연구 경쟁에서는 패전국이 승전국 러시아를 이겼다고 참가자들에게 기립 박수를 받았다는 일화가 전해지고 있다.

시바타 쇼지 교수 연구 그룹은 그 당시, 가장 어려운 주제 중의 하나였던 인삼 사포닌의 화학적 구조를 세계 최초로 규명한 것에 대하여 자부심(pride)이 대단했을 것이다. 바로 이런 것이 과학자가 얻을 수 있는 최고의 영예라고 생각된다.

한 가지 흥미로운 것은, 시바타 쇼지 교수 연구 그룹은 자기들이 분리한 개별 진세노사이드들의 생리학적 및 약리학적 효능 연구를 수행하지 않았다는 점이다.

인삼 사포닌 구조를 밝히는 연구에서, 한국인 연구자도 늦게 시작하였다. **한병훈 교수 연구팀**이다. 시바타 쇼지 교수가 인삼 사포닌 연구를 시작한 지 약 10년 후인 1970년 초반 한병훈 교수는 일본 과학자들이 일본에서 재배한 인삼에서 인삼 사포닌 분리와 구조를 밝히는 연구를 보고, 한국에서 재배한 인삼에서 인삼 사포닌 구조를 밝히는 연구를 시작하였다. 그 결과 한병훈 교수는 국내에서 재배한 인삼에서 새로운 인삼 사포닌 구조를 Panax saponin A(Rg1), C(Re),

D(Rd) 그리고 E(Rb1) 4가지 인삼 사포닌의 구조를 밝히는데 성공하였다.

이 소식을 들은 시바타 쇼지 교수는, 한국을 직접 방문하여 한병훈 교수가 분리한 파낙스 사포닌과 자신의 그룹에서 분리한 진세노사이드 구조를 비교한 결과, 시바타 교수가 확인한 진세노사이드 Rg1은 Panax saponin A에 해당되고, Panax saponin C는 Re, Panax saponin D는 Rd, 그리고 Panax saponin E는 Rb1에 해당되는 것으로 결론지었다. 아쉽게도 한병훈 교수가 국내에서 생산된 인삼에서 분리한 파낙스 사포닌들은 이미 시바타 쇼지 교수가 확인한 진세노사이드와 같은 성분들인 것으로 나타났다. 이런 만남 후에 두 교수는 이미 고인이지만, 학문적으로 매우 친하게 교류했다는 이야기 전해진다. 어쨌든, 일본보다 약 10년이 늦었지만, 국내 연구진들도 인삼 사포닌 구조를 밝힐 수 있다는 인삼 연구에 있어서 과학적 진보를 보여준 계기였다. 또, 이런 국내에서의 인삼 사포닌 연구는 그 후 인삼 가공 방법을 달리하여 만들어진 인삼에서 다른 종류의 인삼 사포닌 구조 해명 연구에 디딤돌이 되었다.

1854년 미국 과학자 거리게스가 처음 인삼에서 보고한 배당체일 것이라는 **파니퀼론**의 완전한 화학 구조는, 111년이 지난 1965년 일본 시바타 교수 그룹에 의하여 **진세노사이드의 일부 분해 산물** 성분으로 최종 결론지었다. 그동안, 전 세계 여러 과학자들이 지은 인삼 사포닌 혹은 다른 성분들과 관련된 이름들은 진세노사이드만 제외하고는 연구 역사에만 남게 되었다.

그러나, 시바타 쇼지 교수 그룹에서 순수 분리한 개별 인삼 사포닌(진세노사이드)을 이용한 다른 일본 과학자들이 행한 후속 효능연구에서, 중의학서 본초강목에서 주장했던 "만병통치약으로서 사람 질

병 치료 용도로 사용할 정도로 커다란 의학적 치료 효능이 관찰되지 않았다." 17~19세기 서구 사회에 널리 퍼져 있었던 인삼의 의학적 치료 효능에 대한 담론이 맞는 것일까? 혹은 인삼 사포닌외 다른 인삼 비사포닌 생리활성 물질이 추가로 존재할까? 인삼 비사포닌 생리활성 소재에 대한 소개 내용은 제19장과 제21장에 있다.

이와같이, 1720년대 일본으로 전달된 조선의 고려인삼은 일본 과학자들에게 현대 과학적 인삼 성분 및 효능연구 기반을 제공한 셈이다.

◆ 일본으로부터 인삼 성분 정보 및 분석 기술 역수입

저자가 본 장 내용을 기술하면서 한 가지 아이러니한 일에 부딪히게 된다. 제9장에서 기술한 바와 같이, 조선 시대 일본은 조선으로부터 몇십 년 동안 고려인삼을 수입하여 의료용으로 사용했다. 또, 일본은 인삼 자생지가 아니었기 때문에, 요시무네 막부는 조선으로부터 생삼 및 종자를 여러 차례 가져다가 일본에서 고려인삼 인공 재배를 시도하여 결국 성공하여 조선종 고려인삼을 대량으로 하는 시스템을 구축하여 자급자족하고 남은 인삼을 동양 인삼의 이름으로 중국에 수출까지 하였다. "조선인삼경작기"라는 고려인삼 재배 서적도 출간하였다. 즉, 그 당시 조선은 공식적인 인삼재배 서적은 출간이 되지 않았을지라도, 이 책이 나오기 전에 조선에서는 가삼 재배가 조선 정부 몰래 많이 재배하였겠지만, 많은 인삼과 관련된 정보들이 조선에서 일본으로 흘러간 것은 확실하다.

서양 과학 기술을 일찍이 습득하고 응용한 일본 과학자들은 서양 과학자들보다 앞서서 조선에서 가져간 인삼을 성분 및 효능 연구를 통하여 인삼 연구에 있어서는 종주국 역할을 하고 있다. 즉, 20세기에 들어와서 인삼 사포닌 분리 방법과 사포닌 화학 구조를 밝히는 연구를 선도적으로 수행하였다. 또 이들 성분을 이용한 연구들을 20세기 중반부터 후반까지 지속적으로 발표하였다. 일본에서 생산된 조선종 고려인삼은 일본 인삼 연구의 과학적 연구 기반이 되었다. 이런 일련의 과정이 지나가면서 이제는 우리나라 과학자들이 일본에서 인삼 성분 분리, 구조 규명 및 효능 연구 방법을 일본 과학자들에게 배우고 있는 실정이 되었다. 근대~현대에 이런 상황 변화는 아마도 조선 시대 위정자들과 일본 정부 위정자들이 국가 과학 기술 발전을 위하는 방법이 무엇인가 알 수 있는 척도의 하나가 될 수 있다.

두 번째 저자가 느낀 아이러니한 일은, 일본 과학자들에 의한 인삼 사포닌 구조가 밝혀진 이후로 일본이 아닌 한국의 인(홍)삼 산업이 양적·질적으로 눈부시게 발전하였다. 한국은 일제 강점기에 일본인 연구자들이 다진 터전 위에 홍삼이라는 품질이 뛰어난 고려인삼을 자체 생산시스템을 조선 말기부터 갖추고 있었다. 여기에 전매법이라는 독과점하에서 정부 도움을 받아 국가 재정에 도움을 주었을 뿐만 아니라, 그 기반위에서 한국 인삼 산업 발전이 되었다. 고려인삼이라는 전통적 후광에 인삼의 생리활성 성분이 인삼 사포닌이라는 것이 밝혀진 것이 한국의 인삼 산업 발전에 기여한 것이다(제13장).

◆ 인삼 사포닌 분리 및 구조 규명의 긍정적 및 부정적 파급 효과

시바타 쇼지 교수 그룹의 다년간 노력에 의한 고려인삼 사포닌 분리 및 구조 규명 성공은, 긍정적인 파급 효과로서, 1) 세계 최초 인삼 구성 성분(인삼 사포닌) 분리 및 화학 구조 규명; 2) 인삼 관련 식의약품 지표 혹은 기능성 성분으로 지정, 3) 인삼이 동양에 국한된 허브에서 전 세계 연구 대상이 될 수 있다는 개념 전환점 마련, 4) 인삼 사포닌(진세노사이드, ginsenoside) 외 폴리아세틸렌(polyacetylenes)과 같은 다른 인삼 성분 분리 및 화학 구조 규명 연구 유도했다는 점, 5)

인삼이라는 단순 추출물을 이용한 연구에서 인삼 성분을 이용한 연구 촉발과 진세노사이드를 이용한 수천 편의 출간한 논문이 pubmed에 수록되었다.

인삼 사포닌 성분 강조로 인한 부정적인 파급 효과는, 1) 인삼 사포닌(진세노사이드) 중심의 생리활성 물질로서 한계점 봉착(제18 및 20장 참조), 2) 인삼에 밝혀지지 않은 비사포닌 생리활성 성분들이 존재함에 불구하고, 인삼 사포닌 위주의 연구로 비사포닌 신소재 발굴 및 검증 지연 요인으로 작용, 즉 인삼 사포닌 외 비사포닌 성분 지표, 기능성 성분 도출 및 기능성(효능) 검증 소홀, 3) 인(홍)삼 제품 제조 시 인삼 사포닌 위주의 품질 관리로 인한 인삼 비사포닌 생리활성 성분 품질 관리 소홀, 4) 인삼 비사포닌 생리활성 성분이 발휘할 수 있는 인삼 효능 부재로 인(홍)삼 품질 저하 요인으로 작용(더 자세한 내용은 인삼학 입문, 제15장 참조).

◆ 일본 과학자들의 고려인삼 및 인삼 사포닌(진세노사이드) 연구 주춤과 그 이유

일본 1900년 초부터 1990년대까지 고려인삼 및 인삼 사포닌 연구를 주도하였다. 또, 1960년부터 1970년대까지 시바타 쇼지 교수 연구팀은 인삼 사포닌 분리 및 구조를 세계 최초로 규명하는 데 성공하여 최전성기에 이르렀다. 그러나, 아이러니하게도, 펍메드(pubmed)[29]에 올라온 국가별 인삼 관련 발표 논문 수를 보면, 고려인삼 연구 종주국이었던 일본은 20세기 후반부터 21세기에 들어와 인삼 및 인삼 사포

29 펍메드(pubmed) : 미국 국립 의학 도서관(NLM)에서 구축하였고, 출간된 의학 논문 데이터베이스로, 메드라인(Medline)의 무료 검색 도구이다. 주로 생명과학, 생물의학, 건강심리학 등 보건 및 복지에 관한 폭넓은 주제에 대한 논문들을 참조 및 요약을 제공한다. PubMed는 연구자들이 의학 및 관련 분야의 정보를 찾고 연구에 활용하기 위해 널리 사용된다

닌 연구를 거의 진행하지 않는 것으로 나온다. 다시 말하면, 인삼을 연구하는 일본 연구자들이 없다는 것이다.

그 이유는 무엇일까? 진세노사이드는 사포닌의 일종이다. 그 답은 인삼 진세노사이드의 다음과 같은 특징이 있다.

1) 인삼 진세노사이드는 다른 식물에서 생리활성을 보이는 성분처럼 사람 몸에서 특정 리간드(specific ligand)로 작용하지 않는다(제19장). 진세노사이드는 생체내에서 리간드로 작용하지 않기 때문에, 의학적 치료용 응용 연구가 마땅하지 않다. 진세노사이드가 의학적 리간드로 작용한다면, 화학자 혹은 유기화학자들은 진세노사이드 화학구조 변경을 통하여 진세노사이드 효과가 더 강력하게 작용하도록 하는 효현제[30](agonist)를 합성하거나 혹은 진세노사이드 작용을 차단하는 길항제[31](antagonist)를 만들어 생리학적 혹은 약리학적으로 응용할 수 있는 연구 영역을 제약 산업계 및 의학적 치료 분야로 넓힐 수 있다. 즉, 진세노사이드에서 유래한 질병 치료 용도 신약 개발에 응용이 가능할 텐데 그렇지 못하다는 데 있다.

2) 대부분의 천연물에서 분리된 생리활성 리간드는 화학합성을 통하여 대량 생산되어 의학적 치료 용도로 활용된다. 그래서, 더 이상 천연물에서 생리활성 물질을 분리하지 않는다. 그 이유는 합성하는 것보다 원료 준비 및 분리하는 비용이 더 많이 들기 때문이다. 그런데,

30 효현제 : 사람 특정 세포막 수용체와 결합하여 해당 수용체의 정상적인 기능을 모방하거나 더 강하게 활성화시키는 물질(예, 생체에 존재하는 아세틸콜린 효현제는 카바콜carbachol이 있다)

31 길항제 : 어떤 리간드의 작용을 방해하거나 억제하는 물질을 의미한다. 특히, 생체 내에서 특정 수용체에 결합하여 해당 수용체에 작용하는 물질(효현제)의 효과를 감소시키거나 차단하는 역할을 한다. 쉽게 말해, 어떤 작용을 하는 리간드라는 물질이 있으면, 그 작용을 반대로 하는 물질이 길항제라고 할 수 있다(예, 모르핀 길항제로 날록손naloxone을 들수 있다)

진세노사이드는 담마란 골격 구조에 다른 종류의 당들이 붙어있어 복잡하고 시험관나에서 합성하기가 쉽지 않다(제19장). 진세노사이드는 간단한 공정을 통하여 화학적으로 대량 생산하기가 어렵다는 것이다. 즉, 진세노사이드는 의학적으로 응용이 가능한 리간드도 아니고, 화학합성을 통하여 대량 생산하기가 어려우니 자연히 화학자나 유기화학자들에게 연구할 가치가 있거나 매력적으로 보이지 않을 것이다.

현재까지, 일본을 포함하여 전 세계 국가에서 진세노사이드를 화학적으로 합성에 성공했다는 연구 보고는 없다. 또, 동물과 식물에서 분리된 사포닌들도 화학 구조가 수없이 많이 밝혀졌지만, 진세노사이드와 마찬가지로 화학합성을 통하여 의학적으로 응용한 사례는 아직 없다.

그러나, 인삼 사포닌을 포함하여 식물 사포닌들은 사람을 포함한 동물 생체에서 리간드로 작용하지 않지만, 다른 방법들(예, 항산화 및 항염증 등)으로 생체에 영향을 미칠 수 있음을 독자들에게 알려드린다.

◆ 참고문헌

Garrigues S. Ann. Chem Pharm. 90, 231 (1854).

Davydow. Pharm. Z. Russland, 29, 97 (1889).

藤谷功彦, 京都医誌, 2, 191 (1905).

米川稔, 慶　, 6, No.6, 7 (1926)

小竹無二雄, 日化誌, 51, 357 (1930)

Asahina Y. and Taguchi B. J. Pharm Soc. Japan 26, 549 (1906).

Kondo H. and Tanaka O. J. Pharm. Soc. Japan 35, 779 (1915).

Kotake M. Nipon Nagaku Kaishi: J. Pharm Soc. Japan 51, 357 (1930).

Fujita M, Itokawa H, Shibata S. J Pharm Soc. Japan, 82, 1634 (1962)

Shibata S, Fujita M, Itokawa H, Tanaka O, and Ishi T. Tetrahedron Letters. 419, 1962.

Shibata S, Tanaka O, Nagai M, and Ishi T. Chem Pharm Bull 1239, 1962.

G.B. Blyakoy, L.I. Strlglna, A. J. Khorlln, and N.K. Kochetkoy. *Izvest. Acad. Nauk, USSR, Otd. Chim.* n., p.2054 (1962).

Mitiiti Fujita, Hideji Itokawa, and Shoji Shibata. Chemical Studies on Ginseng I. Yakugaku Zasshi, vol82, 1634-1638 (1962).

Elyakov GB, Strigina LI, Uvarova NI, Vaskovsky VE Dzizenko AK, Kochetkov NK. Glycosides from ginseng roots, Tetrahedron Letters, vol 5, Issue 48, 1964.

Elyakov GB, Strigina LI, Shapkina EV, Aladyina NT, Kornilova SA,

Dzizenko AK. The probable structure of true aglycones of Ginseng glycosides. Tetrahedron. 1968 Aug;24(16):5483-91.

조선인삼비사, 2부 인삼의 과학사 (나승열 국역본, 2025) p.242~266 시바타 쇼지 교수가 인삼 사포닌 구조를 밝힌 과정을 년도 별로 정리함.

우보 한병훈 박사 논문집 (1999), p.56~65.

하유진, 유선균 and 김미리. (2016). 발효 김치로부터 분리한 Lactobacillus sp. Strain KYH를 이용한 진생베리 추출물 최적 발효 공정 확립 및 생성물의 특성 분석. 동아시아식생활학회지, 26(1), 88-98.

한병훈, 한국인삼론(Current status of Korea Ginseng Research). 생약학회지 (Kor. J. Pharmacog.) 3(3) 151~160 (1972).

Kaku, T., Miyata, T., Uruno, T., Sako, I. & Kinosita, Y. (1975) Arzneim-Forsch. 25, 343-347.

Kaku, T., Miyata, T., Uruno, T., Sako, I. & Kinosita, Y. (1975) Arzneim-Forsch. 25, 539-547.

Brekhman II, Dardymov IV. New substances of plant origin which increase nonspecific resistance. Annu Rev Pharmacol. 1969;9:419-30.

Jolly A, Hour Y, Lee YC. An outlook on the versatility of plant saponins: A review. Fitoterapia. 2024 Apr;174:105858.

Stahl E. Chemiker Ztg, 82, 323-329 (1958).

18 20세기 고려인삼 효능 발현은 비특이적 아답토젠 효과라고 주장한 연구자

◆ 아답토젠 이론이란?

미국은 자국에서 생산한 인삼을 자국에서 소비하는 것 대신 한뿌리라도 더 중국으로 수출하기 바쁠 뿐, 중국과는 달리 인삼에 대하여 큰 관심이 없었다. 대신, 서양의 발전된 과학으로 무장한 일본 과학자들은, 1900년도 초부터 제2차 세계대전 전까지 인삼 성분 및 효능에 대한 연구를 일본 의과 대학들과 일본이 강점한 조선의 경성제대 의학부 소속 일본인 교수들 주도로 이루어지고 있었다. 또, 서유럽 과학자들이 아니고, 동유럽 과학자들이 인삼의 효능 연구를 시작한 시기는 제2차 세계대전이 끝나고, 1950년 중 후반부터 러시아(옛 소련)가 연해주(우수리) 지역에 인삼을 대규모로 재배하면서 인삼 효능에 관심을 가지게 되었다. **이스라엘 브레크만**(Israel Itskovich Brekhman, 1921~1994년) 박사는 블라디보스톡 극동 연구소에 근무하면서, 우수리 지역에서 재배하는 인삼을 활용하거나 중국으로 수출하기 위하여 인삼 효능 연구에 관심을 가지기 시작하였다.

제11장에서 서술한 바와 같이, 1854년 거리게스가 미국 인삼에서 분리한 주요 성분이 사포닌 배당체일 것이라는 것이 알려져 있었다. 그 후 일본 과학자들에 의하여 후속 연구가 이루어졌지만, 거리게스와 일본 과학자들이 인삼에서 분리한 성분이 배당체와 유사할 것이라는 증거들만 제시하였을 뿐이었다. 인삼 배당체의 완전한 분리 및 특

징을 밝힌 것은 아니었다. 즉, 1950년대 후반까지 인삼 성분 분리와 정확한 화학 구조가 명확하게 밝혀지지 않았던 때였다. 그래서, 브레크만이 극동 아시아에서 재배한 인삼의 효능을 고된 훈련과 지구력이 요구되는 상황(추위, 더위 및 긴장 등)을 있는 군인들이나, 야간 근무로 인하여 잠 부족이란 스트레스가 쌓인 전화 교환수들을 대상으로 한 테스트에서 긍정적인 결과를 얻었다고 발표한다. 그러나, 서양 과학자로서 아직 인삼 성분이 밝혀지지 않은 상태에서 이런 인삼 효능을 설명하기가 어려웠을 것으로 예상된다.

바로 이때, **니콜라이 라자레프**(Nikolai Lazarev, 구 소련의 독성학자)가 1947년 도입한 이론으로 주요 골자는 "각종 스트레스들이 사람에게 악영향을 미칠 때, 약용 식물들(herbal medicines)을 복용하면 스트레스로 인한 신체 및 정신의 저항력을 증가시켜 주는 효과를 얻었다. 이를 설명할 수 있는 방법으로 아답토젠(adaptogen, 혹은 적응소) 효과"라고 주장하였다. 아답토젠의 유래는 adapt(적응하다)+o+gen이 합쳐져서 만들어진 용어다. 즉, 외부에서 가해지는 다양한 악영향에 대한 신체 적응력을 높여주는 물질이라는 의미다. 약용식물 유래 아답토젠 역할을 하는 성분은 식물 사포닌, 식물에서 유래한 스테롤(sterol), 식물에서 유래한 스테로이드와 비슷한 구조를 가진 천연물 등이 해당한다고 하였다. 그 당시, 라자레프가 언급한 약용식물들에 인삼이 포함되어 있지 않았다.

브레크만 박사는 1969년 발표한 논문에서 인삼과 시베리안 인삼(오가피) 혹은 오가피를 포함하여 생리활성 성분이 밝혀지지 않은 다른 약용식물들의 효능을 설명할 때, 라자레프에게서 아답토젠이라는 개념을 빌려왔다. 또, 그 당시에 인삼 성분을 분리 연구가 막 시작되었던 초창기 때라서, 브레크만도 다른 약용 식물에서와 같이 인삼에 함유된 배당체(사포닌) 성분이 아답토젠 역할을 할 것이라고 예상하였다. 그 예로, 그 당시 인삼의 아답토젠 역할을 하는 성분으로는 **게오르기 엘리아코프(Georgy B. Elyakov, 1929~2005년)**라는 러시아 과학자와 일본 과학자들이 분리하여 구조를 규명 중인 인삼 사포닌(glycosides)들의 예를 들었다(제17장). 그러나, 유럽권 의학 연구기관 연구자들은 브레크만 박사가 주장하는 식물의 어떤 화학물질(구조)이 세포막에 존재하는 특별한 타겟 수용체(specific target receptor)에 결합 및 작용하여 아답토겐 효과를 발휘하는가에 대하여 정확한 증거에 근거(evidence-based definition)한 정의없이 아답토젠 효과라고 하는 것은, 21세기 과학 원리에 맞지 않다는 결론을 내렸다(부록 참조). 현재, 약용 식물이나 천연물의 효과를 아답토젠 효과라는 용어를 사용하는 나라는 주로 한국, 중국 및 일본 등의 일부 국가들에서 인삼의 효능을 설명할 때, 학자들이 제한적으로 사용하고 있다.

아답토젠 이론을 주장한 러시아의 브레크만 박사와 고려인삼 사포닌 구조 규명 연구를 수행했던 엘리아코프 박사는 같은 연구소에서 근무했다

브레크만 박사에 의하여 인삼 효능에 대한 아답토젠 이론이 발표되던 1960년대는 공교롭게도 러시아의 엘리아코프 박사 그룹과 일본의 시바타 교수 그룹이 인삼 사포닌 구조 규명을 위한 연구에서 서로 경쟁 관계에 있었던 시기였다(제17장). 흥미롭게도, 브레크만 박사와 엘리아코프 박사의 출생 연도는 달라도 같은 시대 연구자들이다. 또, 브레크만 박사가 근무했던 연구소와 엘리아코프 박사가 근무했던 연구소(Institute of Biologically Active Substances, Siberian Department of Academy of Sciences of the U.S.S.R., Vladivostok, U.S.S.R)도 같았다. 고려인삼 사포닌 효능과 인삼 사포닌 순수 분리 및 구조 규명이라는 같은 연구소의 각기 다른 두 과학자가 인삼과 관련된 연구를 수행하면서, 자기들의 연구 진행에 대하여 서로 상의를 했는지에 대하여 아직 알려진 바 없다. 그러나, 공동 연구를 수행했을 가능성은 없다.

그 이유는 두 연구자가 한 번에 같이 학회나 학술지에 공동 발표한 초록이나 논문은 없다.

한 가지 공통점은, 두 과학자가 1960년대 초반에 인삼이란 주제로 연구를 진행하였다는 것과 1960년대 후반에 들어와서 두 과학자 모두 인삼 연구를 더 이상하지 않았다는 것이다. 엘리아코프 박사의 경우는 시바타 교수 그룹과 인삼 사포닌 구조를 밝히는 경쟁에서 졌다는 사실이다(제17장). 브레크만 박사 연구 그룹 역시, 인삼의 효능을 아답토젠 효과라는 이론을 발표하고 나서 자기들의 인삼 효능 이론을 더 깊게 증명하고 확장하여 전 세계적으로 학자들에게 인정받을 수 있는 이론으로 정립하는 과정이 필요하다. 그러나, 1960년 후반에 들어와서는 자기가 주장한 아답토젠 이론을 확실하게 뒷받침할 수 있는 후속 논문들을 지속적으로 발표하지 않았다. Pubmed에 등재(1954~1983년)된 총 21편의 논문 중 인삼과 관련된 연구 논문들은 1954년부터 1971년까지 단 6편의 논문이 게제되었을 뿐이다(부록 참조).

더욱이, 브레크만 박사가 인삼의 효능을 설명할 때 아답토젠 이론을 주장의 근거가 되는 대부분의 6편의 논문들은 구소련에서 발간된 학회지에 실린 것이었다(부록 참조). 일본이나 서구의 다른 나라에서 발간된 학회지들은 1900년 초반에 논문이 발표가 되었을 지라도, 잘 보존되어 구글링을 통하여 해당 논문의 원문을 다운(down) 받을 수 있었다. 그러나, 러시아에서 발간된 논문들을 다운 받아서 브레크만 박사가 수행했던 연구들과 아답토젠 이론을 좀 더 깊게 분석하고 싶었지만, 해당 논문들은 구글링(Google 검색)을 통하여 찾을 수가 없었다는 것이 아쉽다.

20세기 초반 주로 동양(일본)에서만 수행되었던 인삼 연구가 서양 과학자도 인삼 효능을 과학적으로 연구하여 서구에 널리 알린 사실은 인정한다. 그러나, 브레크만 박사가 제시한 인삼 효능 발현에 대한 아답토젠 이론 적용은 약리 효능을 발휘하는 성분 및 수용체/생체 타겟 성분에 중점을 둔 다른 서구 과학자들에게는 불확실하고 애매한 이론으로 여긴다(부록 참조). 그 당시 브레크만 박사의 주장이 먹혀들어간 이유는, 그 당시 브레크만 박사의 주장을 뒤엎을 만한 인삼 사포닌 구조 및 효능이 아직 완전하게 규명된 것도 아니었다. 인삼 사포닌을 제외한 인삼의 다른 성분도 장기간 연구에도 불구하고 발견되지 않았을 때였다. 또, 인삼 사포닌 화학구조가 시바타 쇼지 교수 그룹에 의하여 밝혀졌고, 개별 인삼 사포닌을 이용한 연구에서도 인삼 효능을 대표할 수 있는 정도의 충분한 효능을 발휘하지 못했다. 결국, 브레크만 박사는 두리뭉실하게 인삼 사포닌 효능을 아답토젠 이론으로 덮어 버렸다. **21세기 다른 서양 과학자 입장에서는 납득이 되지 않은 아답토젠 이론으로, 본초강목에 나열된 검증되지 않은 과장된 인삼 효능들에 이어서, 또, 한번 인삼에 대한 주요 연구 대상에서 멀어지게 했다고 볼 수 있다**(제16장).

◆ 아답토젠 이론의 오류

브레크만 박사를 비롯한 아답토젠 이론을 주장하는 사람들은 아답토젠이 갖추어야 할 특징(조건) 3가지를 제안하였다. **첫째,** 아답토젠은 비특이적 작용(non-specific activity)을 해야 한다. 즉, 사람이 다양한 물리적, 화학적, 생물학적 요인을 포함한 스트레서(stressors)에 적응하는 데 비특이적으로 도움이 되어야 한다. **두 번째,** 아답토젠은 정상화 효과(normalizing effect) 혹은 항상성 작용이 있어야 한다. 즉, 아답토젠의 역할은 어떤 사람에게는 부족하여 증가해야 할 것을 증가시키고, 다른 사람에게는 너무 많아서 감소해야 할 것을 감소시켜야 한다. 즉, 막연한 완충 작용(buffering effects)을 한다는 것이다. **세 번째,** 아답토젠은 해(harm)를 끼치지 않아야 한다. 아답토젠을 복용하더라도 부작용이 없어야 한다는 것과 같다.

21세기 지금은 첨단 과학 기술을 이용하여 천연물에서 분리된 성분 규명 및 효능을 완전하게 밝혀낼 수 있는 시대다. 과학 기술이 발달하면서 과거에 맞았던 이론이나 학설 및 효능이 바르게 수정되거나 폐기되는 시대다. 아쉬운 것은, **우리나라 인삼 효능 연구 분야만 그렇지 않다.** 약 60년 전에 증명되지 않은 불명확한 근거를 가지고 주장한 러시아 과학자가 주장한 아답토젠 속설이 인삼 연구에 있어서 아직도 잔재로 남아있다. 브레크만 박사가 스트레스와 관련된 인삼의 효능을 설명할 때, 즉, 인삼 사포닌 하나만 가지고 설명할 때는 이 이론이 맞을 수도 있다. 현재는 인삼에 사포닌외 다른 생리활성 성분들이 많이 밝혀졌다. 그들의 역할들도 자세히 알려지고 있다. 또, 아무리 천연물에서 추출한(분리한) 것들이 안전하다 하더라도, 부작용(예, 특정인에 대한 엘러지)이 있기 마련이다. 아답토젠은 "해(harm)나 부작용(side effects)이 없어야 된다"는 것은 21세기 식의약품 안전성 인식과는 부합되지 않는다. 또, 아답토젠의 정상화 작용 혹은 완충 작용 역시 21세기 의약학에서 이야기하는 약물의 예방, 증상 완화 혹은 치료 효과와는 거리가 있다. 따라서, 인삼 효능을 설명할 때 맞지 않은 60년 이상 된 아답토젠 이론을 이제는 폐기할 때다.

그에 대한 근거로 예를 들면, 현재 인(홍)삼이 가지고 있다고 주장하는 "항산화, 항염증 작용, 혈행 개선, 면역 증강 작용, 기억력 개선 작용 등의 효과를 정상화 작용/완충 작용/해(부작용)가 없다는 아답토젠 작용 하나만으로 설명하는 것이 가능할까?" 의문이 든다. 또 다른 하나 중요한 것은, 현재는 그 당시 없었던 질병 예방의학이라는 중요한 개념이 도입되었다. 각종 질병으로 인하여 기력이 약한 사람뿐만 아니라, 건강한 사람도 미래 질병 예방을 위하여 인삼을 먹을 수 있다. 인삼의 적응 용도 및 효능도 시대 발전과 맞게 변화해야 한다.

◆ 21세기 의약학 개념에 맞고 증거에 근거 한 새로운 이론 정립의 필요성

현대 의약학의 발전은 초기 천연물에서 사람 질병 치료와 예방 효과를 발휘하는 성분을 분리하고 그 성분의 화학구조를 밝히고, 시험관 연구와 전임상을 실시하고, 그 후 사람에게 적용하여 임상적 효능을 검증하는 과정을 통하여 눈부시게 발전하였다. 또한, 천연물에서 분리한 성분의 치료 효능을 더 강화시키기 위하여 분리한 성분의 화학 구조를 변형하는 단계를 거친다. 이를 반합성(semi-synthesis)이라고도 부른다. 더 나아가, 이제는 천연물에서 생리활성물질을 분리하는 것보다, AI를 이용하여 직접 합성하는 합성 의약학으로 발전하고 있다.

천연물에서 분리했거나, 구조 변경을 통한 반합성을 하거나, 아니면 처음부터 합성한 의약품들은 그 효과를 발휘하기 위하여서는 세포나 장기에 존재하는 타겟 단백질과 상호작용을 해야 한다. 일반적으로 약물이 결합하는 타겟 단백질은 세포막에 존재하거나 세포 안에 있다. 따라서, 약물들은 이들 단백질 작용을 활성시키거나 억제하여 약리학적 치료 효과를 발휘한다.

20세기 초중반의 시기는 인삼 성분들이 제대로 밝혀지지 않은 때였다. 브레크만 박사가 여러 약용 식물과 인삼 사포닌을 기준으로 만든 아답토젠 이론은 더 이상 인삼의 효능을 과학적 근거에서 설명할 때 맞지 않은 이론이다. 제19장과 제20장에 서술한 바와 같이, 인삼 신소재 진토닌의 약리활성 발현 원리를 기반으로 한 인삼 리간드 이론(ginseng ligand theory)이 현대 과학적 증거에 기반한 이론이 대안이 될 수 있다. 또, 인삼 산성 다당체에 의한 패턴인식 수용체 활성에 의한 면역증진 효과도 이 이론에 해당된다.

◆ 참조 문헌

"Reflection Paper on the Adaptogenic Concept"(PDF). European Medicines Agency, Committee on Herbal Medicinal Products. 8 May 2008. Retrieved 26 October2020.

Brekhman II, Dardymov IV. New substances of plant origin which increase nonspecific resistance. Annu Rev Pharmacol. 9:419-430 (1969).

"Warning letters (search term: adaptogen)". US Food and Drug Administration. 3 November 2023. Retrieved 5 November 2023.

Ronald M. Pace (8 December 2020). "FDA warning letter to Mushroom Revival, Inc". Division of Human and Animal Food Operations East, US Food and Drug Administration. Retrieved5 November 2023.

부 록

브레크만 박사 그룹에서 인삼과 관련하여 발표한 논문들

Brekhman II, Berdyshev GD, Gologin VG. Effect of Eleuterococcus and ginseng extracts on the activity and adaptive synthesis of tryptophan pyrrolase in rats. Izv Akad Nauk SSSR Biol. 1971 Jan-Feb;1:31-7. PMID:5553391 Russian. No abstract available.

Brekhman II, Dardymov IV. Pharmacological investigation of glycosides from Ginseng and Eleutherococcus. Lloydia. 1969 Mar;32(1):46-51.PMID:5788767 No abstract available.

Brekhman II, Ranenko VA. Antiradiomimetic effects of some natural combinations. 1. Composite preparations and individual glycosides ofginsengroots]. Radiobiologiia. 1968 Jul-Aug;8(4):613-5.PMID:5745480 Russian.No abstract available.

Brekhman II, Dardymov IV, Dobriakov IuI. [On the pharmacology of individual glycosides from the roots of Panax ginseng C.A. Mey. Farmakol Toksikol. 1966 Mar-Apr;29(2):167-71. PMID:4386176 Russian. No abstract available.

BREKHMAN II, OSKOTSKII LI, KHAKHAM AI. Effect of certain preparations from plants of the family Aralia on experimental radiation sickness. Med Radiol (Mosk). 1960 Feb;5:33-6.PMID:13804149 Russian. No abstract available.

BREKHMAN II, FRUENTOV NK. Effect of ginseng on reactivity of the organism. Farmakol Toksikol. 1954 Jul-Aug;17(4):27-30. PMID:13210404 Russian. No abstract available.

인삼 외 논문 (이 논문에서 adaptogen 용어가 나온다)

Brekhman II, Dardymov IV. New substances of plant origin which increase nonspecific resistance. Annu Rev Pharmacol. 1969;9:419-30.

위키피디아

아답토젠 이론(Adaptogen theory)

적응원으로 인용된 건조된 로디올라 로제아 뿌리.[3]

개념 및 비수용

용어 "적응원(소)"은 섭취 시 스트레스를 줄이고 전반적인 웰빙을 지원하는 것으로 알려진 무독성 식물 또는 그 추출물을 말합니다. 그러나 적응원의 정의는 모호하고 적절한 과학적 증거가 없어 어떤 물질이 정확히 적응원으로 만드는지 판단할 수 없습니다.

적응원 효과의 개념은 약리학적 또는 임상적 환경에서 수용되지 않으며 유럽 연합이나 미국에서 마케팅이 승인되지 않았습니다. 2020년부터 2023년까지 미국 식품의약국(FDA)은 적응원을 함유하도록 마케팅된 제품에 대해 불법적이고 승인되지 않은 건강상의 주장을 하는 건강 보조식품 제조업체에 여러 차례 경고장을 발송했습니다. 예를 들어 2020년에 FDA는 다양한 항질병 효과가 있는 적응제를 함유하고 있다고 주장하는 버섯 보충제 제조업체에 경고서를 발송하여 이러한 제품이 "위에서 언급한 용도에 대해 일반적으로 안전하고 효과적이라고 인정되지 않으므로 이러한 제품은 FD&C 법 제201(p)조 U.S.C. 321(p)]에 따라 '신약'이라고 명시했습니다. 신약은 FDA의 사전 승인 없이는 합법적으로 도입되거나 주간 상거래에 도입되도록 배송될 수 없습니다."[6]

역사

"적응제"라는 용어는 1947년 소련의 독물학자 니콜라이 라자레프가 스트레스에 대한 저항력을 증가시킬 수 있는 물질을 설명하기 위해 만들어냈습니다. "적응발생"이라는 용어는 나중에 소련에서 생물체의 생물학적 스트레스에 대한 저항력을 증가시키는 것으로 생각되는 치료법을 설명하는 데 적용되었습니다. 적응원에 대한 대부분의 연구는 1980년대 이전에 소련, 한국, 중국에서 수행되었습니다. 2020년 현재 이 용어는 유럽 연합의 약리학, 생리학 또는 주류 임상 관행에서 받아들여지지 않았습니다.

19 21세기 인삼 효능 발현은 인삼 리간드-사람 세포막 수용체 활성 작용이라고 주장한 연구자

본 장에서는 고려인삼 복용을 통한 효능 발현은, 아답토젠 이론의 **비특이적 효과**[32](non-specific effects)에서 유래한 것이 아니고, 고려인삼 복용을 통한 효능 발현은 인삼 성분 중에 특수한 **리간드**[33]가 존재하고, 그 리간드가 사람 세포막 **수용체**[34]라는 **특정(특수한) 타겟 단백질 결합(수용체) 및 활성**을 통하여 효능을 발현한다는 **특이적 효과**[35](specific effects)를 통하여 이루어진다는 근거를 제공한다. 인삼에 존재하는 특수한 리간드는 진토닌이다. 진토닌과 관련된 자세한 설명은 "인삼 신소재, 2021"을 참조하기 바란다.

32 비특이적 효과(non-specific effects) : 임상시험이나 치료 과정에서 특정 치료 방법의 효과를 넘어 발생하는 효과를 의미함. 이는 플라시보(위약) 효과와 유사하게, 치료의 맥락이나 환자의 기대감, 참여 자체 등에서 발생하는 심리적 또는 신체적 개선을 포괄적으로 의미로 해석함.

33 리간드(ligand) : 생화학 및 약리학에서 생물학적 목적을 위해 생체분자와 복합체를 형성하는 물질이다. 리간드라는 용어의 어원은 "결합하다"를 의미하는 라틴어 "ligare"로부터 유래함

34 수용체(receptor) : 생체(세포) 외부의 신호(리간드)를 받아들여 세포 내부로 전달하는 역할을 하는 단백질로 구성된 구조

35 특이적 효과(specific effects) : 특정 대상(수용체, 치료제, 항원, 효소 등)에만 반응하고, 다른 대상에는 반응하지 않는 효과를 의미. 즉, 특정 대상과 특이적인 상호 작용을 통해 나타나는 효과를 말함.

◆ 인삼이 가지고 있는 강장 효과

동양에서 주장하는 인삼의 효능을 한방 의학적으로 설명하면, **자양강장**慈養强壯 효과다. 자양강장 효과를 서양 의학적으로 해석하면, **강장 효과**(tonic)[36]라고 한다(제2장). 자양강장 효과 혹은 강장 효과의 정의는 "신체 물질대사를 촉진하고 영양을 도와 체력을 증진하고 튼튼하게 하는 음식이나 약"을 뜻한다. 한의학에서 말하는 인삼의 강장(자양강장) 효과는 적어도 3가지 특징이 있다. 첫째, 복용 효과가 바로 나타나지 않는다, 두 번째, 건강한 사람보다 만성 스트레스나 만성(장기) 질병으로 인하여 신체적·정신적으로 많이 쇠약해진 사람에게 더 효과가 좋다. 세 번째, 신체를 구성하는 다양한 장기들에 강장 효과를 발휘한다. 즉, 다양한 자양강장 효과들(육체적 및 정신적 피로회복, 떨어진 면역력 증강, 저하된 물질대사 촉진, 항산화, 혈액 순환 촉진 효과 등)을 의미한다.

21세기 현대 과학이 발전한 지금 인삼에 포함된 성분 중에서 이런 강장 효과를 대표할 만한 **성분**은 무엇일까?

인삼 사포닌이 인삼의 강장 효과를 대표할 것으로 예상하였다. 즉, 러시아 과학자 브레크만 박사는 인삼 사포닌의 강장 효과를 좀 더 구체적으로 아답토젠 이론으로 설명하려고 하였다(제18장). 그러나, 아답토젠 이론은 현대 과학적 증거(근거, evidence)를 중요시하는 이론으로는 맞지 않다. 제18장에서 서술한 바와 같이, 아답토젠 이론에 따른다면, 브레크만 박사는 인삼을 포함한 다른 약용 식물들의 글라이코시드(glycosides=사포닌)이 아답토젠 역할을 한다고 주장했다. 인삼 사포닌에 의한 강장 효과는, 첫째, 해로운 여러 종류의 외부 자극에

36 강장 효과 : 몸을 튼튼하게 하고 기력을 북돋아주는 것을 의미. 특히 피로 회복, 체력 증진, 활력 증가에 도움을 줄 수 있는 식품이나 의약품

대하여 비특이적(non-specific) 반응(작용)이어야 한다고 주장했다. 두 번째, 높아진 것은 낮춰야 하고, 낮아진 것은 높여야 한다. 즉, 완충 작용이 있어야 한다. 세 번째, 독성이 없어야 한다. 네 번째, 많은 종류의 질병 치료, 항-스트레스 효과가 있어야야 한다(제18장).

인삼의 효능을 설명하는데, 브레크만 박사가 제안했던 아답토젠 이론은 모순점이 많다. 인삼을 포함한 많은 약용식물 혹은 천연물에는 서로 다른 작용을 갖는 성분들이 함께 존재한다. 약용식물이나 천연물을 구성하는 개별 성분을 무시한 채 하나의 인삼 전체에서 유래하는 아답토젠 작용으로 뭉뚱그리는 것은 옳지 않다. 어떻게 보면, 본초강목에서 주장하는 것과 다를 것이 없다. 개별 성분 규명 및 그들의 작용 원리[37](mode of action)를 확인하는 연구가 필요하다. 인삼만 해도 아직 밝혀지지 않은 비사포닌 생리활성 성분들을 많이 가지고 있다.

또, 인삼 효능 발현을 위한 작용이 비특이적 효과(non-specific effects)이어야 한다는 것은 현대 의약품의 치료 효과를 설명할 때 모호하고 이론적으로 맞지 않다. 대부분의 현대 의약품들은 특이적(specific)으로 그 효능을 발휘한다. 인삼의 완충 작용 역시 현대 의학적으로 받아들이기 어렵다. 몸이 아픈 특정 질병이 발생하면, 그 질병을 유발하는 특정 원인을 줄이거나 제거하면 질병이 치료된다. 즉, 아답토젠의 완충 작용으로 질병 예방이나 치료는 불가능하다. 또, 해롭지(독성) 않아야 한다는 것도 모순이다. 인삼 사포닌 성질이 온화(mild)해도 아주 독성이 없는 것은 아니다. 상대적으로 독성이 강한 다른 식물들의 사포닌보다 독성이 덜 있을 뿐이다. 아답토젠 이론은 인삼 성분 연구 초기에 인삼 사포닌을 중심으로 했을 때 태어난 이론

37 작용 원리(mode of action, MOA) : 어떤 물질이 살아있는 생물체에 작용하여 일으키는 기능적 또는 해부학적 변화의 과정을 설명함. 즉, 약물이 작용하여 어떤 효과를 나타내는지, 어떤 분자나 시스템에 어떻게 작용하는지를 설명할 수 있어야 함

이다. 지금은 다르다.

20세기 중반 인삼 추출물과 인삼 사포닌(진세노사이드)을 중심으로 적용되었던 강장 효과를 아답토젠 이론으로 적용하는 것은 21세기에 부적합하다

인삼 사포닌에 근거한 아답토젠 이론과 더불어, 우리가 가지고 있는 편견이 하나 더 있다. 예를 들면, 인삼 사포닌 구조가 독특하다고 해서 다른 식물에는 존재하지 않는다는 것을 강조하다 보니, 인삼 생리활성 성분들은 인삼 사포닌처럼 인삼에만 존재하고 다른 동식물에는 존재하지 않아야 좋다고 생각하는 잘못된 고정관념에 빠져 있다. 꼭 그런 것만은 아니다. 대부분, 약용식물들은 그들 자신만의 특유의 사포닌 성분을 가지고 있다. 이들 사포닌 역시, 인삼 사포닌만큼 독특하다. 단지, 약용식물에서 분리된 사포닌은 아래에서 서술한 것과 같이 인삼 사포닌처럼 약용식물 유래 성분으로서 갖춰야 할 요건을 가지고 있지 않다. 그래서 현재까지, 약용식물에서 분리된 사포닌(saponin)을 이용하여 개발되어 판매 중인 기능성 식품이나 혹은 천연물 의약품은 아직 없다.

두 가지 예들을 들어보자. 일반적으로 인삼을 포함한 천연물에서 분리된 성분이 생리활성 물질로 인정받기 위해서는 동물이나 사람 체내에 같은 물질이 존재하거나, 존재하지 않는다면, 유사한 구조 혹은 **작용기**[38](functional group), 를 가지고 있어야 한다(예, 진토닌의 LPA는 인산기, 담배의 니코틴은 아세틸콜린과 비슷한 작용기를 가지고 있음; 커피의 카페인은 아데노신과 비슷한 작용기를 가지고 있음). 사

38 작용기(functional group) : 유기 화합물의 화학 반응적 특성이나 화합물의 성질을 결정하는데, 중요한 역할을 하는 특유unique 화학 성분으로 구성된 구조들을 말하며, 이 작용기를 통하여 수용체와 결합하거나 생리학적/약리학적 효과를 발휘하는 것으로 알려져 있음.

람을 포함한 동물은 인삼 사포닌이나 다른 천연물 유래 사포닌과 같거나 유사한 물질이나 작용기를 가지고 있지 않다. 또, 천연물에서 분리된 성분이 생리활성 물질로 인정받기 위해서는 동물이 체내에 생리활성 천연 성분이 작용할 수 있는 세포막 타겟 수용체, 즉 수용체(receptor) (예, 진토닌의 LPA는 LPA 수용체, 니코틴은 니코틴닉 아세틸콜린 수용체; 카페인은 아데노신 수용체 등)나 혹은 스테로이드 호르몬처럼 세포질 내 결합 단백질(binding protein)을 가지고 있어야 한다. 현재까지 연구에 따르면, 사람을 포함한 동물 체내에는 생리활성 발현을 위하여 인삼 사포닌이 결합하는 특별한 타겟 단백질이나 세포막 수용체는 존재하지 않는다.

그에 대한 증거로 홍삼에 함유된 진세노사이드와 진토닌과 비교하여 예를 들어보자. 인삼 사포닌 중에 진세노사이드 Rg3라는 물질이 있다(그림 19-1). 진세노사이드 Rg3는 미리 흥분(탈분극)시키지 않은 신경세포에 처리하면 아무런 효과가 없다. 그러나, 신경세포를 탈분극시

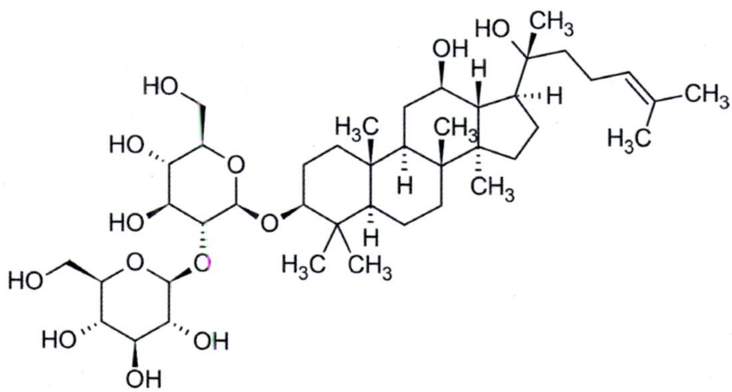

그림 19-1 진세노사이드 Rg3 화학 구조. 진세노사이드 Rg3는 2 부분으로 구성되어 있다. 골격 구조를 이루는 물과 잘 섞이지 않은 부분과 당으로 구성된 물과 잘 섞이는 부분이다. 이런 성질 때문에 인삼 비사포닌 생리활성 신소재인 진토닌과 같이 분리되어 섞인 상태로 존재한다.

키는 것과 같이 외부에서 세포에 미리 자극을 준 상태에서 높은 농도로 진세노사이드 Rg3를 처리하면, 그때 흥분으로 열리는 칼슘 이온 통로에 직접 작용하여 칼슘 이온 통로를 억제한다. 그 결과, 세포 안으로 들어오는 칼슘양을 줄인다. 또, 진세노사이드 Rg3는 칼슘 이온 통로에만 결합하는 것이 아니고, 포타슘 및 소디움 이온 통로에도 칼슘 이온 통로와 비슷한 방법으로 작용한다. 즉, 진세노사이드 Rg3이 그 효과를 발휘할 수 있는 특정 타겟이 없고, 비선택적으로 작용한다.

반대로, 아주 낮은 농도의 진토닌 LPA(gintonin LPA)이라도 신경세포에 처리하면, 아무런 외부 자극없이 자발적(능동적)으로 신경세포막에 존재하는 LPA 수용체라는 특정 타겟 단백질을 활성시킨다. 진토닌에 의하여 활성된 LPA 수용체는 세포막 신호전달 체계 경로를 통하여 신경 세포질 내 저장된 2차 전령인 칼슘을 방출시켜 신경세포의 생리활성(신경전달물질 방출 등)을 자발적으로 유도한다(그림 19-2). 진토닌과 LPAs에 대한 내용은 아래에서 자세히 설명한다. 2가지 예에서 보는 바와 같이, 신경 세포막에 인삼 성분에 대한 수용체가 있는가와 없는가에 따라 작용이 크게 다르다. 이런 차이를 아답토젠 이론 하나만으로 뭉뚱그려서 설명이 가능한가? 이 고정관념을 벗어나야 비로소 고려인삼 성분에 의한 생리활성과 약리활성 적용 영역을 넓힐 수 있는 가능성을 볼 수 있다.

어떻게 보면, 브레크만 박사의 아답토젠 이론과 더불어, 현재 인삼의 상황은 반세기 이상 한쪽 발은 중의학(오랜 인삼 활용의 역사성에 의한 후광 및 신비성을 가지고, 전통적으로 전해 내려오는 한약재 탕의 개념에 기반한 생리활성 성분 위주가 아닌 원형 홍삼이나 홍삼 추출물 수준의 제품 판매)에 담그고 있다. 그러나, 다른 한쪽 발은 홍삼 추출물을 이용한 연구 방법과 연구 결과 해석은 현대 의학에 맞춰져

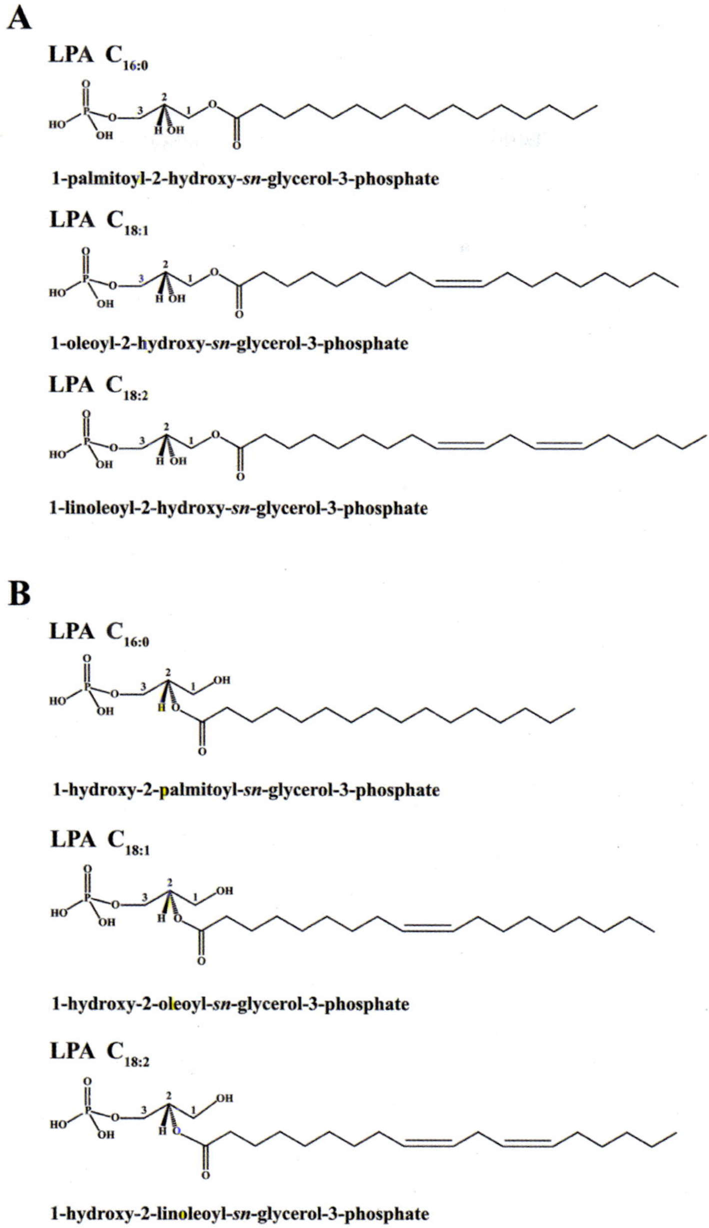

그림 19-2 진토닌에 들어 있는 LPAs의 화학 구조. 진토닌에 포함된 LPAs중 LPA $C_{18:2}$가 대부분 차지한다. LPA들도 수용성인 인산기와 소수성(지용성)인 지방산을 같이 가지고 있어 인삼 사포닌과 같이 양극성 성질을 가지고 있다.

있다. 즉, 지금 인삼 상황은 애매모호한 양다리를 걸치고 있는 셈이다. 즉, 몸은 전통 한의학에 속하고, 약리학적 적용은 현대 의학에 의존하는 부조화 상태(unbalanced state)에 있다. 어디로 중심축을 옮겨야 할지 모르는 진퇴양난 상황이다. 저자는 인삼에 대한 불균형을 빨리 시대에 맞는 현대 의학적인 개념으로 빨리 바꾸어야 한다.

◆ 고려인(홍)삼 비사포닌 리간드의 기원 및 존재 확인

1960년 초~1970년대 초에 일본의 시바타 쇼지 교수 그룹이 인삼 사포닌 순수 분리 방법과 사포닌 구조를 완전하게 밝혀내었다. 그러나, 국내 인삼 연구자들이 1980년대와 1990년대 사이에 인삼 효능 연구를 수행할 때, 순수 분리한 진세노사이드를 이용하여 연구하기가 어려웠다. 그 이유는, 인삼 진세노사이드를 순수 분리하는 과정이 여전히 복잡하고 여러 단계를 거쳐야 하고, 수율이 낮기 때문이었다. 그래서, 간편한 방법으로 단순 홍삼 메탄올(methanol) 추출물을 사용하던지, 아니면 홍삼 메탄올 추출물을 한 번 더 부탄올(butanol)로 추출하여 부탄올 분획을 사용하였다. 이렇게 인삼 사포닌이 포함된 분획을 얻는다. 이를 **홍삼 조粗사포닌 분획(crude red ginseng total saponin fraction)**이라고 불렀다. 그 당시 인삼 사포닌 구조가 밝혀진 지 얼마 되지 안되었기 때문에, 인삼 연구자들은 관행적으로 홍삼 조사포닌 분획에 함유된 사포닌에만 관심을 가지고 있었다. 홍삼 조사포닌 분획에 함유된 비사포닌 성분에는 큰 관심이 없었다.

1990년대 말, 저자 그룹은 홍삼 조사포닌 분획을 이용한 연구를 수행하던 중, 홍삼 조사포닌 분획의 아주 적은 양(1μg/ml, 이는 1/1,000,000g에 해당된다)을 연구용 개구리알(*Xenopus laevis* oocytes, 개구리는 남아프리카 공화국이 원산지이며, 알을 연구용 실험 용도로 많이 사용함)에 처리하면(그림 19-3), 개구리알 난자 세포막에 있는 칼슘에 의존하

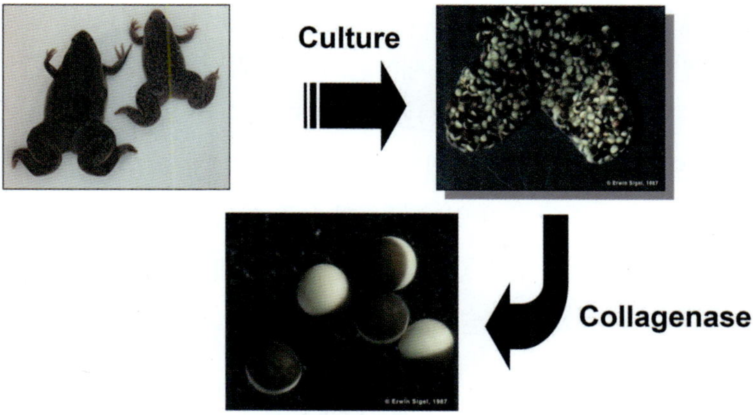

그림 19-3 인삼에서 비사포닌 생리활성 물질인 진토닌(gintonin)을 검증 및 분리 동정하는데 많은 도움을 연구용 개구리 및 개구리 알. Xenopus laevis frog는 원산지에 남아프리카 공화국이다. 개구리 자체도 연구용으로 사용하지만, 실제로 연구용으로 많이 사용하는 것은 개구리 난소에서 분리한 알(oocytes)이다. 이 알 자체가 원래부터 LPA 수용체를 많이 발현하고 있다. 그래서, 홍삼 조사포닌 분획을 처리하면 비사포닌 성분인 진토닌 LPA가 LPA 수용체 활성 신호전달과정을 경유하여 CaCC 활성과 같은 생리활성을 발휘한다. 순수 분리한 인삼 사포닌(진세노사이드)는 개구리알에 처리하면 아무런 생리활성 반응을 보여주지 않는다. 그 이유는 진세노사이드는 생명체 세포막에 진세노사이드 수용체를 가지고 있지 않기 때문이다. 사진은 개구리와 개구리 난소에서 채취한 개구리알 다발을 보여준다. 개구리알 다발에 콜라겐네이스(collagenase)를 처리하면 개별 개구리알을 얻을 수 있다. 이 알을 연구용으로 사용한다. 개구리알은 단일 세포 중 직경이 1 mm로 제일 크다. 자세한 내용은 본문 및 인삼신소재 (2021) 참조.

는 염소 이온 통로[39](Ca^{2+}-activated Cl^{-} channels, CaCC)가 매우 크게 활성되는 것을 발견하였다. 원래 개구리알 막에 존재하는 CaCC의 특징

39 칼슘의존 염소이온통로의 생리학적 기능 : 개구리 난자에서 칼슘 의존 염소이온 통로 활성 및 증폭은 하나의 정자가 난자에 수정될 때도 활성되어 이미 수정된 난자에 다른 정자가 난자에 들어오는 것을 막는 생리학적 기능을 가지고 있음(polyspermy 억제)

은 신경전달물질(neurotransmitter)이나 호르몬(hormone)으로 알려진 아세틸콜린이 난자 세포막에 존재하는 무스카리닉 수용체에 결합하여 수용체를 활성시키면, 세포막 신호전달경로를 통하여 세포질 내 칼슘이 일시적으로 증가하여, 증가된 칼슘 의존하는 염소 이온 통로(CaCC)가 활성되는 것으로 알려져 있다. 즉, 칼슘에 의하여 활성되는 염소 이온 통로이고, 이 염소 이온 통로가 활성되기 위해서는 먼저 세포막 수용체가 활성되고 세포질 칼슘이 증가하여야 한다.

"이 실험 결과의 중요성은 홍삼 조사포닌 분획을 아주 낮은 농도로 개구리알에 처리하면 CaCC가 활성된다. 이 현상은, 홍삼 조사포닌 분획에 들어있는 사포닌이 작용하거나, 아니면 사포닌이 아닌 다른 신경전달물질이나 호르몬과 유사한 작용을 하는 미지未知 리간드 성분이 존재한다. 이 미지 성분이 개구리알 난자막(세포막)에 타겟 단백질(수용체)이 존재한다는 것을 암시했다."

인삼 사포닌을 전문으로 하는 연구자에게 문의 결과, 홍삼 조사포닌 분획의 구성은 인삼 사포닌이 약 50%이고, 비사포닌 성분이 약 50% 정도 된다고 하였다. 1990년대 말 당시, 인삼을 연구하는 거의 모든 연구자들은 인삼 사포닌 중심으로 연구를 진행하였기 때문에, 저자는 홍삼 사포닌이 개구리 알 막에 존재하는 CaCC를 활성시킬 것으로 예상하였다. 그래서, 홍삼 조사포닌 분획에서 비사포닌 분획을 제거하면, 인삼 사포닌 분획만 남아서 CaCC 활성이 증가할 것으로 예상하였다. 인삼 성분 분석 전문가의 도움으로 저자의 후속 실험에서, 인삼 비사포닌 성분들을 제거하는 방법을 이용하였다. 즉, 인삼 사포닌 성분들만 남게하고 농축시켰다. 그러나, 인삼 비사포닌 성분이 제거되고, 농축시킨 인삼 사포닌만이 남아 있는 분획을 개구리 난자에 처리했을 때, 개구리알의 CaCC가 활성을 관찰할 수 없었다.

이 연구 결론은, 개구리 난자 세포막에 존재하는 CaCC 활성 유도하는 홍삼 조사포닌 분획에 함유된 성분은 인삼 사포닌이 아닌, 홍삼 조사포닌 분획에 섞여 있는(시바타 쇼지 교수 그룹이 분리한 인삼 사포닌이 아닌) **미지의 비사포닌 생리활성 물질**임을 보여주는 결과였다.

"홍삼 조사포닌 분획에 들어있는 비사포닌 성분 중 어떤 미지의 생리활성 성분이 개구리 난자 막(세포막)에 존재하는 CaCC를 활성시킬까?" 또 "미지의 비사포닌 생리활성물질이 개구리 난자 막에 선택적으로 결합하는 특정 타겟 단백질은 무엇일까?"라는 2가지 의문점의 해결이라는 숙제가 생겼다.

◆ 진토닌gintonin 이라는 리간드 발견, 분리 및 진토닌 특징

저자 그룹은 2000년 초부터 2010년까지 10년 동안 개구리알 막에 존재하는 CaCC를 활성시키는 홍삼 조사포닌 분획에 존재하는 미지의 비사포닌 생리활성 **성분**을 찾아내는 연구를 수행하였다. 또, 미지의 성분이 개구리 난자 막에 결합하여 CaCC를 활성시키는 **수용체**는 무엇인가 찾아내는 연구를 동시에 수행하였다.

진토닌과 관련된 연구는 천연물 분리와 분석을 전공한 표미경 박사의 도움으로 시작하였다. 먼저, 홍삼 조사포닌 분획으로부터 인삼 사포닌을 완전하게 제거하기 위한 방법 개발이 필요하였다. 다년간의 많은 시행착오를 겪은 뒤에, 음이온 교환 크로마토그래피 컬럼(anion exchange column chromatography)이 장착된 FPLC를 이용하여 개구리알 CaCC를 활성시키는 홍삼 비사포닌 분획(사포닌 성분이 없는)만을 순수하게 분리하는데 성공하였다(그림 19-4). 이 미지의 성분을 전기 영동을 통하여 분석한 결과 단순한 단백질이 아니고, **당-지질-단백질 복합체**로 밝혀졌다(진토닌 분리 및 정제에 대한 더 자세한 연구

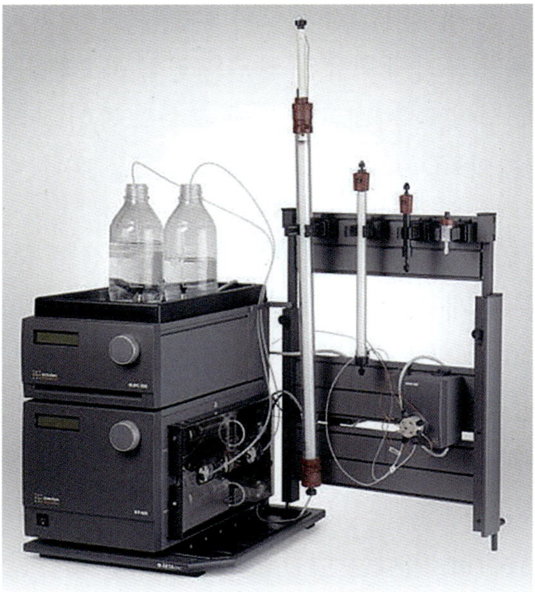

그림 19-4 홍삼 조사포닌 분획에서 인삼 진토닌과 인삼 사포닌(진세노사이드)을 떨어뜨려 각각 분리하는데 사용한 fast protein liquid chromatography (FPLC)라는 정밀 장비. 각기 다른 크기의 흰색 기둥 모양의 칼럼들은 사용 목적에 따라 각각 다르게 활용한다.

내용은 "**뇌 건강에 좋은 인삼 신소재(2021)**" 참조).

다음 단계는 "순수 분리한 **당-지질-단백질 복합체를 구성하는 3가지 성분 중 어떤 성분이 개구리알 CaCC를 활성시키는가를 확인·검증하는 것이었다**". 순수 분리한 당-지질-단백질 복합체에 지질분해효소(lipase)와 당 분해 효소를 처리하면, CaCC 활성 효과가 없어지는 것으로 나타났다. 그러나, 트립신(trypsin)이라는 단백질 분해 효소를 복합체에 처리하더라도, CaCC 활성에 전혀 영향을 미치지 않았다. 이 연구 결과는 "**홍삼 조사포닌 분획에 인삼 사포닌과 함께 존재하는 비사포닌 성분 중 지질 성분(lipids)이 CaCC 활성에 깊이 관여**

하는 것"이라는 가능성이 높았다. 지질 성분으로서 개구리 난자 막에 존재하는 CaCC를 활성시키는 성분은 무엇일까?

저자는 문헌 조사를 하였다. 조사 결과, 미국 테네시 대학의 **타이기** Tigyi라는 과학자가 동물이나 사람 혈청에서 분리한 알부민(albumin)이라는 단백질과 결합된 **lysophosphatidic acids(LPAs)**라는 리간드가, 홍삼의 비사포닌 당-지질-단백질 복합체처럼, 개구리 난자 막에 존재하는 CaCC를 활성시키는 것을 발견하고 보고한 논문들을 확인하였다. 그럼, 홍삼 조사포닌 분획의 비사포닌 성분 중 CaCC를 활성시키는 "**홍삼 비사포닌 생리활성 성분으로서, 당-지질-단백질 복합체 중의 주요 기능성 성분이자 리간드는 LPAs이고, 그 LPAs은 개구리알 막에 존재하는 LPA 수용체를 활성시켜 결국 CaCC가 활성되는 것으로 예상**"하였다.

먼저, 홍삼 조사포닌에 존재하면서 개구리알 난자 막에 존재하는 비사포닌 신소재의 이름을 "**진토닌**(gintonin)"이라 이름을 붙였다. 진토닌의 특징은 "당-지질-단백질 복합체(glycolipoprotein complex)"이다. 진토닌의 분자량은 약 66 kDa여서 인삼 사포닌보다 매우 크다. 진토닌 구성은 당, 지질과 단백질이 각각 30% 정도다. 진토닌 당 성분 중 포도당이 대부분을 차지한다. 진토닌의 단백질 성분은 ginseng major latex-like protein151과 ginseng major protein으로 구성되어 있다. 진토닌은 지질 성분을 함유하고 있기 때문에, LC-MS/MS라는 정밀한 분석 장비를 이용하여 인지질 성분들을 분석하였다. 분석 결과, 진토닌은 다량의 LPAs이 함유되어 있는 것을 발견하였다. LPAs 함량 순서는 LPA $C_{18:2}$>>>LPA $C_{16:0}$>LPA $C_{18:1}$ 순서였다(그림 19-2). 즉, 진토닌의 생리활성 성분은 인지질의 하나인 리소포스파티딘산(LPAs)로 밝혀졌다. LPA $C_{18:2}$가 전체 LPAs의 90% 정도 차지하는 것으로 나타났다. 진토닌은 6종류의 LPA receptor subtypes을 모두 활성시키는 것으로 나타났다.

이로써, 처음 홍삼 조사포닌 분획이 개구리 난자 막에 존재하는 CaCC를 활성시키는 미지의 성분은 인삼 사포닌과 전혀 관계가 없는 간단한 인지질의 하나인 LPAs 이지만 단독으로 존재하는 것이 아니고, 홍삼에서는 복합체 형태인 것으로 나타났다. 흥미로운 사실은, **"왜 인삼 사포닌과 LPA와 같은 인지질이 함께 홍삼 조사포닌 분획에서 함께 있는가?"**이다. 그에 대한 대답은 다음과 같다. 즉, **"진토닌과 인삼 진세노사이드의 공통점은 둘 다 양극성 성질(amphipathic property)을 가지고 있다는 것"**이다. 인삼 사포닌은 소수성 골격 구조에 친수성 당이 붙어있다. 진토닌의 LPAs은 소수성 지방산 구조에 친수성 인산기가 결합되어 있는 형태이다(그림 19-2). 그래서, 이 두 화합물들은 인(홍)삼을 메탄올로 추출하거나 부탄올 추출 및 분획을 하더라도, 서로 떨어지거나 분리되지 않고, 같은 분획으로 뭉쳐서 하나처럼 움직이는 것으로 나타났다. 그러나, "LPAs와 진세노사이드의 차이점은 분자량 차이와 진세노사이드는 당들이 대부분 중성이어서 전하(charge)를 띠지 않지만, LPAs는 인산기(phosphate group)가 (–) 전하를 띠고 있어서 진토닌은 전체적으로 (–)전하를 가지고 있다"는 것이다.

인삼 진세노사이드와 진토닌을 서로 떨어뜨리는 방법은 위에서 서술한 방법으로 두 성분 사이의 전하(charge) 차이를 이용하는 것이다. 즉, 진토닌은 FPLC에 장착된 음이온 교환 컬럼 레진(anion exchange column resin)에 결합을 하지만, 진세노사이드는 전하를 띠지 않는 중성 사포닌이 대부분이기 때문에, 컬럼 레진에 결합하지 않고 밖으로 빠져나온다(그림 19-4). 음이온 성분으 분리하는 레진 칼럼에 결합된 진토닌을 높은 농도의 염(salt)으로 분리하였다. 저자는 이런 진토닌이 진세노사이드와 다른 특성을 파악하여 인삼 사포닌을 완전하게 분리하는 방법을 찾아낸 것이다.

◆ 식물에서 LPAs의 역할

인삼과 같은 식물과 동물에서 LPA가 무슨 역할을 하는지 좀 더 살펴보자. 인삼 내에서 LPAs의 역할은 아직 알려진 것이 없다. 아마 LPA는 인지질의 하나이고, 식물세포막 구성 성분이기 때문에 인삼이라는 식물에서 LPAs은 다양한 인지질(phospholipids) 합성을 위한 전구체[40](precursor) 역할을 할 것으로 예상된다. 또, 반대로 식물에 존재하는 인지질이 분해되는 과정에서 중간 대사산물로서 LPAs가 만들어진다.

◆ 사람에서 LPAs의 역할

사람에서 LPAs의 기능은 식물과 다르다. 물론 식물에서처럼 LPAs는 인지질 합성의 전구체 역할과 인지질 분해 산물이 될 수 있다. 사람 LPAs은 지질 대사 외에 다른 기능들을 가지고 있다. LPAs은 사람 체내에서 거의 모든 장기 및 혈액을 포함한 체액에 존재하고 발견되는 간단한 구조를 지닌 인지질의 한 종류이다. LPA는 1992년 Tigyi라는 미국 과학자가 혈청(serum)에서 처음 발견하였다. 그는 혈청에 세포 성장인자 역할을 하는 미지의 성분이 존재하는 것을 확인하였다(표 19-1). 그 물질을 동정한 결과 사람이나 동물의 serum albumin(분자량 67 kDa)과 결합한 복합체로 존재하면서, 성장인자로 역할을 하는 성분이 LPAs이라는 것을 확인하였다. 또, 사람 혈중에는 LPA 전구체 역할을 하는 lysophosphatidylcholine (LPC)가 LPA보다 1000배 이상 더 많이 존재한다. LPC는 혈중 autotaxin (lysophospholipase D, PLD)라는 효소의 작용을 받아 콜린(choline)기가 떨어지면서 혈중 LPA가

40 전구체(precursor) : 어떤 물질대사나 화학반응 등에서 최종적으로 얻을 수 있는 특정 물질이 되기 전 단계의 물질

표 19-1 인삼 진토닌 LPA와 사람 혈중 LPA 존재 형태와 닮은 점과 차이점 비교

	인삼 진토닌	사람 혈중 LPA
LPA 존재 형태	GLP151과 복합체	혈중 albumin과 복합체
분자량	약 66kDa	약 67kDa
주요 LPA 성분	LPA C18:2가 주요 성분	LPA C18:1이 주요 성분
LPA 함량	GEF 기준 약 0.2%	수 nM 농도
LPA source	인삼 인지질	혈중 lysophosphatidylcholine (LPC)가 LPA로 전환됨
생리활성 발현 방법	6 LPA receptor subtypes들의 활성	6 LPA receptor subtypes들의 활성
LPA 생리활성 2nd 매개자	주로 Ca^{2+}	Ca^{2+}, cAMP 등
장기 tropic 효과 발현을 위한 기본 생리활성 작용	기본적으로 세포수 증가, 세포 이동 및 세포 생존력 증진을 통한 신경계 및 비신경계 생리활성 유도	세포 숫자 증가, 세포 이동 및 세포 생존력 증진을 통한 신경계 및 비신경계 생리활성 유도
인삼 진토닌 및 혈중 LPA는 그 LPA source는 다르지만, 궁극적으로 둘 다 사람 안에서 공통적으로 같은 강장 효과(tropic effects 혹은 tonic effects)를 발현한다		

된다). 혈중 LPAs은 알부민과 결합하여 순환하다가 타겟 장기에 존재하는 LPA 수용체에 결합하여 생리활성을 발현한다.

◆ 진토닌의 동물 세포막 타겟 단백질 발견 및 특징 규명

인삼 진토닌의 생리활성 리간드는 LPA라는 것을 확인하였다. 진토닌이 LPA receptor 리간드로 작용할 것이라는 근거는, 이미 Tigyi라는 과학자가 혈청 알부민에 결합된 상태로 존재하는 LPA가 LPA 수용체에 결합하여 생리활성을 발휘한다는 것을 이미 밝혔다. 그렇지만, 진짜로 인삼 진토닌 LPA가 동물 세포막 타겟 단백질로 LPA 수용체를 활성시킨다는 것을 확인하고 검증하는 단계가 남아 있었다. 개구리알

세포막은 이미 내인성 LPA 수용체들(endogenous LPA receptors)을 가지고 있어서, 진토닌 LPA에 의한 LPA 수용체 활성을 검증하는데 적합하지 않았다.

따라서, 저자는 세포막에 내인성 LPA 수용체를 발현하지 않은 세포를 찾은 다음, 분자생물학적 방법을 이용하여, 그 세포에 외인성 LPA 수용체(exogenous LPA receptors) 유전자를 집어넣어 LPA 수용체가 세포막에 발현되도록 하였다. 외인성 LPA 수용체를 발현하는 세포들에 진토닌을 처리하면, LPA 수용체 활성을 통하여 세포질내 칼슘이 일시적으로 증가하는 현상을 확인하였다. 그러나, 순수 분리한 진세노사이드들(Rb1, Rg1, compound K 및 Rg3 등)은 LPA 수용체를 활성시키는 작용이 없는 것으로 나타났다(그림 19-5).

요약하면, 저자는 홍삼 주정 추출물 혹은 홍삼 주정 및 부탄올 분획으로부터 분리한 조사포닌 분획(crude ginseng total saponin fraction)은 "인삼 사포닌(ginsenosides)뿐만 아니라, 비사포닌 성분도 포함하고 있다. 인삼 사포닌이 아닌, 아직 알려지지 않은 인삼 비사포닌 생리활성 성분이 개구리알에서 생리활성을 발현하는 것을 발견하였다. 이 비사포닌 **신소재가 바로 진토닌**이었다. 진토닌이 가지고 있는 지질 성분 중 개구리알에서 생리활성을 발현하는 성분은 **LPAs**이었다. 진토닌 LPAs가 타겟으로 하는 사람 세포막 단백질은 **LPA 수용체**인 것으로 검증하였다"

◆ 진토닌은 고려인삼의 강장 효과를 인삼 리간드-사람 수용체 이론으로 설명할 수 있는 신소재다

17세기 처음 서양인들이 중의학을 접했을 때, 서양인(연구자 포함)들은 많이 놀란 것으로 알려졌었다. 그 이유는 중의학이 서구 의학과 비교해 볼 때, 환자들을 치료하는 중의학 의사들이 사용하는 한약재

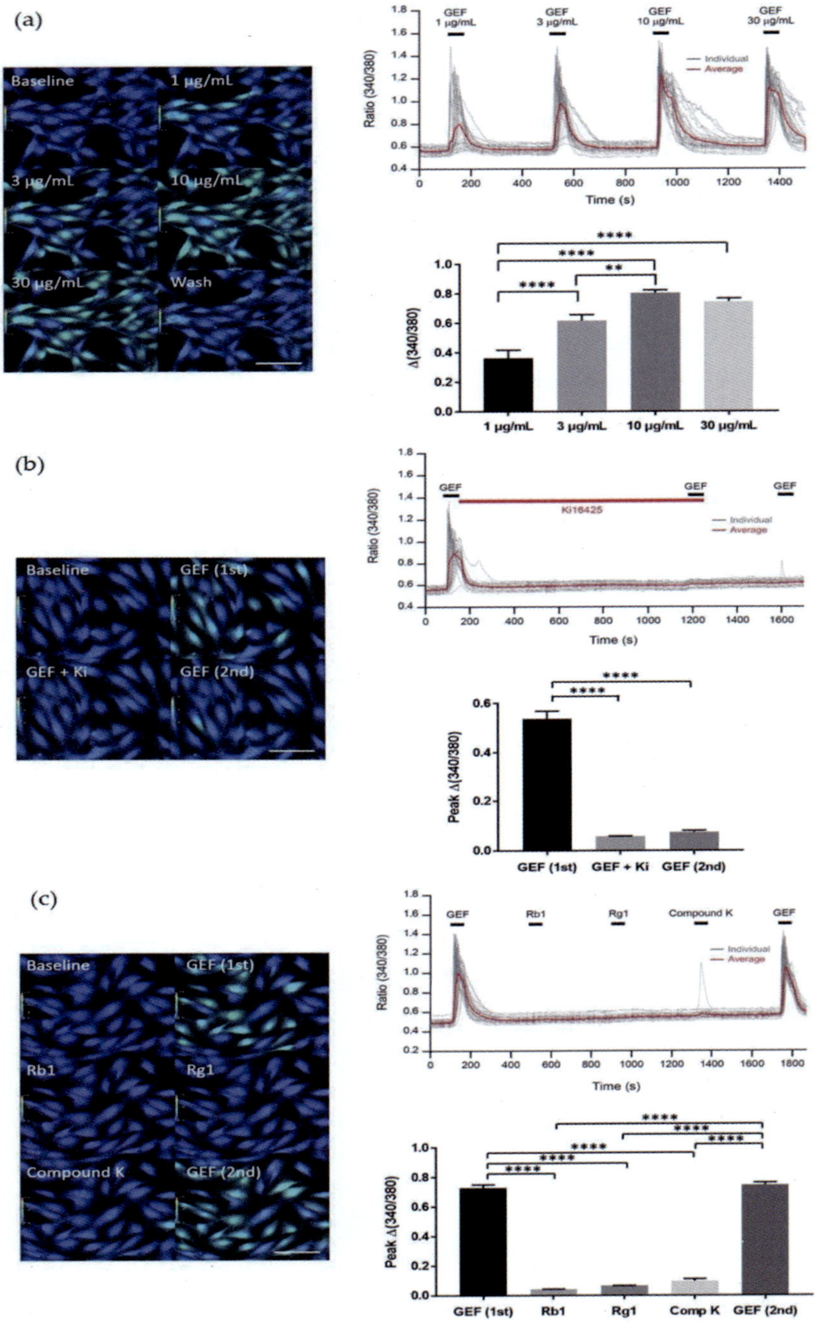
(a)
Baseline
1 μg/mL
3 μg/mL
10 μg/mL
30 μg/mL
Wash
GEF 1 μg/mL
GEF 3 μg/mL
GEF 10 μg/mL
GEF 30 μg/mL
Individual
Average
Ratio (340/380)
Time (s)
Δ(340/380)
1 μg/mL
3 μg/mL
10 μg/mL
30 μg/mL
(b)
Baseline
GEF (1st)
GEF + Ki
GEF (2nd)
GEF
Ki16425
Individual
Average
Ratio (340/380)
Time (s)
Peak Δ(340/380)
GEF (1st)
GEF + Ki
GEF (2nd)
(c)
Baseline
GEF (1st)
Rb1
Rg1
Compound K
GEF (2nd)
GEF
Rb1
Rg1
Compound K
GEF
Individual
Average
Ratio (340/380)
Time (s)
Peak Δ(340/380)
GEF (1st)
Rb1
Rg1
Comp K
GEF (2nd)

그림 19-5 배양한 세포에 진토닌(GEF) 처리는 세포질내 칼슘을 증가시키나, 진세노사이드(Rb1, Rg1, compound K) 아무런 반응이 없다. 왼쪽 사진; 둥근 타원형 모양이 세포다. 진토닌(GEF)을 처리하면 파란색의 세포들이 녹색으로 변화한다. 그 변화는 세포안에 칼슘이 증가했다는 의미다. 진세노사이드 Rb1, Rg1 및 compound K(Comp K)를 처리하더라도 세포들의 색이 녹색으로 변화하지 않는다. 그 의미는 세포안에 칼슘 변화가 없다는 것과 같다. 오른쪽 위 그림; 진토닌(GEF)을 세포에 처리하면 세포안에 칼슘이 증가하는 양(붉은색)을 표시한 것이다. 진세노사이드 Rb1, Rg1 및 compound K는 세포안에 칼슘 변화를 일으키지 않는다. 오른쪽 아래 그림; 진토닌(GEF), 진세노사이드 Rb1, Rg1 및 compound K를 세포에 처리할 때 세포안 칼슘 변화 양을 표시한 그림이다.

의 다양성과 치료 방법(예, 유럽에 없는 한약재 및 침술 등)의 독특성에 대하여 놀랐기 때문이다(제5장). 그러나, 18~19세기에 이르러 서양 과(의)학은 분석적·객관적이고, 질병 치료를 위한 유효 성분 분리 성공과 성분 위주의 의약품 개발 및 처방에 따르는 반면, 중국은 여전히 서양 의학과 달리 전통적이고, 경험적/주관적이고, 여러 성분을 혼합해서 처방 및 탕제 위주로 고집하다 보니 질병 치료 효율이 떨어져 서구 사회는 더 이상 중국 의학을 배우거나 따라야 할 가치가 없어졌고, 중의학의 후진성을 탓했다.

인삼도 같은 다른 한약재와 같은 선상에 있었다고 볼 수 있다. 인삼은 중의학에서 없어서는 안될 최고의 한의약 재료였다(제2장). 인삼은 단독 혹은 다른 한약재들과 인삼이 거의 모든 처방에 포함되어 있었기 때문이다. 인삼이 처음 서구 사회에 소개될 때, 서구 사회도 처음에는 인삼에 대하여 많은 관심과 매력을 가지고 있었다. 그러나, 시간이 지나면서, 비록 서구 식물학자 린네 명명한 인삼의 학문적 명칭은 만병통치약(Panax ginseng)으로 부를지 몰라도, 세계화와는 반대로 점차 중국 중심의 동북아시아 국한해서 그 가치가 인정받았다(제16장). 그에 대한 근거로, 미국에서 발견된 미국 인삼들은 미국 국내에서 소비되기보다도, 단순히 건조 상태의 미국 인삼이 중국으로 대량 수출되었다(만약에 인삼의 효능이 명백하고 의학적 질병 치료 적용이 가능하여 수요가 많았다면 미국 내에서 소비 촉진과 제품화도 많이 이루어져 이미 인삼 세계화가 가능해졌을 것이다). 주된 이유로 인삼의 약효는 중국 문헌에서 주장하는 것만큼 명백하거나 뚜렷하지 않았다. 또, 상품 가치로 인정을 받기 위해서는 적어도 5~6년이라는 장기 재배가 필요하고, 인삼 재배지가 온대와 한대로 제한되어 있고, 커피나 차, 혹은 설탕처럼 플랜테이션을 통하여 대량생산이 불가능하기 때문이다. 또, 인삼 생리활성 성분 분리와 확인의 어려움과 이로 인한 효능 불확실에 대하여 실망이 컸었기 때문이다.

더욱이, 20세기 중반에 러시아 브레크만이라는 과학자가 인삼의 효능은 두리뭉실한 아답토젠 효과라고 서구 사회에 발표했다. 불명확한 인삼 효능에 불 난데 부채질 한 셈이다. 그 후 러시아, 한국 및 중국은 아답토젠 이론을 받아들였으나, 생리활성 성분 및 증거 중심의 서구 사회는 이를 적극적으로 수용하지 않았다. 결국, 인삼은 세계화와 거리가 먼 동북아시아, 특히, 러시아, 한국과 일본 그리고 중국에 국한된 지역 국가 약재로 고정되어 버렸다(제18장).

본 저자는 인삼 효능 발현에 대한 **아답토젠 이론**과 대조되고, 서구 사회에서 인삼 효능에 대한 비판적/부정적 고정관념을 지울 수 있는 새로운 이론을 제안한다. 바로, **인삼 리간드 이론**이다. 좀 더 구체적으로 서술하면, **인삼 LPA 리간드-사람 LPA 수용체 이론**이다. 인삼 효능 발현에 대한 아답토젠 이론과 인삼 리간드-수용체 이론에 대한 차이점을 비교 요약한 것은 표 19-2에 있다.

독자의 이해를 돕기 위하여 리간드와 수용체란 무엇인가 더 알아보자. **리간드**(ligand)라는 용어의 정의는 "리간드는 주로 세포밖에 다양

표 19-2 비특이적 아답토젠 이론(Non-specific adaptogen theory)과 특이적 인삼 리간드(specific ginseng ligand theory)의 특징 비교

	인삼 효능을 설명하는 이론 비교		
	인삼 사포닌에 의한 아답토젠 이론	진토닌에 의한 인삼 리간드-사람 수용체 이론	비고
이론 발표 연도 및 연구기법	20세기 중반(1960년대) 현대 과학 이진 소련 군인들 대상 실험으로 근거 불확실	21세기 초반 (2010년대) 현대 과학 전성기의 분자생물학적 기법 적용하여 발견	
작용 양식 및 세포막 타겟 물질	1. 물리적, 화학적 및 생물학적 스트레서에 대한 비특이적 저항 작용(non-specific resistant action) 2. 정상화시키는 작용 (normalizing influence, 높은 것 낮추고, 낮은 것은 높이고) 3. 해롭지 않아야 함 4. 많은 질병들을 치료함(all curing effects) 5. 특별한 세포막 타겟 물질이 없음	1. 특이적 작용(specific action) 2. 인삼 리간드와 동물세포막 수용체 존재 필요 3. 인삼 리간드에 의한 수용체 활성을 통한 생리활성 발현 4. 진토닌은 사람 세포막에 존재하는 6 LPA receptor subtypes을 타겟으로 함 5. LPA 수용체 활성과 연계된 효과에 제한 (예, 세포 증식, 세포 이동 및 세포 생존과 연계된 신경계 발달)	인삼에 존재하는 리간드는 lysophosphatidic acids (LPAs). 수용체는 사람세포막 LPA 수용체
작용 원리(mode of action)	증거에 근거하지 않고(not based on evidence), 명확하게 설명할 수 없고 모호함(ambiguous and nebulous)	key-lock 원리로 명확하게 설명 가능	자세한 내용은 text 설명 참조
적용 범위	각종 스트레스에 적응하도록 도와줌	세포-장기-생체 연계 생리활성 가능	
적용 대상/범위	인삼을 포함한 다양한 약용식물들	인삼 단독 적용 가능	
아답토젠 발휘 성분	아답토젠 식물의 사포닌(glycosides, 배당체)	사포닌이 아닌 LPAs와 lysophosphatidylcholine인 생리활성물질	
효과 증폭 정도	일 회성	수용체 신호전달 증폭(receptor signal cascadic reactions) 효과 가능	
결론 아답토젠에 대한 명확한 증거 제시가 없어 21세기 현대 의약학에 적용할 수 없는 이론 명백한 생리활성 성분 지정과 그에 대한 세포막 수용체 검증으로 작용 양식(mode of action) 명확하게 설명 가능하여 현대 의약학에 적용 가능			

하게 존재하며, 세포 밖에서 세포막 혹은 세포 내 생체분자(주로 단백질, 이를 다른 말로 수용체라고 함)와 결합하여 복합체를 형성하여 **세포 밖 다른 종류의 리간드가 각각 가지고 있는 정보를 세포 안으로 전달하는 물질(예, A라는 리간드는 A라는 정보; B라는 리간드 B라는 정보를 세포안으로 전달)**"이다. 리간드라는 용어의 어원은 "결합하다"를 의미하는 라틴어 "ligare"로부터 유래하였다. 단백질-리간드 결합에서 리간드는 일반적으로 세포막 표적 단백질의 **특정 부위에 결합**하여 세포 내부로 신호를 발생/전달시키는 분자 물질이다. 이러한 결합은 일반적으로 세포막 표적 단백질(=수용체)의 3차 구조 변화를 유도한다. 사람에서 리간드 역할을 하는 물질들은 아미노산, LPA와 같은 지질의 일종, ATP, 펩타이드, 스테로이드 호르몬, 및 단백질 및 천연물에서 발견되는 니코틴(담배), 모르핀(양귀비), 카페인(커피) 등 매우 다양하다. 이들 리간드들은, 그 리간드에 맞는 수용체에 매우 선택적(selective)으로 결합하지만, 리간드와 수용체가 맞지 않으면 결합하지 않은 특성을 가지고 있다. 따라서, **인삼에 진토닌 LPA이라는 리간드**가 존재한다(그림 19-6).

개인적인 여담이지만, 만약에 진토닌이 당-지질-단백질 복합체 안에 LPAs가 존재하지 않고, 인삼 사포닌처럼 free form(유리 형태)로 존재했다면, LPA는 분자량이 작기 때문에 일본 과학자들이 1960년대부터 1980년대 사이에 이미 인삼에서 LPAs를 분리 및 동정 되어 그 생리활성 효과를 밝혔을 것이다. 어쩌면 현재의 진토닌이라는 이름이 태어나지도 않았을 것이다. 아래에서, 인삼 리간드 이론에 대하여 더 자세하게 서술한다.

리간드가 결합하는 세포막 **수용체**(receptor)의 정의는 "**동물이나 사람 세포막에서 존재하며, 세포밖에서 오는 리간드와 특이적(specific)으로 결합하여 그 리간드가 가지고 있는 세포밖 정보를 수**

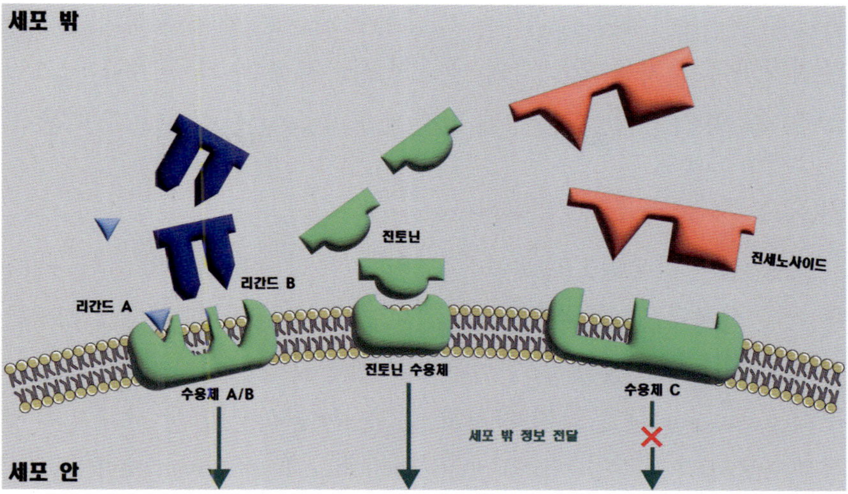

그림 19-6 동물이나 사람의 장기(organs)를 구성하는 세포막에는 세포밖에 존재하는 다양한 리간드(ligands)가 가지고 있는 정보를 세포안으로 전달할 수 있는 리간드에 맞는 특수한 수용체(receptors)를 가지고 있다. 예를 들면, 리간드 A, B 및 C는 각각의 리간드 A, B, 및 C에 맞는 수용체를 가지고 있고 거기만 결합한다. 진토닌(녹색)은 리간드로서 LPA 수용체에 결합하고 다른 수용체에는 결합하지 않는 특징이 있다. 인삼 사포닌 구조가 규명된 60년이 지났지만, 진세노사이드(붉은색)만 특수하게 결합하는 세포막 수용체는 없다. 즉, 진세노사이드는 세포 밖 리간드로서 세포안으로 정보를 전달하는 기능이 없다.

신(받아들이고)하고 세포안으로 전달하는 단백질이다". 세포막을 통과할 수 있는 지용성 리간드는 세포질(cytoplasm)에 수용체가 존재한다. 대부분 수용체의 공통적인 특징은 외부에서 리간드 형태로 들어오는 정보 신호는 일반적으로 수용체와 결합하여 세포내 생리학적/약리학적 화학적 반응을 일으킨다. 즉, "세포막 **수용체의 작용은 세포 밖에서 리간드를 통하여 들어오는 신호의 중계하고 증폭하여 궁극적으로 세포나 세포로 구성된 장기 활동을 조절**"하게 된다. 한 가지 예를 들면, 아래에 서술한 바와 같이, 세포 밖 리간드로서 진토닌이 세포막 LPA 수용체에 결합하여 수용체를 활성시키면, 세포질내 칼슘(Ca^{2+})이 일시적으로 증가하고, 증가된 칼슘은 세포 증식과 관련된 단백질과 유전자를 활성시켜 궁극적으로 세포 수가 증가한다(그림 19-5). 그 외 다양한 효과는 "뇌 건강에 좋은 인삼 신소재(2021)" 참조.

인(홍)삼 존재하는 LPAs의 특징

인(홍)삼에 함유된 LPAs는 다음과 같은 특징들을 가지고 있다. 1) 다른 약용 식물들에 비하여 인삼은 진토닌이라는 복합체 형태로 LPA를 더 많이 함유하고 있다. 2) 인삼은 LPA로 전환되는 성분들 즉, LPA 전구체(precursor)들을 많이 가지고 있다. 즉, 인삼은 인삼 자체가 구성 성분으로서 가지고 있는 phosphatidylcholine, lysophosphatdylcholine, phosphatidic acids 및 다른 인지질들은 LPA로 전환된다. LPA를 포함한 이런 물질들은 사람 몸에 존재하며 LPA 수용체를 통하여 생리활성을 발현하는 물질들이다. 3) 인삼 LPAs는 분해되기 쉬운 단독 혹은 유리(free) 형태가 아니고, 인삼의 다른 성분들과 안정된 복합체 형태로 존재(사람 혈중 LPAs가 혈중 알부민과 결합된 형태로 존재하듯이)하여 유리 형태보다 가수분해가 덜 되어, 작용 시간이 더 길다. 진세노사이드와 진토닌 LPA 사이에 가장 큰 차이는 진세노사이드는 사람 몸속(혈액이나 장기 등)에 존재하지 않는다. 그러나, 진토닌의 LPA는 사람 몸속(혈액이나 장기 등)에 공통으로 존재한다는 것이다.

인삼에서 분리된 진토닌이라는 리간드가 사람 LPA 수용체에 결합하여 강장 효과(tropic effects)를 발현하는 방식에 대한 자물쇠-열쇠 이론적 (evidence based lock-and-key theory) 근거는 무엇인가?

좀 더 쉽게 비유적으로 설명하면, 리간드-수용체 관계를 우리가 잘 아는 자물쇠-열쇠 이론으로도 설명할 수 있다. **자물쇠(lock)**을 열려면, 정확하게 자물쇠에 맞은 **열쇠(key)**가 있어야 한다(그림 19-7). 열쇠가 자물쇠에 조금이라도 맞지 않으면 자물쇠는 열리지 않는다. 비슷하게 리간드-수용체 관계를 열쇠-자물쇠 관계로 설명할 수 있다. 사람 장기를 구성하는 각각의 세포막에는 수없이 많은 수용체들이 존재한다. 또, 세포밖에도 수없이 많은 리간드들(서로 다른 다양한 신경전달물질 및 호르몬등)이 항상 있다. 수없이 많은 리간드들은 그것들의 정보를 정확하게 세포에게 전달하기 위해서는 세포막에 그 리간드와 완전하게 들어맞는 수용체가 존재해야 한다. 즉, 리간드는 그 리간드가 결합하는 수용체에만 **특별하게 결합(specific binding)**해야 한다. 이를 다른 말로 리간드가 수용체 얼마나 세게 결합하는 가를 **친화력(affinity)**이라고 한다(그림 19-7). 리간드의 친화력이 높을수록 수용체에 더 완벽하고 강하게 결합한다. 그 의미는 리간드가 가지고 있

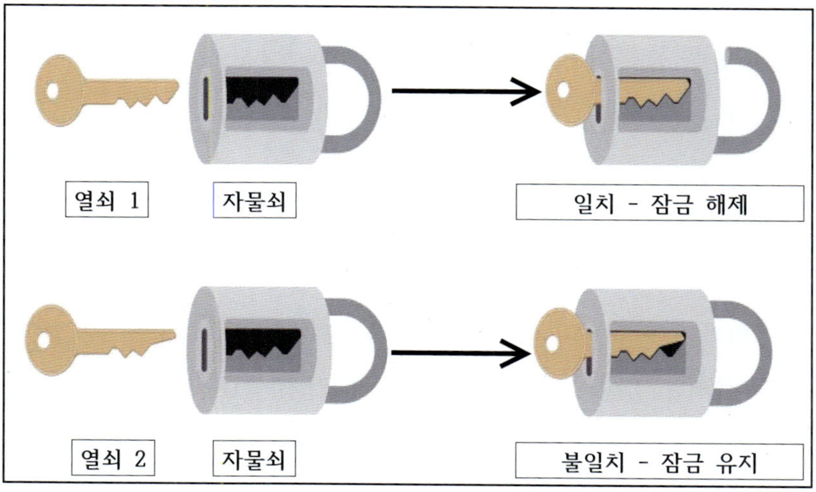

그림 19-7 인삼 리간드(열쇠)-사람 수용체(자물쇠) 이론. 인삼 리간드-사람 수용체 이론을 열쇠-자물쇠 이론으로 쉽게 설명할 수 있다. 진토닌이라는 열쇠(리간드)는 LPA 수용체(자물쇠)에 결합할 수 있는 알맞은 구조를 가지고 있다. 그래서 진토닌은 LPA수용체에 결합하여 열쇠를 연다, 즉 생리활성을 개시, 발휘 및 증폭작용을 유도한다(열쇠 1). 그러나, 진세노사이드는 사람 세포막에 알맞은 자물쇠가 없다. 그래서 진세노사이드는 생리활성을 발휘하는 역할이 없거나 높은 농도를 처리해야만 매우 약하게 그 효과를 발휘한다(열쇠 2).

는 정보를 수용체를 통하여 전달하는 힘이 더 강하다고 볼 수 있다. 그리고, 특정 리간드가 특정한 수용체에 결합하면, 그 수용체는 활성되어 외부 리간드가 전달하고자 하는 정보를 세포내에서 **증폭(cascadic amplifications)**시켜서 효과를 발휘하는 작용이 있다.

21세기 전 세계 생명 과학계에서 인정하고 있는 수용체(lock)-리간드(key) 이론에 바탕을 둔 인삼 진토닌의 효능 발현 원리에 가정하여 적용해보자. 예를 들면, 진토닌(LPAs)(=key) 한 분자가 우리 몸에 들어와서 장기를 구성하는 세포막 있는 6종류의 세포막 LPA 수용체(=lock)에 결합한다. 세포마다 장기마다 6 종류의 LPA receptor 분포 정도는 다를 수 있다. 예를 들면, 1분자 진토닌 LPA가 LPA1 receptor subtype 수용체에 결합한다고 가정하면, 수용체 활성과 세포막 신호 전달 과정을 통하여 세포질내 칼슘(Ca^{2+}) 저장고에 있는 100개의 칼슘 분자를 일시적으로 방출한다(그림 19-5).

칼슘은 2차 전령[41](2nd messenger)으로 작용한다. 그래서, 가정이 이지만, 칼슘이 있어야만 활성되는,

1) 100가지의 다양한 효소들 활성 → 100가지 생리활성;
2) 10가지 다양한 이온 통로 조절 → 10가지 생리활성 변화;
3) 100가지 유전자 조절 → 세포 증식을 포함한 100가지 생리활성 변화;
4) 10가지 다른 종류의 신경전달물질 방출이나, 호르몬 분비와 연결→10가지 다른 종류의 생리활성 변화 유도할 수 있다.

41 2차 전령(2nd messenger) : 세포 외부에서 들어온 신호를 세포 내부로 전달하고 신호를 증폭하는 데 중요한 역할을 하는 물질입니다. 세포막을 통과하지 못하는 신호분자(호르몬, 신경전달물질 등)가 세포 표면의 수용체와 결합하면, 이 신호는 2차 전령을 통해 세포 내에서 작용을 일으킵니다. 대표적인 2차 전령으로는 cAMP, Ca2+, DAG, IP3 등이 있음.

결국, 1분자 진토닌은 최종적으로 반응이 220가지 다양한 방법으로, 세포 밖의 진토닌이 가지고 있는 정보를 세포내에서 증폭하는 셈이다. 이와같이, 1분자 진토닌이 결국 다양한 세포내 증폭 반응(cascadic reactions)과 연결된다. 그 결과, 세포가 활성되고 그 세포가 소속되어 있는 장기들도 활성이 증가한다. 진토닌에 의한 세포 및 장기 활성은 국소적으로 하나의 세포나 하나의 장기에서 제한되어서 일어나는 것만은 아니다.

신경계에서 1가지 또 다른 예를 더 들어보자. 해마에서 진토닌은 LPA receptor 활성을 통하여 신경전달물질인 글루타메이트(glutamate) 방출을 촉진한다. 방출된 글루타메이트는 주변 신경세포를 자극하여 궁극적으로 학습과 기억력(learning and memory)에 중요한 역할을 하는 long term potentiation (LTP)을 발생시킨다. 그래서 인지기능을 좋게 해 준다.

또, 다른 예로, 진토닌은 뇌에서 BDNF(뇌유래신경영양인자)의 방출을 촉진한다. 방출된 BDNF는 뇌의 1) 신경세포 숫자가 늘어나게 하고, 신경세포 사이에 새로운 연결이 잘되게 하여 정보 수용과 전달이 잘되게 해준다. 2) 기억을 담당하는 해마의 신경세포가 많이 늘어나도록 촉진한다, 3) 외부에서 가해지는 산화적 스트레스나 염증 물질 증가에 의한 신경 조직의 손상을 완화시켜 신경계를 보호하는 역할을 한다. 4) BDNF의 신경계 작용은 성장기 어린이와 청소년의 두뇌 성장에 핵심적인 역할하고, 노년의 신경계에서는 노화로 인한 신경계 손상을 방어하여 뇌졸중(stroke), 치매(dementia)나 우울증(depression)을 예방하거나 증상을 완화 시키는 효과가 있다.

다른 3번째 예를 들면, 진토닌은 혈관 내피에서 LPA 수용체 활성을 통하여 VEGF(혈관내피성장인자)라는 성장인자의 분비를 촉진한다.

VEGF라는 성장인자는 우리 몸에서 새로운 혈관이 만들어지도록 도와주는 호르몬이자 성장인자다. 따라서, 진토닌에 의한 VEGF 분비 촉진은 손상된 조직이 재생될 때 새로운 혈관을 만들어 정상적인 조직으로서 장기로서 역할을 하게 도와준다. 또, 혈관이 부분적으로 막히거나 혹은 완전히 막혀서 장기나 조직으로 영양분 공급이 안되거나 노폐물 제거가 되지 않으면 장기나 조직이 괴사가 발생할 수 있다. 이때 VEGF는 장기나 조직에 막힌 혈관 주변에 새로운 혈관을 만들어 조직이나 장기들이 손상되는 것을 방어한다.

진토닌에 의한 신경전달물질 혹은 성장인자 생성 자극 및 방출은 이웃에 있는 신경세포에 영향을 미친다. 또, 진토닌에 의하여 호르몬 분비는 혈관을 타고 더 멀리 떨어져 있는 다른 장기들의 세포들에게 전신적 영향을 미친다. 결국, 진토닌의 이런 직접 작용 및 간접 작용은 우리 몸 전체 영향을 미친다. 그래서, 결국 1개의 진토닌은 증폭 과정과 다른 장기에 영향을 미침으로서 우리 몸 전체에 영향을 미치는 셈이다. 이것이 저자가 주장하는 인삼 리간드-수용체 이론이다.

진토닌 타겟인 6종류의 세포막 LPA 수용체들은 동물과 사람 장기들에 널리 분포하여 강장 효과를 발휘한다

진토닌의 동물 세포막 타겟 단백질은 6종류의 LPA 수용체들이 존재한다. 이를 LPA1~LPA6 수용체라고 부른다. 이들 6종류의 LPA 수용체들은 뇌, 고환, 비장, 위, 소장, 신장, 심장, 자궁(uterus) 및 태반, 췌장, 흉선 등을 포함한 다양한 조직과 기관에 널리 분포한다. 다만, 6종류의 LPA 수용체들은 각 장기에 따라 발현 정도가 다르다. 예를 들면, 마우스 LPA1 수용체는 다른 장기들에 비하여 특히 뇌를 포함한 중추 신경계에 풍부하다. 또 다른 LPA3 수용체는 림프구와 수지상세포와 같은 면역 세포에서도 발견된다(그림 19-8).

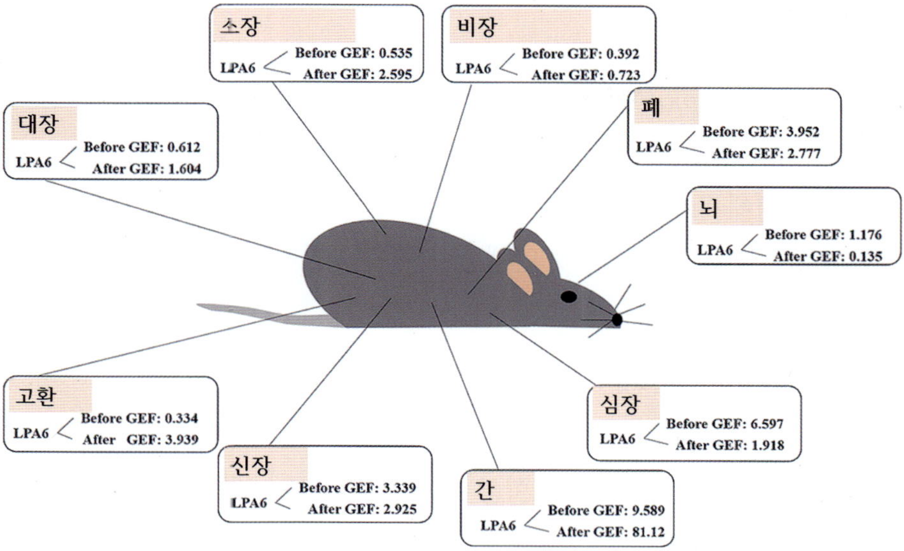

그림 19-8 **인삼 진토닌(GEF)을 마우스가 장기 복용하면, 마우스의 각 장기들에 분포하는 LPA6 수용체 유전자 발현 정도가 변화하는 것을 보여준다. 어떤 장기는 진토닌 장기 복용으로 LPA6 수용체 유전자 발현이 증가하지만(대장, 소장, 비장, 심장, 및 신장), 반대로 다른 장기들에서는 감소한다(뇌, 고환 및 간). 이 연구는 LPA 수용체 리간드로 작용하는 진토닌 장기 복용이 장기에 존재하는 LPA 수용체 발현 정도에 영향을 미친다는 것을 보여주고 있다. 사람도 진토닌을 장기 복용하면 LPA 수용체 발현이 변화할 것으로 예상된다.**

자세하게 LPA 수용체 분포를 살펴보면,

뇌 및 중추신경계: LPA1은 희소돌기아교세포, 미세아교세포, 성상세포, 상피세포, 뉴런을 포함한 중추신경계에서 높게 발현한다.

면역계: LPA3 수용체는 림프구, 수지상세포(DC), 흉선, 비장을 포함한 거의 모든 면역 세포 유형에 발현한다.

위장관 소화기계: LPA2 수용체는 장크로마핀 세포를 포함한 장에

서 발견된다.

기타 조직: LPA6 수용체는 심장, 폐, 신장, 흉선, 고환, 췌장, 비장, 소장 및 태반에도 존재한다. 이와 같이, 진토닌은 생체를 구성하는 거의 모든 장기에서 생리활성 작용을 발현하는 역할을 수행한다. 그러나, 인삼 사포닌은 세포막 타겟 단백질을 가지고 있지 않다(표 19-4).

◆ 뇌에 존재하는 LPA 수용체 활성을 통한 진토닌의 강장 효과 예시

진토닌 장기 복용이 뇌 기능 향상 효능을 보여주는 예를 알츠하이머병 동물 모델과 주관적 인지기능 장애를 지닌 사람들에서 관찰되었다

알츠하이머병 치매는 치매 환자의 약 70% 차지한다. 알츠하이머병 치매 발병의 주요 원인은 뇌에 베타-아밀로이드[42](β-amyloid) 만들어지고, 만들어진 베타-아밀로이드가 뇌 밖으로 배출되지 않고, 뇌에서 아밀로이드 플레이크(amyloid plaques, 아밀로이드 덩어리)로 되기 때문이다. 현재, 치매 증상 완화제는 시판되고 있으나 치매 치료제는 아직 개발되지 않고 있다. 최근에 항체 치매 치료제가 개발·시판되고 있으나, 고가와 높은 부작용(뇌출혈과 뇌부종) 발생으로 치료 효율이 높지 않다.

본 예시는, LPA 수용체를 발현하는 배양한 신경세포와 알츠하이머병 동물 모델을 이용한 연구에서 검증된 것이다. 진토닌의 장기 복용에 의한 항치매 효과는 LPA 수용체 활성을 통하여 4단계에 걸쳐서 나타난다.

42 베타-아밀로이드(β-amyloid) : 알츠하이머병의 주요 특징인 아밀로이드 플레이크(plaques)의 주성분으로, 알츠하이머병의 발병과 진행에 중요한 역할을 하는 펩타이드.

첫 번째 단계는, 베타-아밀로이드는 계속 뇌에 축적되면 아밀로이드 플레이크(amyloid plaques)가 만들어져 주변 신경세포를 죽인다. 그러나, 진토닌은 신경세포에서 치매 유발 물질로 알려진 뇌 신경세포에서 베타-아밀로이드(β-amyloid) 생성을 억제한다.

두 번째 단계는, 진토닌은 뇌에서 생성된 베타-아밀로이드의 신경세포 독성을 억제하고, 신경세포에 이로운 물질 생산을 통하여 신경세포를 보호한다.

세 번째 단계는, 진토닌은 대뇌에서 아밀로이드 플레이크(amyloid plaques)에 의한 뇌-혈관 장벽 손상을 막는다.

네 번째 단계는, 진토닌은 뇌에서 BDNF 발현을 증가시키고, 인지기능을 개선시켜, 아밀로이드 플레이크(amyloid plaques) 축적에 의한 인지기능 손상(cognitive dysfunctions)을 막아준다. 즉, 진토닌은 항-치매 효능을 발휘한다.

사람에서 주관적 기억력이 떨어지는 사람(subjective memory impairment)에서 진토닌의 장기 복용은 인지기능을 향상시킨다

사람이 치매에 걸리는 과정은 적어도 3단계에 걸쳐서 10년 이상 긴 시간 동안 순서대로 일어난다.

첫 단계, 주관적 기억력 장애 증상(subjective memory impairment)을 보인다. 주변 사람이 볼 때는 정상이지만, 본인은 기억력이 떨어진다고 주변 사람들에게 호소한다.

두 번째 단계, 경도인지장애(mild cognitive impairment) 발생이다. 본인이나 주변 사람들이 인지기능이 정상인보다 떨어지는 것을 안다.

세 번째 단계, 초기 치매 환자(early dementia)가 되는 단계이다. 이 단계에서는 인지기능 장애라는 임상적 증상이 나타나는 경우다.

저자는, 주관적 기억력 장애 증상(subjective memory impairment)을 보이는 사람들을 대상으로 진토닌(gintonin-enriched fraction, GEF, 300 mg/day 혹은 600 mg/day) 혹은 가짜 약(위약, placebo)을 복용하게 하였다. 300 mg/day를 8주 동안 먹은 사람들은 위약(placebo)을 먹은 그룹에 비하여 통계학적으로 유의성 있게 인지기능을 개선(ADAS test)시키는 것으로 나왔다. 600 mg/day를 4주 동안 먹은 사람들은 ADAS라는 인지기능 검사 테스트에서 위약(placebo)그룹에 비하여 통계학적으로 유의성 있게 나왔다. 이 결과는 진토닌 장기 복용은 뇌 신경계에 존재하는 LPA 수용체 활성을 통하여 뇌 인지기능 개선과 연결되어 있음을 보여주는 예이다.

사람 치매 환자의 대뇌는 정상인의 대뇌보다 LPA4 수용체가 결핍되어 있다

한 가지 흥미로운 사실이 있다. 치매(Alzheimer's disease) 환자 뇌는 진토닌의 사람 세포막 타겟 단백질인 LPA4 수용체가 정상인 대뇌의 LPA4 수용체보다 줄어드는 것으로 나타났다. 왜, 치매 환자 대뇌에서 LPA4 수용체가 줄어드는 가에 대하여 아직 밝혀진 것은 없다. 또, 사람 대뇌에서 진토닌이 결합하는 타겟 세포는 신경 세포neuron이고, 다른 신경계 세포들(성상 세포astrocyte나 미세교세포microglia)에는 결합하지 않는 것으로 나왔다.

이런 연구 결과는, 진토닌은 사람 뇌 신경세포에 선택적으로 결합하고, 진토닌의 신경 세포막 타겟 단백질은 LPA4 수용체라는 것을 보여준다. 또, 아직까지 알츠하이머병 치매 치료제는 개발되지 않고 있다. 치매 환자에서 LPA4 수용체발현이 줄어든 것은 치매 발생에 LPA4 수용체 역할이 중요할 것으로 예상된다. 따라서, 진토닌 혹은 LPA4 수용체와 잘 작용하는 활성물질(예, LPA4 수용체 효현제)은 LPA4 수용체 활성을 통하여 치매 환자에서 결핍된 LPA4 수용체 기능을 보완하여 알츠하이머병 치매 예방, 증상 완화 및 치료에 도움을 줄 것으로 예상된다. 예를 들면, 주관적 기억력 장애인, 경도인지장애인 혹은 초기 치매 환자가 진토닌을 장기 복용하면, 사람 뇌 LPA4 수용체 기능을 활성시켜 인지기능 향상 효과 및 치매 발생을 지연시키는 효능을 얻을 것으로 예상할 수 있다.

사람에서 LPA와 결합하는 LPA 수용체(receptors)들의 역할 요약

사람 체내에서 LPA의 기본적인 생리활성 역할은 사람 장기 세포막에 존재하는 6종류의 **LPA 수용체** 활성을 타겟으로 세포 수를 늘리고 (**증식, proliferation**), 세포가 필요한 곳으로 **이동**하여(**migration**) 그 기능을 하게 하고, 외부에서 세포 손상을 유발하는 인자(예, 산화 혹은 ER 스트레스)에 노출되더라도 세포를 보호하여 죽지 않고 오래 잘 살아있도록 **생존(survival)**하게 하는 다양한 역할이다.

즉, LPA는 동물 세포가 그 기능을 잘할 수 있도록 도와주는 **살림살이** 혹은 **지질 유래 성장인자 역할**을 한다. 이런 종류의 역할을 하는 물질을 **다기능 물질(pleiotropic)**이라고 하고, 그 물질이 발현하는 효과를 **다면적 효과(pleiotropic effect)**라고 부른다. 그리스어로 더 많은 것을 의미하는 단어 "pleion"과 반응이나 **자극(stimulus)**을 의미하는 단어 **"tropy"**에서 비롯된 것이다.

즉, **"인삼의 강장(tonic) 효과는 인삼에 존재하는 진토닌 LPAs-LPA 수용체 활성→tropic 효과 발현과 일맥상통하는 면이 있다"(표 19-3).** 그 결과 최종 역할은 세포 기능 강화와 항상성을 유지하고 더 나아가 사람을 구성하는 장기들의 항상성을 유지하는 것이다. 또, 다

표 19-3 자극제로 인삼 진토닌과 다른 천연물 유래 자극제들과의 비교

	인삼 진토닌	중독성이 있는 식·의약 천연물 (모르핀, 카나비노이드, 커피, 담배 등)
근본적인 작용	자극(stimulus)	자극(stimulus)
리간드 결합 수용체	세포막 LPA 수용체에 결합	각기 다른 세포막 수용체에 결합
수용체 분포	전신	주로 신경계
효과 발현 방법	2nd messeger인 Ca^{2+} 이용	신경세포 흥분 혹은 억제
효과가 발현되기까지 걸리는 시간	길다 (몇 일~몇 달)	짧다 (몇 분)
효과 발현 결과	• 장기적인 세포 및 장기 성장 및 강장 (tropic and tonic) 효과 • 육체적인 효과가 정신적인 효과와 연계 가능	짧고 일시적인 향정신적인 효과도 포함할 수 있음
독성	거의 없다	있다(용량에 의존)
중독성	없다	강하다

른 약용 식물이나 기호식품에서 발견되는 성분들과 비교할 때 그 작용은 mild하고 중독성이 없다. 진토닌과 다른 식물에서 발견되는 성분에 대한 특징은 표 19-3에 요약되어 있다.

인삼은 강장 효과 발휘를 위하여 여전히 진토닌 외 아직 밝혀지지 않은 새로운 리간드(들)을 가지고 있을 가능성이 높다

18~20세기 과학혁명을 거치면서 천연물에서 단일 성분의 다양한 생리활성물질들이 분리되었다. 그들의 일부는 실제 의약품으로 개발되어 지금도 이용되고 있다. 예를 들면, 아스피린이나 타이레놀과 같은 해열 진통제로 가라앉지 않는 심한 통증이 있다면, 병원에서는 양귀비에서 분리된 모르핀을 사용한다. 모르핀은 부작용이 많음에도 불

구하고 여전히 대체 불가능한 좋은 진통제로 사용되고 있다. 또, 통증을 동반하는 암 환자들에게 모르핀을 개량하여 구조가 변형된 화학물질은 더 강력한 진통제로 이용되고 있다.

모르핀의 작용 원리는 동물이나 사람 몸을 구성하는 세포들에 모르핀을 받아들이는 수용체가 있다. 따라서, 모르핀을 먹거나 주사를 맞으면 모르핀은 신경계에서 통증을 전달하는 말초나 중추 신경계에 존재하는 모르핀 수용체에 결합하면, 모르핀 수용체가 활성된다. 활성된 모르핀 수용체는 통증 전달물질의 통증 전달 과정을 척추나 뇌에서 차단한다. 학문적인 용어로 모르핀은 진토닌처럼 리간드(ligand)라고 할 수 있다. 모르핀 수용체(opioid receptor)는 자물쇠다. 학문적인 용어로 수용체(receptor)라고 한다.

따라서, 생명체 혹은 천연물에서 어떤 물질이 리간드라면 리간드-수용체 관계는 몇 가지 특징을 가지고 있다. 1) 리간드는 수용체에 대한 선택성이 높아야 한다. 그래서 리간드는 해당 수용체에만 결합하고 다른 수용체에는 결합하지 않는다. 이것은 자물쇠에 맞는 열쇠가 있어야 자물쇠를 열어지는 것과 같은 이치다. 2) 리간드는 수용체에 대하여 높은 친화성이 높아야 한다. 즉, 리간드는 해당 수용체에는 잘 달라 붙지만 다른 수용체에는 그렇지 않다는 것이다. 3) 리간드가 수용체에 결합하여 생리활성을 발휘한 다음에, 반복해서 또 처리하면 수용체는 일정 시간이 지나지 않은 이상 다시 리간드와 결합하지 않거나, 결합해도 생리활성이 나타나지 않거나 매우 약하다.

시바타 쇼지 교수가 일본에서 재배된 조선종 인삼에서 인삼 사포닌 분리와 분리된 사포닌을 이용하여 구조를 밝히는데 10년 이상 걸렸다(제17장). 저자도 마찬가지다. 2000년 초반, 인삼에서 진토닌을 분리하고 인삼 리간드로서 특성을 밝히는데 10년 이상 연구를 하였다. 인삼은 여전히 인삼 사포닌외 사람에 장기나 세포막 단백질을 타겟으로 하는 다른 생리활성 성분들을 포함하고 있을 가능성이 높다. 우리가 노력하지 않아 못 찾을 뿐이다. 특히, 우리만의 다양한 인삼 가공 방법을 가지고 있다. 인삼 가공 방법에 따라 인삼 리간드가 더 증가할 가능성도 높다.

◆ 인삼 진토닌과 인삼 사포닌(진세노사이드) 생리활성 차이

인삼 진토닌과 인삼 사포닌(진세노사이드) 사이에 가장 큰 차이는 사람을 포함한 생명체에 타겟이 있는가와 없는가와의 차이이다. 즉, 진토닌은 사람 LPA 수용체라는 선택적·특정 타겟 단백질이 사람 장기 세포막에 존재한다. 그러나, 진세노사이드는 세포막 혹은 세포 안에 과학계에서 인정하는 명백한 타겟 단백질이 없다. 단지 높은 농도의

표 19-4 진세노사이드(인삼 사포닌)와 진토닌 차이 비교

	진세노사이드 (인삼 사포닌)	진토닌 (GEF)
동물에서 내인성 물질 존재	없음 (인삼에만 존재)	기능성 및 지표 성분인 LPA는 동물 및 식물에 공통으로 내인성 리간드로 존재함
주요 동물 세포막 수용체	없음	1. 6종류의 LPA receptors를 타겟으로 생리활성 작용 및 효능 발휘 2. 6종류의 LPA 수용체들은 신경계, 심혈관계, 호흡기계, 소화기계, 면역계 및 비뇨·생식기계 등 동물 및 사람 체내에 분포되어 있음
리간드 작용기 역할 부위(functional group)	없음	LPA의 인산기(phosphate group) (그림 ?)
세포막 신호전달 체계	없음	1. LPA 수용체→Gαq/11 protein→PLC→IP_3→Ca^{2+} pathway→생리활성 증폭→생리활성 발현 2. 여러 kinases 활성이 포함됨

세포 처리 시 자발적 반응 유무	없음 (효능 관찰을 위하여 前자극이나 前처리와 같은 조건 설정이 필요함)	있음(LPA 수용체 활성을 통함)
생리활성 유발을 위한 사용 농도	매우 높음 (생리학적 작용이 아닌 약리학적 작용 농도인 100 μM에서 작용함)	매우 낮은 농도(pM-nM)
기능성 성분	글라이코시드(Glycosides)의 일종	인지질 일종인 LPAs
기능성 지표 물질	사포닌	LPAs
인삼 외에 다른 식물 존재 유무	없음(다른 식물의 사포닌도 그 식물에 특이적으로 존재)	다른 식물에 비하여 인삼에 많이 함유됨
In vitro 작용	비특이적 무작위로 작용함	LPA receptors를 발현하는 세포나 장기들에 특이적으로 작용
작용의 일관성 (consistency) 결과	예를 들면, 이온 통로나 수용체 조절에 일관성이 없고 혼재 함 억제: 칼슘/소디움/포타슘 활성: 포타슘/GABAA/glycine 즉, 일관성없이 다른 식물 유래 사포닌들과 유사한 작용 발휘	진토닌의 작용은 LPA 수용체 활성을 통하여 Ca^{2+}에 의존하는 반응 유발하고 생리학적/약리학적 효능과 연계되어 있어 작용 일관성이 있음
효능 보편성	많은 효과가 있다고 하나, 모호하고 작용 원리 설명할 수 없음	G protein-coupled LPA 수용체 작용을 통하여 효능을 발휘하므로 효능 일관성 유지
세포내 및 세포간 정보전달 증폭 연계성 (Intracellular and intercelluar cascadic amplifications)	없음	1. 신경계와 비신경계에서 2차 전령인 Ca^{2+}에 의존하는 이온 통로 및 수용체 조절과 연계 2. 신경전달물질 방출 및 호르몬 방출 촉진과 시냅틱 트랜스미션 증진 3. 그 결과 순차적인 증폭(sequential cascadic responses)을 통한 세포→장기→행동 변화를 통한 효능 발현
In vivo 및 사람에서의 효능	1. 세포막 타겟(수용체)과 관계 없는 효능(항산화/항염증 등) 2. 작용 원리 설명 불가능	AD 동물 모델 및 AD 환자에서 기억력, 인지기능 개선, 및 항-알츠하이머병
생체내 대사	매우 빠르게 대사되어 진세노사이드의 당성분이 제거되고 골격 부분만 남아 오줌이나 대변으로 배설됨 또는 장내 미생물에 의하여 대사됨	LPA는 lipoprotein phosphate phosphatase에 의하여 인산기가 떨어져 불활성화됨.

진세노사이드는 비특이적(non-specific)으로 마구잡이·무작위로 세포막 단백질에 결합한다. 현대 의약학에서 질병 치료 목적 혹은 기능성 식품들 중에 효능 발현을 위하여 공식적으로 받아들이는 담론은 생체내 특이적 타겟(specific target) 물질 존재 여부다. 이것은 어떤 생리활성 물질이 생리학적·약리학적 효능 발현을 위한 ligand-receptor 개념이자 key-lock 개념이기도 하다. 인삼에 함유된 두 성분에 대한 차이를 표 19-4에 요약하였다.

◆ 참고 문헌

Tigyi G., Miledi R. Lysophosphatidates bound to serum albumin activate membrane currents in Xenopus oocytes and neurite retraction in PC12 pheochromocytoma cells. J. Biol. Chem. 1992;267:21360-21367.

Pébay A, Torrens Y, Toutant M, Cordier J, Glowinski J, Tencé M. Pleiotropic effects of lysophosphatidic acid on striatal astrocytes. Glia. 1999 Oct;28(1):25-33.

Choi S., Kim H.J., Ko Y.S., Jeong S.W., Kim Y.I., Simonds W.F., Oh J.W., Nah S.Y. $G\alpha_{q/11}$ coupled to mammalian phospholipase C beta3-like enzyme mediates the ginsenoside effect on Ca^{2+}-activated Cl^- current in the Xenopus oocyte. J. Biol. Chem. 2001a;276:48797-48802.

Yoon H.R., Kim H., Cho S.H. Quantitative analysis of acyl-lysophosphatidic acid in plasma using negative ionization tandem mass spectrometry. J. Chromatogr. B Analyt. Technol. Biomed. Life Sci. 2003;788:85-92.

Pyo M.K., Choi S.H., Hwang S.H., Shin T.J., Lee B.H., Lee S.M., Lim Y.H., Kim D.H., Nah S.Y. Novel glycoproteins from ginseng. J. Ginseng Res. 2011, 35, 92-103.

Hwang SH, Shin TJ, Choi SH, Cho HJ, Lee BH, Pyo MK, Lee JH, Kang J, Kim HJ, Park CW, Shin HC, Nah SY. Gintonin, newly identified compounds from ginseng, is novel lysophosphatidic acids-protein complexes and activates G protein-coupled lysophosphatidic acid receptors with high affinity. Mol Cells. 2012 Feb;33(2):151-62.

Yung YC, Stoddard NC, Chun J. LPA receptor signaling: pharmacology, physiology, and pathophysiology. J Lipid Res. 2014 Jul;55(7):1192-214.

Lee BH, Choi SH, Kim HJ, Jung SW, Kim HK, Nah SY. Plant Lysophosphatidic Acids: A Rich Source for Bioactive Lysophosphatidic Acids and Their Pharmacological Applications. Biol Pharm Bull. 2016;39(2):156-62.

Choi SH, Kim HJ, Cho HJ, Park SD, Lee NE, Hwang SH, Rhim H, Kim HC, Cho IH, Nah SY. Gintonin-mediated release of astrocytic vascular endothelial growth factor protects cortical astrocytes from hypoxia-induced cell damages. J Ginseng Res. 2019 Apr;43(2):305-311.

Cho HJ, Choi SH, Kim HJ, Lee BH, Rhim H, Kim HC, Hwang SH, Nah SY. Bioactive lipids in gintonin-enriched fraction from ginseng. J Ginseng Res. 2019 Apr;43(2):209-217.

Finlay DB, Duffull SB, Glass M. 100 years of modelling ligand-receptor binding and response: A focus on GPCRs. Br J Pharmacol. 2020 Apr;177(7):1472-1484. doi: 10.1111/bph.14988.

Choi SH, Lee R, Nam SM, Kim DG, Cho IH, Kim HC, Cho Y, Rhim H, Nah SY. Ginseng gintonin, aging societies, and geriatric brain diseases. Integr Med Res. 2021 Mar;10(1):100450.

Lee R, Lee BH, Choi SH, Cho YJ, Cho HS, Kim HC, Rhim H, Cho IH, Rhee MH, Nah SY. Effects of Gintonin-enriched fraction on the gene expression of six lysophosphatidic receptor subtypes. J Ginseng Res. 2021 Sep;45(5):583-590.

Cho YJ, Choi SH, Lee RM, Cho HS, Rhim H, Kim HC, Kim BJ, Kim JH, Nah SY. Protective Effects of Gintonin on Reactive Oxygen Species-Induced HT22 Cell Damages: Involvement of LPA1 Receptor-BDNF-AKT Signaling Pathway. Molecules. 2021 Jul 7;26(14):4138.

Lee R, Lee HS, Kim WW, Kim M, Nah SY. Cognitive function improvement effects of gintonin-enriched fraction in subjective memory impairment: An assessor- and participant-blinded placebo-controlled study. J Ginseng Res. 2023 Nov;47(6):735-742.

Kang HH, Kim SK. Adaptogenic Theory and Korean Ginseng (Panax ginseng C.A. Meyer). Food Suppl Biomater Health. 2023 Jun;3(2):e11.

Lee R, Kim JH, Kim WW, Hwang SH, Choi SH, Kim JH, Cho IH, Kim M, Nah SY. Emerging evidence that ginseng components improve cognition in subjective memory impairment, mild cognitive impairment, and early Alzheimer's disease dementia. J Ginseng Res. 2024 May;48(3):245-252.

Kim KS, Lee R, Park I, Hwang SH, Kim Y, Jang JW, Kim HS, Choi SM, Kim SJ, Cho HJ, Cho IH, Kim JH, Kim DG, Nah SY. Gintonin Binds to Reduced LPA4 Receptor Subtype in Human Cortical Neurons in Alzheimer's Disease Brains. Biomolecules. 2025 Jan 26;15(2):179.

Numakawa T, Kajihara R. The Role of Brain-Derived Neurotrophic Factor as an Essential Mediator in Neuronal Functions and the Therapeutic Potential of Its Mimetics for Neuroprotection in Neurologic and Psychiatric Disorders. Molecules. 2025 Feb 12;30(4):848.

인삼 신소재 (나승열 저, 2021)

인삼학 입문 (나승열 저, 2024)

https://www.sciencedirect.com/topics/mathematics/signalling-cascade

20 고려인삼 유전체 해석을 통한 인삼 유전자 진화 규명과 고려인삼의 북미 대륙 이동설을 주장한 연구자

제6장에서 서술한 바와 같이, 프랑스에서 예수회 일원으로 선교(복음)를 전하기 위하여 중국에 파견된 자르투 신부는 중국에 머무는 동안에 중국 황제의 명령에 따라 만주 지역에 해당하는 중국 지도를 작성하는 일을 하게 된다. 만주 지역 지도를 작성하기 위하여 말과 가마를 타고 조선과 접경지대의 조그만 마을에 이른다. 지도 작성 과정에서 장거리 이동으로 몸이 매우 피곤하여 힘든 때, 도착한 작은 마을 주민이 산에서 캐온 4뿌리 산삼 선물을 받아서 먹어보고, 직접 효능을 경험하게 된다.

자르투 신부가 말로만 듣던 산삼 효능 경험과 동시에 자르투 신부는 가정이지만, 만약에 다른 대륙에서 산삼이 자생한다면, 만주와 비슷한 경도나 위도에 해당하는 캐나다의 산림이 울창한 캐나다 지역이 될 것이라고 예상한 서신을 산삼 그림과 함께 프랑스에 보낸다. 마침, 캐나다 퀘벡 지역에서 원주민들을 선교하고 있던 라피토 신부는 자르투 보낸 편지를 읽게 된다. 라피토 신부는 자르투 신부가 예상했던 데로 원주민의 도움을 받아 북미 대륙에서 처음으로 서양삼을 발견하게 된다.

라피토 신부를 더 놀라게 한 것은 비록 부르는 인삼 이름은 달라도, 사람을 뜻하는 그 의미는 두 대륙 사이에 비슷하다는 것이다. 즉, 인삼의 명칭이다. 동북아시아 사람들은 인삼을 산에서 자라는 사람을 닮은 약초(man root)라고 부른다. 아메리카 원주민들도 인삼을 사람의 형태와 비슷하고 특히 사람의 두 다리(두 다리 허벅지)를 의미하는 가렌토긴(garento-guen)이라는 이름을 붙였다.

이를 근거로 라피토는 두 대륙 사이에 사람을 대상으로 한 비슷한 의미를 가지는 인삼이라는 식물을 근거로 아주 옛날엔 두 대륙이 서로 붙어 있었을 것이라는 가정하였다(제6장). 라피토가 예측했던 약 300년 전의 가정을 실제로 학문적으로 증명한 한 과학자가 있다. 양태진 교수 연구팀은 전 세계에 분포된 인삼종들의 유전학적 게놈 차이를 분석하여 인삼의 기원, 진화 및 특성을 분석하였다.

◆ 고려인삼의 기원, 진화 및 인삼의 유전학적 특징 분석

양태진 교수 연구팀은 인삼의 기원을 인삼과 가까운 유연관계(생물분류에서 발생계통 가운데, 얼마나 서로 가까운가를 나타내는 관계)가 있는 가까운 식물들의 비교 연구를 통하여 확인하였다. 그 결과, 인삼 속 식물들은 미나리과(산형과라고도 하고, 쌍떡잎식물 갈래꽃류의 한 family이다. 잎자루의 밑부분은 잎집이 되고 꽃은 산형화서繖形花序[43]를 이룬다. 산형화서의 뜻은 우산살처럼 짧은 꽃자루들이 한 곳에서 많은 수로 퍼져 나가는 형태의 꽃 배열을 의미한다) 식물들로부터 5,100만년 전에 분화한 것으로 확인하였다.

2,800만년 전에 추가 염색체 배수체[44]화를 통해 두릅나무과의 1,500

43 산형화서 : 우산살처럼 짧은 꽃자루들이 한 곳에서 많은 수로 퍼져 나가는 형태의 꽃차례이다. 즉 전체적으로 우산을 펼친 것과 비슷한 모양

44 염색체 배수체 : 배수체는 생물의 염색체 수가 일반적인 염색체 수의 배수로 이루어진 것을 말합니다. 즉, 두 벌 이상의 염색체를 가진 생물체를 의미하며, 2배수체(2n), 3배수체(3n), 4배수체(4n) 등으로 나눌 수 있음

여개 종들로 진화하였다. 두릅나무과의 하나인 인삼은 약 220만년 전 빙하기와 간빙기가 반복되던 시기에 배수체가 2배로 늘어나는 4배체(tetraploid) 현상을 통하여 태어난 것으로 추측되었다(그림 20-1). 즉, 양태진 교수 연구팀은 고려인삼과 서양삼은 24쌍(4배체) 염색체를 가지고 있다. 그러나, 기후가 온화한 중국 운남성, 베트남 북부, 히말라야에 사는 인삼 속 식물들은 염색체를 12쌍(2배체)를 가지고 있다는 것을 밝혔다. 연구팀은 인삼 속의 다른 식물들과 유전체를 비교하여, 고려인삼의 유전자 특징과 진화 계통을 추적 확인한 것이다.

◆ 고려인삼 4배체 유전자의 장점 및 혜택

서늘하고 추운 환경에서 오는 스트레스 적응과 극복 방법

고려인삼이 4배체로 진화한 것은 어떤 의미일까? 인삼은 천천히 자라는 대표적인 음지식물로 알려져 있다. 인삼은 다년생 식물

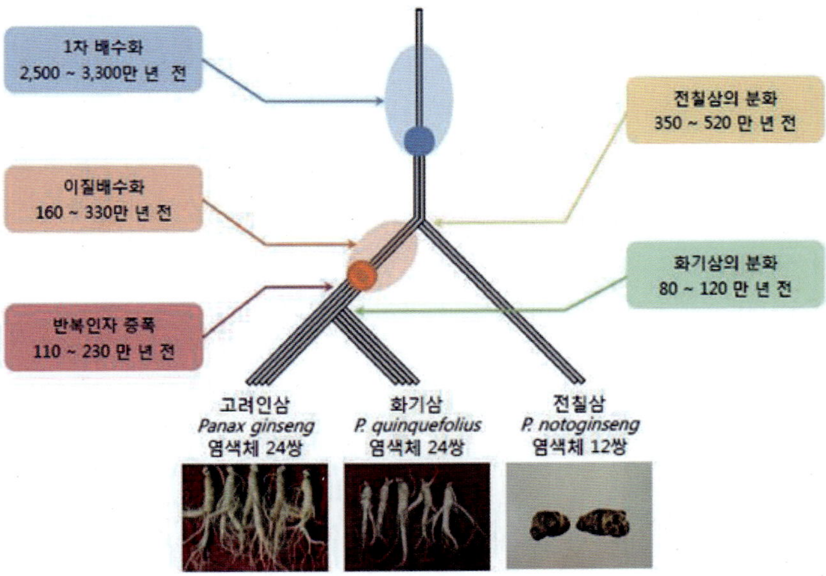

그림 20-1 고려인삼과 서양삼의 배수체화 과정

이기 때문에 살아있는 한, 매년 4계절을 반복해서 경험한다. 즉, 겨울 추위와 여름 더위와 같은 환경 스트레스에 노출되기 쉽다. 그렇지만, 인삼은 더위(heat stress)에는 매우 약하지만, –40°C와 같은 강추위(cold stress)에는 잘 견딘다. 그래서, 우장춘 박사의 "종의 합성(species hybridization)"[45] 이론에 따르면, 2배체의 인삼이 추위에 견디는 미나리과 식물이 인삼과 종 합성이 되면서 4배체가 되면서 추위에 견디는 종으로 태어난 것이다. 즉, 인삼은 새로운 **월동 유전자**[46]를 보유하여 추운 환경 적응성을 갖게 된다. 봄에 땅속뿌리에서 싹이 나고, 여름에 성장하고, 가을에 잎이 떨어져 낙엽이 지고, 뿌리만 남은 채 겨울을 나는 식물로 자리매김을 한 것이다. 4배수체화 덕분에 고려인삼은 더 많고 다양한 유전자 자원을 얻었을 것으로 연구팀은 해석했다. 고산지대의 서늘한 음지에서 자라지만 추위엔 약한 히말라야 등지의 2배체 인삼 속 식물과 달리, 4배체는 추위를 견디게 하는 월동 유전자들도 갖추어 한반도와 동북아 등지에 퍼지게 되었다는 것을 추측할 수 있다.

인삼이 죽지 않은 한 매년 이런 과정을 반복하게 된다. 즉, 인삼도 해가 지나면서 나이를 먹기 때문에 나무의 나이테와는 다른 방식으로 인삼의 나이를 표현한다. 즉, 노두에 인삼의 나이 흔적이 생긴다(제6장). 즉, 매년 봄 인삼 뿌리에서 새로운 싹이 날 때, 전년도에 싹이 났던 노두 꼭지에 새로운 싹이 돋아난다. 이런 과정이 반복되면, 나무의 나이테가 생기는 방법과는 달리 노두가 매년 조금씩 길어진다. 즉, 연근이 오래된 인삼일수록 노두의 길이가 길어져 나이가 축

45 종의 합성 : 종의 합성이란 서로 다른 종이 교배하여 새로운 종으로 진화할 수 있다는 점을 주장한 이론으로, 지난 1935년에 우장춘 박사가 처음 제기함. 우 박사는 배추와 양배추를 교배하여 새로운 식물인 유채(油菜)를 만들어냄으로써, 서로 다른 종이 교배를 통해 새로운 종으로 진화할 수 있다는 이론이 사실임을 입증함.

46 월동 유전자 : 겨울을 나기 위해 필요한 유전자

적되는 형식이 된다.

과학적으로 인삼이 추운 환경에 적응하는 방법 중 하나는, 지방산 불포화 효소(fatty acid desaturase, FAD)라는 효소(enzyme)를 많이 발현한다. 지방산 불포화 효소(FAD)는 저온 스트레스를 견디는 식물의 능력에 중요한 역할을 한다. FAD가 하는 일은 포화 지방산 사슬에 이중 결합 사슬을 도입하여 지방산의 불포화도를 높이는 작용을 한다.

이렇게 생산된 불포화 지방산들은 나중에 글리세롤과 인산과 합쳐져서 중성 지질이나 인지질이 된다. 중성지질이나 인지질들은 식물세포막이나 식물 세포안에 있는 소기관 세포막의 주요 구성 성분이 된다. 만약에 식물세포막 구성 성분이 오로지 포화된 지방산을 가진 중성 지질이나 인지질로 구성되어 있다면, 식물에 저온 스트레스가 오면, 세포막이 유동성[47](fluidity)과 안정성(stability)이 떨어져 추위에 견디지 못하고 세포막이 손상 및 파괴되어 죽는다. 즉, 영하 이하로 떨어져 세포가 얼게 되면 세포막의 유동성이 떨어져 경직(rigidity)된다. 그러나, 불포화도가 높으면, 막 유동성과 세포막 막 안정화를 증가시켜 식물(인삼)이 추운 온도에 장기간 적응하여 생존에 도움이 되는 방향으로 진화하였다. 이중 결합이 있는 지방산을 가진 인지질은 세포막 지질이 뒤틀리게 해서 혹은 꼬이게 해서(kinky) 세포막의 유동성(유연성) 높이는 역할을 한다.

그에 대한 증거로, 인삼에서 다른 지방산보다 인삼에 더 많이 함유되어 있는 지방산은 리놀레산(linoleic acid)이다. 리놀레산은 필수 불포화 지방산들 중의 하나이고, 이중 결합이 2개가 있는 지방산이다.

47 세포막 유동성 : 세포막의 지질 이중층 내에서 분자들이 움직일 수 있는 유연한 성질

리놀레산은 더 복잡한 지질들(인지질 등)의 구성 성분으로 역할과 에너지원으로 저장되는 지질 구성 성분이 된다(제16장).

인삼은 추위라는 환경 적용 용도로 인삼 특유의 사포닌 합성 효소를 만드는 방향으로 진화

인삼이 가지고 있는 진세노사이드(인삼 사포닌)는 트리터페노이드(triterpenoid) 담마란(dammarane) 계통의 진세노사이드다(제17장). 일반적으로 식물들은 자기를 보호하기 위하여 생산하는 물질들 중의 하나는 식물 사포닌이다. 식물 사포닌들은 다른 말로 **2차 대사산물**[48]들 중의 하나라고 한다. 식물이 만든 사포닌은 잎이나 줄기 및 뿌리에 저장된다. 지금까지 알려진 식물 사포닌의 역할은 초식 동물이 식물 잎을 먹으면 잎에 함유된 사포닌이 동물 적혈구를 훼손하여, 초식 동물이 하여금 식물 잎을 너무 많이 먹지 못하게 함으로써 식물을 보호하는 역할을 한다. 일반적으로 약용식물이 만드는 사포닌은 트리터페노이드(triterpenoid) 계통의 사포닌이다. 그래서, 크게 분류하면 이들

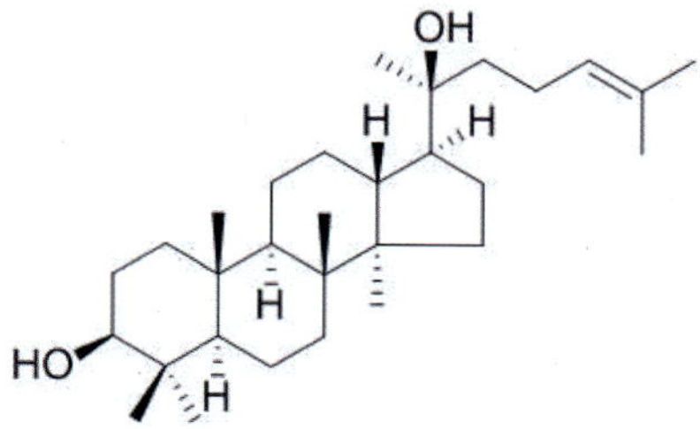

그림 20-2 인삼 진세노사이드 합성 과정에서 중간에 만들어지는 dammaranediol(I) 계통의 화학물질. 여기에 당 성분이 결합하면 인삼 사포닌이 된다.

48 2차 대사산물 : 식물의 성장, 발달, 생식에 직접적으로 관여하지 않지만, 다양한 환경적 스트레스에 대응하고 다른 생물과의 상호 작용에 중요한 역할을 하는 유기 화합물입니다. 주요 분류로는 테르펜, 페놀, 사포닌, 알칼로이드 등이 해당 됨. 인삼 진세노사이드도 2차 대사산물 중의 하나임

사포닌을 트리터페노이드 사포닌이라고 부른다. 트리터페노이드 계통의 사포닌을 좀 더 자세하게 분류할 수 있는데, 그 중의 하나가 인삼 담마란(dammarane-type)의 트리터페노이드이다(그림 20-3).

인삼은 진화 과정을 통해서 다른 식물들과 트리터페노이드 전구체를 만드는 효소들은 합성하는데, 다른 식물들과 공유를 하지만, 여기서 특이하게 담마란(dammarane) 계통의 사포닌을 만드는 쪽으로 진화한다(제17장). 다시, 담마란 계통의 트리터페노이드는 프로토파낙사다이올(protopanaxadiol, PPD)과 프로토파낙사트리올(protopanaxatriol, PPT)로 나누어 진세노사이드 전구체가 된다. 여기에 당이 결합하면 완전한 진세노사이드가 된다. 진세노사이드들은 PPD-type의 진세노사이드(예, 진세노사이드 Rb1, Rb2, Rc 등)와 PPT-type의 진세노사이드(진세노사이드 Rg1, Re, Rf 등)로 나눈다.

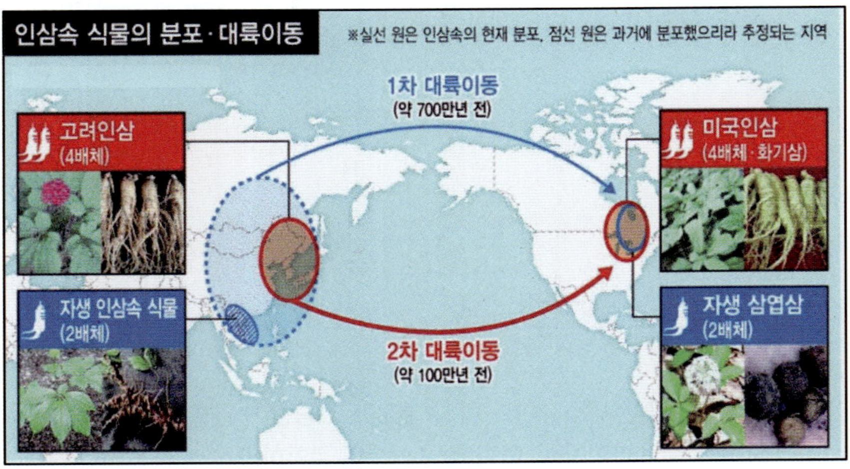

그림 20-3 인삼 속 식물들의 분포 및 두 번의 대륙이동. 실선은 인삼 속 식물들의 현재의 분포지역, 점선은 과거에 분포 추정 지역과 대륙 이동 경로를 나타낸다. 인삼이 동북 아시아에서 북미 아메리카로 이동하고, 다음에 인류가 베링해를 건너서 북미 및 남미 대륙으로 이동한 것으로 추측된다.

즉, 인삼은 트리터페노이드(triterpenoid) 사포닌 중에서 dammarane type 사포닌 쪽으로 진화한 셈이다.

왜 인삼은 담마란(dammarane type)으로 인삼 사포닌을 만드는 식물로 진화한 정확한 이유는 아직 밝혀지지 않고 있다. 담마란(dammarane type)의 tetracyclic triterpenoid saponin은 주로 추운 지방에 사는 자작나무(white birch)의 잎에서 처음 발견되는 것으로 알려져 있다. 따라서, 따라서, 인삼 사포닌은 인삼을 먹는 초식동물을 대응하기 위하여 인삼 특유 사포닌을 만드는 것이 아니고, 인삼도 땅속에서 영하 이하로 떨어지는 겨울을 지나는 월동 기간 동안에 추위 대응과 극복하기 위한 방법 중의 하나로 담마란 계통의 사포닌을 생산하는 것으로 추측된다.

그에 대한 증거로, 인삼 사포닌에 부착된 당이 제거되면 피쉐와 세일러(Fisher and Seiler)가 규명한 흰 자작나무(white birch) 잎에서 분리된 dammarenediol II와 betulafolienetriol와 입체 화학적 구조 유사성을 가지고 있는 것으로 나타났다. 이와 같이, protonaxadiol은 화학명으로 12-β-hydroxydammarenediol-I으로 즉 인삼에서 분리된 진짜(genuine) 사포제닌과 같다(제17장). 밀스와 베르너(Mills and Werner)가 인도에서 생산되는 나무 수액에서 유래하는 다마르 레진(dammar resin)에 존재하는 것으로 처음 분리된 dammaranediol I과 dammaranediol II의 테트라사이클릭 트리터펜tetracyclic triterpenes로 분류되었다(그림 20-3).

인삼은 오랜 시간 동안 진화하면서, 급격한 환경 변화(특히, 추위)에 대응 및 적응하는 유전자들(FAD와 진세노사이드 합성 효소 등)의 발현 증가를 유도하는 방향으로 진화하였음을 알 수 있다. 이러한 추위 극복과 관련된 유전자들은 동북아시아 인삼이 북극 베링해를 건너

북미 대륙으로 이동이 가능하게 한 것으로 예상할 수 있다.

인삼에서 인삼 사포닌(진세노사이드)의 역할

인삼 사포닌이 추위 극복과 깊은 관련이 있는 증거가 있다. 인삼 몸통과 인삼 잔뿌리 사이에 인삼 사포닌 함량 차이가 크다. 인삼 몸통에 비하여 인삼 잔뿌리에 인삼 사포닌 함량이 월등히 높다. 비유적으로 설명하면, 우리 몸이 추위에 노출될 때 동상에 걸리는 현상을 보면 된다. 추울 때 밖에 오래 있으면, 몸통에서 멀리 떨어져 있는 팔다리의 손가락이나 발가락이 먼저 동상에 걸린다. 같은 원리를 인삼에 적응할 수 있다. 겨울에 날씨가 갑자기 변하여 인삼밭에 갑자기 큰 추위가 불어닥쳐 땅속이 얼면, 땅속 인삼이 가장 먼저 손상되는 부위는 몸통에서 떨어져 있는 인삼 잔뿌리일 것이다. 인삼 사포닌은 추위에 의한 잔뿌리가 손상되는 것을 막아주고, 또 많이 생산된 불포화 지방산들은 인삼 잔뿌리를 구성하는 세포들의 유동성을 유지하도록 하여 잔뿌리가 손상되지 않고 이듬해 봄까지 살아있게 해 준다. 즉, 인삼 사포닌은 추위라는 스트레스를 극복하고 인삼 생존을 위하여 만드는 이차대사산물일 뿐이다.

이에 대한 증거로, 배양한 인삼 뿌리에 실험적으로 저온 충격(cold shock)을 가하면 인삼 사포닌 함량이 증가하는 것으로 알려져 있다. 인(홍)삼 제품에 인삼 사포닌 함량을 증가시키는 방법의 하나로, 몸통을 대신 인(홍)삼의 잔뿌리 비율을 높이면서, 자사 제품의 인삼 사포닌 함량이 높다고 선전한다. 그러나, 한 가지 빠진 것이 있다. 그럴 경우, 인삼 몸통에 존재하는 비사포닌 생리활성물질들이 감소하여 전체적으로 인(홍)삼 제품의 질이 떨어지는 요소로 작용할 수 있다는 사실을 알아 둘 필요가 있다(제21장).

◆ 고려인삼은 서양삼의 조상일까?

인삼 유전자 게놈[49] 분석을 통한 인삼의 대륙 이동설

인삼이 동북아시아에서 북미로 대륙 이동했다는 이론을 설명하기 위해서는 인류의 이동 시기를 먼저 설명하는 것이 좋다. 먼 옛날 아시아 주민이 북미 신대륙으로 이동해 갔다는 이론은 두 가지가 있다.

하나는 베링기아(Beringia)라는 가설이다. 벨링기아 가설 이론은 아시아 대륙과 북미 알래스카 대륙은 초원 지대로 연결되어 있었다는 가정이다. 그래서, 동북아시아인들이 이 초원 지대를 건너서 북미로 건너가서 더 내려갔고, 더 나아가 일부는 남미로 더 이주해 갔다는 이론이다. 또 다른 이론은, 아시아와 북미 대륙 사이에 있는 베링해의 수심이 30~40 m로 낮아서, 아시아인들이 수심이 더 낮아질 때 북미 대륙으로 건너갔다는 이론이다.

둘 중의 어느 이론이든 최근의 북미 원주민, 특히 알래스카 주민들의 유전자 분석을 통한 유전학적 연구에 따르면, 북미 원주민들의 유전자는 태평양 원주민이나, 유럽인들의 유전자들보다, 중국인 포함한 아시아인들의 유전자와 더 가깝다. 아시아인이 아주 오래전에 초원지대인 육지로 건너가든, 혹은 배로 베링해를 건너가든 인삼을 같이 가지고 갈 가능성이 있을까?

아시아 동북부에서 북미 대륙으로 사람들이 이동해 간 시기는 연구 발표자에 따라 다르지만 약 15,000~36,000년 전으로 예상하고 있다. 이 이론이 사실이라면, 양태진 교수 연구팀이 예상하는 인삼의 대륙 이동설은 가장 최근이 약 100만 년 전의 일어났을 것으로 예측하고 있

49 게놈 : 유전자와 염색체를 합쳐서 이룬 말로, 한 생물의 모든 유전 정보를 담고 있는 DNA의 집합체

20 / 고려인삼 유전체 해석을 통한 인삼 유전자 진화 규명과 고려인삼의 북미 대륙 이동설을 주장한 연구자

다. 따라서, 인삼의 대륙 이동설은 사람이 인위적으로 인삼 종자를 가지고 아시아에서 북미대륙으로 이동하여 거기서 서양삼으로 진화하면서 퍼져서 현재에 이를 가능성은 낮을 것으로 생각된다. 먼 옛날 아마 아시아 대륙과 북미 대륙이 서로 붙어 있었고, 인류가 대륙을 건너가기 전 이미, 종 합성을 통하여 월동 유전자를 획득한 인삼은 점진적으로 천천히 두 차례 장기간에 걸쳐서 아시아에서 북미 쪽으로 퍼져나갈 가능성이 있을 것으로 예상된다(그림 20-3).

◆ 참고문헌

Fischer FG and Seiler N. Ann. Chem. 644 ,146 (1961)

Mills JS and Werner AEA, The chemistry of dammar resin, The J. Chem. Soc., 1955, 3132-3140 (1955).

Han, J. S., Tak, H. S., Lee, G. S., Kim, J. S., & Choi, J. E. Comparison of Ginsenoside Content According to Age and Diameter in Panax ginseng C. A. Meyer Cultivated by Direct Seeding. Korean Journal of Medicinal Crop Science. The Korean Society of Medicinal Crop Science. 韓藥作誌(Korean J. Medicinal Crop Sci.)21(3):184-190(2013) https://doi.org/10.7783/kjmcs.2013.21.3.184

Jayakodi, M., Choi, BS., Lee, SC.et al. Ginseng Genome Database: an open-access platform for genomics of Panax ginseng. BMC Plant Biol 18, 62 (2018).

Kim, N.-H., Jayakodi, M., Lee, S.-C., Choi, B.-S., Jang, W., Lee, J., Kim, H.H., Waminal, N.E., Lakshmanan, M., van Nguyen, B., Lee, Y.S., Park, H.-S., Koo, H.J., Park, J.Y., Perumal, S., Joh, H.J., Lee, H., Kim, J., Kim, I.S., Kim, K., Koduru, L., Kang, K.B., Sung, S.H., Yu, Y., Park, D.S., Choi, D., Seo, E., Kim, S., Kim, Y.-C., Hyun, D.Y., Park, Y.-I., Kim, C., Lee, T.-H., Kim, H.U., Soh, M.S., Lee, Y., In, J.G., Kim, H.-S., Kim, Y.-M., Yang, D.-C., Wing, R.A., Lee, D.-Y., Paterson, A.H. and Yang, T.-J. (2018), Genome and evolution of the shade-requiring medicinal herbPanax ginseng. Plant Biotechnol J, 16: 1904-1917.

Jayakodi M, Lee SC, Yang TJ. Comparative transcriptome analysis of heat stress responsiveness between two contrasting ginseng cultivars. J Ginseng Res. 2019 Oct;43(4):572-579.

Chen J, Zhou Y, Zhang Q, Liu Q, Li L, Sun C, Wang K, Wang Y, Zhao M, Li H, Han Y, Chen P, Li R, Lei J, Zhang M, Wang Y. Structural variation, functional differentiation and expression characteristics of the AP2/ERF gene family and its response to cold stress and methyl jasmonate in Panax ginseng C.A. Meyer. PLoS One. 2020 Mar 16;15(3):e0226055.

Hao M, Zhou Y, Zhou J, Zhang M, Yan K, Jiang S, Wang W, Peng X, Zhou S. Cold-induced ginsenosides accumulation is associated with the alteration in DNA methylation and relative gene expression in perennial American ginseng (Panax quinquefolius L.) along with its plant growth and development process. J Ginseng Res. 2020 Sep;44(5):747-755.

Zhang T, Chen C, Chen Y, Zhang Q, Li Q, Qi W. Changes in the Leaf Physiological

Characteristics and Tissue-Specific Distribution of Ginsenosides in Panax ginseng During Flowering Stage Under Cold Stress. Front Bioeng Biotechnol. 2021 Mar 17;9:637324.

Fang, X., Wang, M., Zhou, X.et al.Eects of growth years on ginsenoside biosynthesis of wild ginseng and cultivated ginseng. BMC Genomics 23, 325 (2022).

Maoqi Hou, Rufeng Wang, Shujuan Zhao, Zhengtao Wang, Ginsenosides in Panax genus and their biosynthesis Acta Pharmaceutica Sinica B, Volume 11, Issue 7, 2021, 1813-1834,

Chu LL, Huy NQ, Tung NH. Microorganisms for Ginsenosides Biosynthesis: Recent Progress, Challenges, and Perspectives. *Molecules. 2023; 28 (3): 1437.*

https://doi.org/10.1039/CR9550003132

https://www.hani.co.kr/arti/PRINT/849486.html

https://en.wikipedia.org/wiki/Beringia

21 인삼 사포닌이 가진 한계 극복 방법: 고려인삼 비사포닌 생리활성 (신)소재들을 활용하는 것이 답이다

인삼은 인삼 사포닌 성분(약 3%)보다 비사포닌 성분을 97% 이상 함유하고 있다. 그 동안, 우리나라 인삼 산업에서는 인삼 효능 발현에 있어서 인삼 사포닌 역할을 많이 강조했다. 그 이유는, 일본 과학자들에 의하여 인삼 사포닌이 인삼에서 처음 분리된 성분으로 알려졌기 때문이고(제17장), 그 당시 인삼 사포닌 외 다른 비사포닌 성분은 아직 분리되지 않았을 때였다. 그러나, 최근의 연구는 비사포닌 성분들도 분리되고, 역할도 점차 알려져 있기 때문에 인삼 사포닌만이 인삼 효능 발현을 대표하는 것은 아니다라는 인식이 국내·외로 퍼지고 있다. 인삼 사포닌 한 가지 성분만으로 고려인삼 효능을 다 설명하는데 한계가 있다. 인삼 비사포닌 성분들이 어떻게 인삼 효능 발현 역할을 살펴본다. 또, 인삼 비사포닌 성분의 함량 기준 설정에 대하여 필요성에 대하여 기술한다.

고려인삼 제품에 함유된 인삼 사포닌(진세노사이드) 성분 비율

고려인삼 성분 조성을 보면 고려인삼 사포닌 함유량은 약 3% 내외다. 나머지 97%는 다른 성분들이 차지한다(그림 21-1). 백삼을 이용한 기능성 인삼 제품의 진세노사이드 함유량 기준은 진세노사이드 Rb1 + Rg1 = 0.8~34 mg/g이다(1000 mg = 1 g이다). 홍삼 제품에 함유되어야 하는 기준 진세노사이드 Rb1 + Rg1 + Rg3 = 2.5~34 mg/g이다. 백삼 제품이든 홍삼 제품이든 진세노사이드를 뺀 나머지 인삼 성

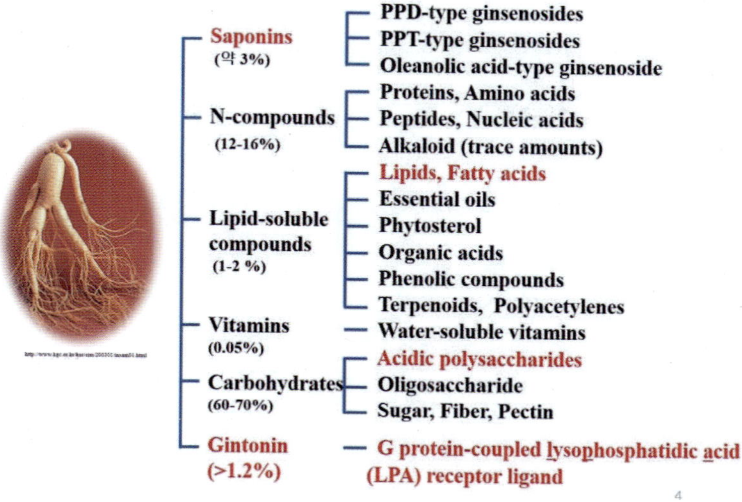

그림 21-1 지금까지 알려진 인(홍)삼에 들어있는 성분들. 인삼 사포닌(진세노사이드)는 약 3% 정도 인삼에 함유되어 있고, 대부분은 인삼 잔뿌리에 많이 분포되어 있다. 인삼 사포닌을 제외한 인삼 성분 중 97%에 해당하는 성분들이 있다. 아직 이 예시에 포함되지 않은 새로운 신소재 성분들이 많이 존재할 확률이 높다. 이들 성분들을 찾아내어 활용하는 것이 중요하다. 더욱이, 인삼을 가공하면 새로운 신소재들이 만들어지는 것으로 알려져 있어, 인삼 가공 방법에 따른 신소재를 찾아내는 연구도 필요하다.

분들이 차지하는 비율은 백삼 제품은 999.2~966 mg/g를 차지한다. 홍삼 제품의 경우, 997.5~996 mg/g이 된다. 백(홍)삼 제품의 진세노사이드 성분 비율은 다른 인삼 성분 비율에 비하여 거의 무시할 수 있을 정도로 적은 수준이다.

인삼 사포닌을 제외한 998~966 mg/g 안에는 인삼 사포닌 외 다양한 성분들이 함유되어 있다. 이 안에 함유되어 있는 어떤 비사포닌 성분 양이 많아서 차지하는 비중이 높을 수 있다. 다른 성분은 너무 양이 적어서 인삼 비사포닌 중 그 성분이 차지하는 비율이 낮을 수도 있다. 그러나, 백삼 제품 혹은 홍삼 제품이든지 998~966 mg/g에 들어있는 비사포닌 나머지 성분은 많은 양을 차지한다. 그러나, 비사포닌 성분량이 적더라도 리간드로 작용한다면, 비사포닌 성분들이 인삼 효능 발현 역할을 무시할 수 없다.

◆ 고려인삼 효능 발현 물질로 비사포닌 생리활성물질 성분을 포함시켜야 하는 이유

인삼 사포닌(진세노사이드)는 리간드로 작용하지 않기 때문에 인삼 효능 발현을 위한 기능성 역할에 한계가 있다

제17장에서 서술한 바와같이, 시바타 쇼지 교수 그룹에서 1960년부터 1970년대 초반까지 인삼 사포닌 분리와 구조를 규명했다. 순수 분리된 진세노사이드의 생리학적 약리학적 효능은 다른 천연물에서 분리된 성분들에 비하여 크지 않았다. 그 결과, 다른 천연물과 달리 진세노사이드가 발견된 지 약 60년이 지났지만, 아직, 순수 분리된 진세노사이드를 이용한 제품이 개발되어 판매되지 않고 있다. 순수 진세노사이드를 복용해야 하는 적응 용도도 확실하지 않다. 그 이유는 제19장에서 서술한 바와같이, 인삼 진세노사이드는 사람 세포막 단백질에 결합하여 생리활성을 발휘하는 리간드로서 수용체를 활성시키는 역할이 없기 때문이다. 단지, 진세노사이드는 인(홍)삼 제품의 지표 성분으로서 지겨야 할 함유량만 명시되어 있을 뿐이다.

인삼은 사람 뇌 건강에 도움을 주는 인삼 비사포닌 생리활성 성분인 진토닌을 포함하고 있다

2011년 저자의 연구실에서 처음으로 비사포닌 생리활성 물질이 분리되었다. 인삼의 비사포닌 생리활성성분은 진토닌으로 명명되었다. 진토닌의 분자량은 약 66 kDa이다. 진토닌의 주요 생리활성 성분은 LPAs다. 진토닌 LPAs은 LPA 수용체 활성을 통하여 그 효능을 발휘한다. 인삼에 함유된 LPAs는 LC-MS/MS라는 분석 장비를 이용하여 정량할 수 있다. 인삼에 함유된 진토닌 LPAs은 표준화가 가능하다. 인삼 진토닌은 활용 용도에 따라 부분 정제 및 순수정제가 가능하다(제19장 및 인삼 신소재, 2021 참조).

진토닌의 뇌 기능 활성과 알츠하이머병 치매 예방과 관련된 대표적 역할은 다음과 같다.

1) 뇌 신경계에서 신경세포 숫자를 증가시키고, 신경세포 돌기 분지를 촉진시킨다.

효과: 사람은 20세가 넘으면 뇌 신경세포가 조금씩 줄어드는 것으로 알려져 있다. 진토닌 복용은 뇌 신경세포 감소를 줄이고, 신경세포 돌기와 분지 증가로 신경세포 사이 연결 능력을 증가시켜 정보전달 능력을 증가시킨다.

2) 진토닌은 뇌에서 뇌유래 신경영양인자(BDNF) 생성을 증가시킨다.

효과: 사람 뇌에서 BDNF 역할은 신경세포 성장 및 분화를 증가시켜 뇌 항상성 유지에 매우 중요한 호르몬이다. 사람에서 뇌 BDNF가 부족하면 우울증, 치매 및 파킨슨병에 더 잘 발생하는 것으로 알려져 있다.

3) 사람 뇌의 학습과 기억력과 관련된 역할을 하는 해마라는 뇌 부위에서 글르타메이트(glutamate) 방출을 증가시켜 접합전달(synaptic transmission, 시냅틱 트랜스미션) 및 장기 강화(long-term potentiation, LTP)을 증가시킨다.

진토닌이 LPA 수용체 활성을 통하여 직접적으로 글루타메이트 방출 증가에 의한 접합 증강 및 장기 강화 작용은 이루어지며, 순수하게 분리된 인삼 사포닌(진세노사이드)으로는 관찰할 수 없는 새로운 효능이다.

효과: 사람에서 학습 및 기억력을 더좋게 해준다.

4) 알츠하이머병 치매 동물 모델 뇌에서 베타-아밀로이드 형성을 억제하여 뇌 치매반 형성을 억제한다. 또, 진토닌 복용은 뇌에서 아세틸콜린 생산과 방출을 증가시키고, 인지기능을 향상시킨다.

효과: 알츠하이머병 치매는 베타-아밀로이드 축적으로 인하여 신경세포가 죽고, 뇌 아세틸콜린 농도가 줄어서 생기는 퇴행성 뇌질환이다. 진토닌 복용은 알츠하이머병 치매 예방 및 증상 완화에 기여한다.

인삼은 사람 면역증진에 도움을 주는 비사포닌 생리활성성분인 산성 다당체를 포함하고 있다

인(홍)삼의 면역력 증진 효과에 대한 연구 보고들이 많이 있다. 인(홍)삼 면역력 증진에 관련된 성분은 다당체 중 산성 다당체 성분이 그 역할을 하는 것으로 알려졌다. 인삼 다당체 성분은 종류도 많고 복잡하다. 그래서, 다당체 성분을 분리하거나 그 성분이 많이 포함된 분획을 모으는 것은 어려운 작업이다. 그러나, 신광순 교수 연구팀은 홍삼에 존재하는 면역증진 활성 산성 다당체 성분을 분리하였다. 홍삼을 뜨거운 물 추출, 주정 침전 과정 및 크기배제 크로마토그래피[50](size-exclusion chromatography) 방법을 이용하여 RGP-AP-1이라는 산성 다당체 분획을 분리하였다. RGP-AP-1의 분자량은 약 90 kDa이다. 당 성분 조성은 산성당(galacturonic acid, glucuronic acid 및 uronic acid)가 약 50% 차지한다. 산성 다당체의 구조는 매우 복잡하여 전체 당 구

50 크기-배제 크로마토그래피(size-exclusion chromatography)
용액에 있는 분자를 크기(또는 분자량)에 따라 분리하는 크로마토그래피 기법

성을 확인하는 것은 많은 시간을 요구한다(그림 21-2).

RGP-AP-1라는 산성 다당체는 대식세포(macrophage)을 자극하여 면역증진 활성을 유도한다. 대식세포 자극을 통한 산성 다당체의 대표적 역할은 다음과 같다.

1) 항-보체 활성 역할: 염증 반응을 억제한다.
2) 면역 반응 증진을 위한 사이토카인 생산 자극: IL-6, IL-12 및 TNF-α 생산 증가 자극한다.
3) 면역 증진 반응 경로: 패턴 인식 수용체(pattern recognition receptor), MAPK와 NF-κB 경로를 통하여 작용한다.

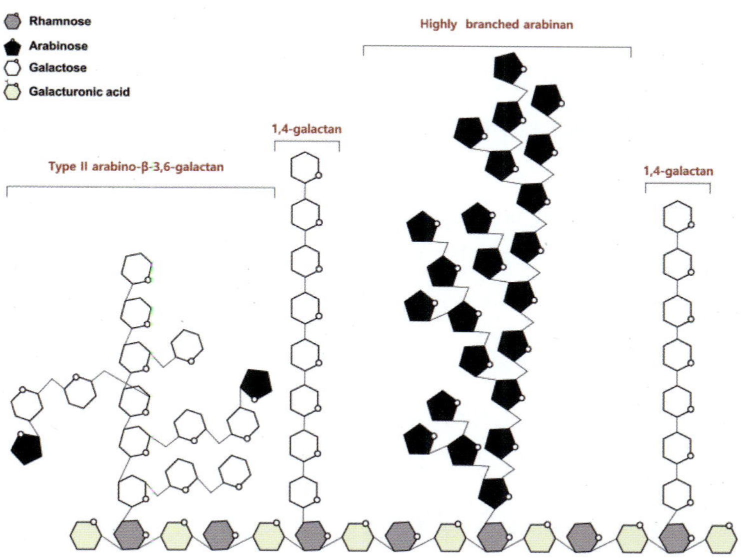

그림 21-2 **인삼 산성 다당체 구조 일부. 인삼 다당체는 다양한 종류의 당(갈락토스galactose, 갈락투론닉산galacturonic acid, 람노스Rhamnose, 아라비노스arabinose 등)으로 구성되어 있다. 이들 당들은 나무 가지 모양으로 가지를 치고 있다. 그래서 다당체 전체 구조를 밝히는 것은 어렵다. 그러나, 과학기술의 발달로 시간과 노력만 있으면 가능하다.**

인삼 산성 다당체 성분은 면연 세포막에 있는 패턴 인식 수용체(pattern recognition receptor)을 활성시켜 선천성 면역 세포가 외부에 침입한 미생을 인식하여 제거하는 작용을 수행한다. 순수하게 분리된 인삼 사포닌(진세노사이드)만으로 관찰 안 되는 새로운 발견이다.

위 내용은 진토닌과 RAG-AP-1이라는 인삼 비사포닌들이 보여주는 대표적인 생리활성 예시 두 가지다. 이 두 성분도 인삼에서 많은 비율을 차지하지 않는다. 이 두 성분을 인삼 산업 발전을 위하여 활용하는 것은 물론이지만, 아직 인삼 성분 중 97%는 인삼 사포닌이 아닌 다른 성분들로 구성되어 있다. 우리가 노력해서 그 신소재 성분들을 추가로 찾아서 작용 원리와 효능을 밝히고 국내 인삼 산업 발전과 국제 인삼 산업 경쟁력 확보를 위하여 활용해야 한다.

◆ 우리나라 미래 고려인삼의 범 세계화 성공은 인삼 (신)소재 활용 및 발굴에 달려 있다

우리나라 인삼 산업체 대부분은 언젠가부터 인삼 소재 분리, 분석 및 발굴에 소홀해졌다. 그 대신, 단순 홍삼 추출물 위주의 제품 개발에 집중하고 있다. 홍삼 효능 연구도 인삼 (신)소재와 관련된 생리활성 연구에 투자하기보다, 식약처에서 고시한 인삼 사포닌 함량 기준에 맞는 홍삼 추출물로 만들어진 제품 중심의 효능 연구로 전환하였다. 2000년 이전에는 인삼 사포닌도 순수 분리 및 분석 연구를 통하고 연구자들에게 시료를 공급으나 지금은 그렇지 않다. 그 이유는 무엇인가?

저자가 생각하는 큰 이유 들 중의 하나는, 순수하게 분리된 인삼 사포닌 효능 발현에서의 역할이 단순 홍삼 추출물을 사용하여 얻은 효과와 큰 차이를 보여주지 않기 때문이라고 생각한다. 그러니, 힘들게 비용을 많이 들여서 인삼 사포닌을 분리하여 제품에 추가하여 사용하더라도 투자한 비용만큼 효과를 얻기 어렵기 때문이다(그 이유는 인삼 진세노사이드가 열쇠로 작용해도 열쇠를 받아드리는 자물쇠가 사람 몸에 존재하지 않기 때문이다, 제19장). 이런 현상은 이익을 추구해야 하는 회사로서 당연하다. 최근까지 이런 회사 방침은 잘 통한 것처럼 보인다. 왜냐하면, 매출이 2002년 이후 2019년까지 늘어났기 때문이다.

그러나, 최근에 성분 위주의 기능성을 표방하는 홍삼 외 다른 기능성 식품들이 국내외에서 경쟁적으로 출시되고 있다. 식약처에서 인정하는 기능성 등급도 홍삼보다 높은 것들도 있다. 앞으로는 인삼 생리활성 소재들이 희석된 현행 방식의 단순 홍삼 추출물 위주의 제품으로는 추가 매출 증대 기대는 한계에 도달할 수 있다. 다시 2000년 이전의 초심으로 돌아갈 필요가 있으나 현재 민간 회사들로서 회사 R&D 전략이 바뀌지 않는 한 어려워 보인다.

인삼 사포닌과 비사포닌 생리활성물질 분리하고 연구하는 국·공립 소재 은행 혹은 인삼 소재 전문회사 설립 필요하다

위에서 서술한 바와 같이 인삼 속에 함유된 인삼 사포닌은 많아야 3% 내외에 불과하다. 나머지는 97% 비사포닌 성분들이다. 지금까지, 국내외 연구자들은 주로 인삼 사포닌 위주의 연구를 수행하였다. 최근에, 인삼 사포닌 분획, 인삼 다당체 분획 및 진토닌 분획을 순차적으로 분리할 수 있는 방법이 개발되었다. 이제는 인삼 사포닌과 비사포닌 생리활성 물질을 분리하여 연구하고 널리 알려서 실제 국내 인삼산업체에 활용할 수 있도록 도와 줄 수 있는 전문 연구소나 그 역할을 할 수 있는 국·공립 공공 기관이 필요하다. 국가 기관에서 수행이 어렵다면, 그동안 인삼 관련 know-how를 축적한 인삼 관련 전문가들이 인삼 소재를 분리하고 공급을 전문적으로 하는 민간 법인설립도 가능하다.

◆ 참고 문헌

Kim HJ, Kim DJ, Shin EJ, Lee BH, Choi SH, Hwang SH, Rhim H, Cho IH, Kim HC, Nah SY. Effects of gintonin-enriched fraction on hippocampal cell proliferation in wild-type mice and an APPswe/PSEN-1 double Tg mouse model of Alzheimer's disease. Neurochem Int. 2016 Dec;101:56-65.

Kim S, Kim MS, Park K, Kim HJ, Jung SW, Nah SY, Han JS, Chung C. Hippocampus-dependent cognitive enhancement induced by systemic gintonin administration. J Ginseng Res. 2016 Jan;40(1):55-61.

Lim HK, Kim K, Son YK, Nah SY, Ahn SM, Song M. Gintonin stimulates dendritic growth in striatal neurons by activating Akt and CREB. Front Mol Neurosci. 2022 Oct 26;15:1014497.

Park H, Kim S, Rhee J, Kim HJ, Han JS, Nah SY, Chung C. Synaptic enhancement induced by gintonin via lysophosphatidic acid receptor activation in central synapses. J Neurophysiol. 2015 Mar 1;113(5):1493-500.

Shin TJ, Kim HJ, Kwon BJ, Choi SH, Kim HB, Hwang SH, Lee BH, Lee SM, Zukin RS, Park JH, Kim HC, Rhim H, Lee JH, Nah SY. Gintonin, a ginseng-derived novel ingredient, evokes long-term potentiation through N-methyl-D-aspartic acid receptor activation: involvement of LPA receptors. Mol Cells. 2012 Dec;34(6):563-72.

Ha Y, Lee R, Jeon SH, Kim JH, Jo HS, Kwon TW, Hwang SH, Lee JK, Nah SY, Cho IH. Korean Red Ginseng Marc-Derived Gintonin Improves Alzheimer's Cognitive Dysfunction by Upregulating LPAR1. Am J Chin Med. 2025;53(1):17-41.

Hwang SH, Shin EJ, Shin TJ, Lee BH, Choi SH, Kang J, Kim HJ, Kwon SH, Jang CG, Lee JH, Kim HC, Nah SY. Gintonin, a ginseng-derived lysophosphatidic acid receptor ligand, attenuates Alzheimer's disease-related neuropathies: involvement of non-amyloidogenic processing. J Alzheimers Dis. 2012;31(1):207-23.

Son SU, Lee HW, Park JH, Shin KS. Identification of intracellular activation mechanism of rhamnogalacturonan-I type polysaccharide purified from Panax ginseng leaves in macrophages and roles of component sugar chains on activity. J Nat Med. 2024 Mar;78(2):328-341.

Lee SJ, In G, Han ST, Lee MH, Lee JW, Shin KS. Structural characteristics of a red ginseng acidic polysaccharide rhamnogalacturonan I with immunostimulating activity from red ginseng. J Ginseng Res. 2020 Jul;44(4):570-579.

Hwang SH, Shin MS, Yoon TJ, Shin KS. Immunoadjuvant activity in mice of polysaccharides isolated from the leaves of Panax ginseng C.A. Meyer. Int J Biol Macromol. 2018 Feb;107(Pt B):2695-2700.

Wan JY, Huang WH, Zheng W, Park CW, Kim SH, Seo DB, Shin KS, Zeng J, Yao H, Sava-Segal C, Wang CZ, Yuan CS. Multiple Effects of Ginseng Berry Polysaccharides: Plasma Cholesterol Level Reduction and Enteric Neoplasm Prevention. Am J Chin Med. 2017;45(6):1293-1307.

Lee R, Cho HS, Kim JH, Cho HJ, Choi SH, Hwang SH, Rhim H, Cho IH, Rhee MH, Kim DG, Kim HC, Nah SY. A novel protocol for batch-separating gintonin-enriched, polysaccharide-enriched, and crude ginsenoside-containing fractions from Panax ginseng. J Ginseng Res. 2023 May;47(3):366-375.

22 고려인삼의 부분적 세계화에서 범 세계화

1996년 국내 홍삼 전매제 폐지 이후 국내 인(홍)삼 생산량과 생산된 인삼을 가공하는 업체들이 많이 늘어났다. 다양한 인삼 제품들이 생산되고 있다. 고려인삼은 양적 질적으로 많이 성장한 것이다. 그러나, 현재 국내에서 생산된 대부분의 인(홍)삼 제품들은 약 90% 이상이 내수 판매용이다. 나머지 해외 수출은 일부 중화권 국가들에 편중되어 있다. **고려인삼의 부분적 세계화(partial globalization)** 상태라고 볼 수 있다. 고려인삼의 세계화 정도는 고려인삼 수출국 다양성과 수출액 비중과 연결되어 있다. 고려인삼의 부분적 세계화는 동북아 3국(한국, 일본 및 중국)의 오랜 역사적 관계와 서구 사회의 인삼에 대한 인식(제16장)에 기인하는 것으로 생각된다. 국내 인삼 산업의 지속적인 발전을 위하여 중화권 외 국가들의 해외 인삼 시장 개척이 필수다. 즉, 고려인삼의 범 세계화(pan-globalization)는 필요하다. 고려인삼의 범 세계화를 위한 우리나라 인삼 산업을 위하여 준비해야 할 것은 무엇인가? 아래 고려인삼의 세계화 정도를 보면 대답이 보인다.

◆ 조선 시대의 고려인삼 세계화 과정

고려인삼의 제1차 세계화는, 조선이 능동적으로 고려인삼의 세계화를 시도하여 이루어진 것이 아니다. 두 번에 걸쳐서 간접적인 혹은 수동적인 방법을 통하여 일어났다. 즉, 17세기 초 유럽으로 고려인삼의 소개(전달)는 일본을 통해서다. 일본으로 수출된 조선의 고려인삼은 일본 히라도라는 항구를 통하여 서유럽으로 전달되었다(제2장). 이때 유럽 사회로 전달된 조선의 고려인삼 양은 많지 않았을 것으로 생각된다. 또, 중국과 중국 주변 국가들과 교역을 통한 중화권 국가들에 고려인삼의 수출이다. 즉, 중국으로 수출된 고려인삼이 베트남 등으로 재수출되었다.

두 번째는, 18세기 이후 일본으로 고려인삼의 일본 유출과 일본에서의 조선 인삼 인공 재배 성공이다. 일본에서 조선 인삼 재배 성공은 일본의 의료용 조선종朝鮮種 고려인삼 공급을 담당하였다. 또, 일본에서 자급하고 남은 조선종 고려인삼은 중국 수출로 이어졌다. 일본에서 생산된 조선종 인삼을 중국에서는 **동양삼**이라고 불렀다(제9장). 또, 중국뿐만 아니라, 일본에서 재배·생산된 조선종 인삼이 유럽이나 미국 시장에 진출했을 것이다. 예를 들면, 20세기 초, 1905년 미국의 찰스 루트(Charles Root)라는 저자가 출간한 "인삼이란 무엇인가?"라는 책의 "**일본 인삼 종자를 사지 마세요**"라는 주제의 Chapter에 아래와 같은 내용이 나온다.

"일본에서 수입한 인삼 종자에 대하여 그냥 넘어갈 수 없는 이야기가 있었다. 즉, 몇 년 전 중국인을 속이려고 생각한 사람이 이 나라에 몇 개의 종자를 수입했지만, 밀기울 대신 톱밥을 주어 소를 속이는 것과 같다. 중국인이 진짜 미국산 인삼과 일본산 인삼의 차이를 감지하는 것 같이, 우리나라(미국) 의사가 키니네와 칼로멜(calomel)(감홍; 수은이 함유된 옛 약재, 말라리아나 황열 치료에 사용되었다고 함)을 구별하는 데 능숙한 전문가이므로, 진짜 미국산 인삼 대신 일본산 인삼을 팔아넘기는 것은 헛된 짓이다. 이 사업의 초보자는 인삼 사업 성실성이 의심받지 않는 개인이나 회사에서만 인삼 종자를 구매하여 잘못될 위험을 감수하지 말아야 한다고 생각한다. 일본산 종자를 더 싸게 구매하더라도 손해를 볼 것이다. 한 번 잘못된 종자를 판매할 수가 없고, 그래서, 시간, 에너지, 돈이 낭비될 것이다. 인삼은 너무 비싸서 결국 가치가 없는 일본산 종자를 사서 위험을 감수할 필요가 없다. 싼 인삼 종자나 인삼 모종에 주의하세요. 결코, 미국산 인삼은 저렴하지 않으며, 수요가 꾸준히 증가하고 공급이 감소하는 것에서 알 수 있듯이 앞으로도 저렴해질 가능성은 없다."

위 내용에서 보듯이, 일본에서 생산된 조선종 인삼이 미국 인삼 시장에서 판매되고 있었을 알 수 있다. 일본인들이 조선에서 가져다가 일본에서 재배한 고려인삼을 이용하여 생산한 조선종 고려인삼의 세계화를 시도한 셈이다. 그러나, 일본에서 생산된 조선종 고려인삼 종자나 인삼 종자의 품질이 조선(한국) 인삼보다 품질이 좋지 않았음을 알 수 있다. 조선 시대 고려인삼의 세계화는 수동적이고 다른 나라들을 통하여 부분적으로 이루어졌음을 알 수 있다.

또, 스기하라 노리유키 교수가 발간한 "조선인삼예찬(장일무 번역본 p.59, 2019)"이란 책에서 일제 강점기인 1928년 12월 말, 조선에서 생산된 조선 인삼 수출 대상 국가들, 수출량 및 수출액에 대한 통계가 있다(제13장). 그 당시, 전체 고려인삼 수출 대상 국가는 15개 국가이지만, 수출량 및 수출액은 일본, 중국, 홍콩 및 베트남이 95%를 차지한다. 현재, 거의 100년이 다 지났지만, 그 당시나 지금이나 고려인삼 주요 수출 대상 국가들과 큰 차이가 없다. 고려인삼은 중화권이라는 한계에 묶여 있다 보니 고려인삼 수출 역사가 다른 농수산물들보다 길음에도 불구하고 2~3억 달러 벽을 넘지 못하고 있다. 과거와 마찬가지로 현재에도 고려인삼 수출 대상 국가의 다변화가 이루어지지 않고 있다는 의미다.

◆ 21세기 제2차 고려인삼의 범 세계화 필요성

21세기 현재 국내 인삼 산업은 전 세계 어느 국가보다 양적으로 더 발전해 왔다. 그 결과, 우리나라 인삼 산업 관련 분야는 내수 포화기에 진입하였다. 미래에 더 많은 내수 수요를 창출하기가 어려워 보인다. 국내 고려인삼산업의 지속적인 발전을 위한 대책 혹은 탈출구가 필요하다. 과거와 달리 우리 스스로가 능동적으로 중화권 국가를 넘어서는 21세기 제2차 고려인삼 범 세계화 노력이 필요하다. 그 이유는 세계 인삼 시장은 점점 더 성장할 것으로 예측되기 때문이다. 현재, 고려인삼의 부분적 세계화에서 범 세계화로 발전이 가능하다. 그렇지만, 중화권을 넘어서는 고려인삼의 범 세계화를 위하여 극복해야 할 장애가 있다. 제16장에서 서술한 바와 같이, 서구 사회에서는 인삼의 의학적 효능에 대한 인식이 우리가 생각한 것만큼 높지 않다. 서구 사회가 가지고 있는 인삼에 대한 부정적 담론을 긍정적인 담론으로 바꿔서, 고려인삼 수출이 중화권 중심이라는 한계를 넘어 고려인삼의 범 세계화 달성을 위하여 저자는 최소 5가지 사항을 제안한다.

첫째, 중의학서(예, 본초강목 등)나 우리나라 한의학서에 기술된 인삼의 의학적 효능들에 대하여 너무 과신하거나, 의존하지 말고, 선전하지 말자(제2장). 과도한 인삼 의학적 치료 효능에 대한 소비자 오해 소지를 미리 예방하자는 의미다. 이에 대한 이유는, 서구 사회에서 중의학서에 나열된 인삼의 효능들이 전부 과학적으로 검증되지 않았고, 과장되어 있다고 인식하고 있다(제16장).

예를 들면, 1) 광고나 선전할 때 인삼이 사람 모양을 가지고 있어서 효과가 좋다는 식의 선전 지양하고, 2) 인삼이 만병통치약 역할은 오래전에 없어졌다. 백화점식으로 나열된 다양한 인삼 효능 선전 지양하고, 3) 인삼 제품 광고나 선전할 때 중화권 사회와 서양 사회 차별화, 즉, 동양 사회에서는 인삼 효능의 중의학적 정통적인 정서에 호소가 가능하나, 서양 사회에서는 동양적인 색채(사람 모양 인삼 및 중의학적 전통 등)없이 객관적이고 과학적인 성분, 기능성 및 타겟 질병 대상 효능 중심으로 하자.

둘째, 20세기 초, 일본 과학자가 개발하여 제품화한 단순 홍(인)삼 추출물 위주의 제품 생산을 지양하자(제13장과 제21장). 고전적인 홍삼 추출 농축물 제품 대신, 고려인삼의 생리활성 성분들(인삼 사포닌 및 비사포닌 생리활성 물질들 등)이 많이 포함된 분획을 제조하는 방법 개발하자.

셋째, 인(홍)삼의 지표 성분(marker compound)과 기능성 성분(biologically active compound)을 재평가하고 구분하자. 진토닌과 산성다당체와 같은 인삼 비사포닌 성분도 표준화를 통하여 지표 및 기능성 성분에 포함시키자. 인삼 비사포닌 성분의 인삼 효능 발현의 기여도가 점점 높아지고 있다(제21장).

넷째, 인(홍)삼의 인삼 사포닌과 더불어 인삼 사포닌 외 아직 밝혀지지 않은 인삼 비사포닌의 새로운 생리활성 신소재를 추가로 찾아내는 노력을 하자. 즉, 인삼 신소재의 기능성 성분과 효능을 찾아내고, 작용 원리를 밝혀내고 표준화는 것이다.

다섯째, 서구 국가들이 인정하는 인(홍)삼 기능성 소재(성분 혹은 분획) 중심으로 표준화하고, 특정 타겟 효능 중심의 제품 개발 및 특성화하여 사람을 대상으로 인정받자(예, 인삼 사포닌: 항산화; 인삼 진토닌: 치매 예방 및 증상 완화; 인삼 다당체: 면역력 증진). 이들 각 세 분획 성분들의 조합(combination)된 제품 개발도 가능하다(제21장).

◆ 21세기 제2차 고려인삼의 범 세계화 전략과 방법 제안

홍삼은 현재 식약처로부터 건강기능식품 기능성 등급에서 생리활성 기능 **2등급으로 인정**받고 있다. 홍삼의 효능은 "면역력 증진, 피로 개선, 혈액 흐름 개선, 기억력 개선, 항산화 및 여성 갱년기 건강에 효능을 줄 수도 있다"는 것이다. 따라서, 건강기능성 식품으로서 홍삼 기능성 2등급의 정의는 "**사람이 홍삼 제품을 먹었을 때, 홍삼 복용으로 6가지 건강 기능성 효능을 복용한 모든 사람이 경험하는 것이 아니고, 홍삼 제품을 복용하더라도 홍삼 효능을 경험하지 못하는 사람도 있을 수 있다**"는 의미다. 이 문장은 홍삼 제품을 복용하더라도 효능을 무조건 다 인정하는 것은 아니다. 그러나, 위 제1항에서 서술한 것과 같이 중의학서는 인삼의 효능이 모든 사람들에게 해당되는 것으로 기술되어 있다. 또, 우리나라에서도 인(홍)삼 제품을 인터넷 매체를 통하여 선전할 때, 위에서 기술한 6가지 홍삼 효능들이, 1등급 건강기능성 식품처럼, 모든 사람들에게 적용되는 것으로 오해가 가능하도록 선전한다.

인(홍)삼을 이용하여 천연물 의약품 개발이 어렵다면, 고려인삼의 범 세계화를 위한 시간을 줄이고, 비용을 절약할 수 있는 가장 빠른 방법은, 인(홍)삼의 기능성식품 기능성 등급을 **1등급**으로 상향시키는 것이다. 식약처에서 인정하는 기능성식품 기능성 1등급은 "**1등급에 해당하는 제품을 복용하는 사람들이 유익한 효과를 경험하여, 기능성과 안전성을 인정받는 식품을 의미한다.**" 홍삼의 기능성 등급을 올리기 위해서는, 인삼 생리활성 소재들이 희석된 현행 방식의 단순 추출물 농축 제품으로는 어렵다. 최소한 인(홍)삼의 기능성 성분들이 많이 함유된 소재 혹은 소재가 많은 분획을 만들어 1등급으로서 기능성을 인정받고 제품화하는 것이다.

현재 2등급으로 인정받고 있는 6가지 기능성들을 인(홍)삼 사포닌 혹은 비사포닌 신소재 성분들이 많이 들어있는 분획 준비하여 사람들에게 적용 시험을 실시하여 식약처에서 1등급으로 인정받을 수 있는 타겟 효능의 객관적인 근거와 원료 및 안전성을 확보하는 것이다. 인(홍)삼 분획의 효능 검증의 객관성을 확보하기 위하여 비영리기관을 통한 대규모 임상 시험을 실시하여, 6가지 2등급 기능성이 모두 1등급으로 상향될 수도 있지만 그렇지 않을 수도 있다. 1등급으로 상향이 안되는 2등급 기능성은 현행 2등급으로 남겨둘 수도 있고, 혹은 과감하게 폐기할 수도 있다.

인(홍)삼 제품을 생리활성 기능성 1등급 중심으로 국내 인(홍)삼 산업 재도약하는 계기가 된다.

어떻게 보면, 인(홍)삼 효능을 21세기 약리학적 과학 이론에 따라 선택과 집중하는 것이다(제19장). 국가 공인 기관인 식약처에 건강 기능성 1등급으로 인정받은 효능 자료들을 근거로 서구 사회 혹은 다른 중남미 국가들이나 중동 국가들을 설득하는 것은 어렵지 않다. 그 결과 기능성 1등급 인(홍)삼 제품 수출이 서구 사회에 증가하면, 고려인삼의 범 세계화는 자연스럽게 달성된다. 더 자세한 내용은 준비 중이다.

◆ 21세기 고려인삼의 범 세계화를 통한 국·내외 경쟁력 확보

고려인삼의 범 세계화 노력 및 달성은 일거삼득 효과를 얻을 수 있다. 2029년 이후는 FTA 협정에 따라, 외국에서 생산된 인삼 제품부터 인삼 원료까지 수입되는 모든 인삼류에 대한 관세가 줄어든다. 한국은 세계에서 제일 큰 인삼 시장 중의 하나다. 따라서, 중국을 포함한 인삼을 재배하는 전 세계 다른 나라에서 생산되는 인삼(원료 및 제품)들이 언제라도 국내에 들어올 채비를 하고 있다. 미리 고려인삼의 세계화를 위한 노력으로 국내 인삼 산업의 기초 체력을 높여 낮은 관세로 들어오는 다른 나라에 인삼 원료 및 제품에 대한 국내산 인삼 산업 경쟁력을 높이는 계기가 될 것이다. 또, 고려인삼의 글로벌화 노력은 국제 인삼 시장에서 우리나라 인삼 산업 경쟁력을 높이는 기여할 것이다. 마지막으로, 고려인삼의 범 세계화를 위한 노력 결과는 국내 및 세계 건강 기능성 식품 시장에서 고려인삼과 경쟁 관계를 형성하고 있는 서양삼 및 다른 기능성 식품들과 경쟁 관계에서 우위를 차지할 수 있는 좋은 기회가 될 수 있다.

◆ 참고문헌

Myung SK. The Law for Health Functional Foods, It is Time to Repeal. J Korean Diabetes 2017;18:205-213

옥순종, 베트남의 고려인삼 인식에 대한 소고, Journal of Ginseng Culture, Vol 1, 78-92, 2019.

인삼이란 무엇인가? Root CM (원저)(나승열 번역, 2025)

https://www.biodiversitylibrary.org/item/183299#page/3/mode/1up

조선인삼비사(카와시마 유지, 1993)(나승열 번역본, 2025)

조선인삼예찬(장일무 번역, 2019)

http://www.newsam.co.kr/news/article.html?no=12927

https://www.technavio.com/report/ginseng-market-industry-analysis

인삼 신소재(나승열 저, 2021)

인삼학 입문(나승열 저, 2024)

후 기

이 책을 준비하면서 느낀 점은, 우리나라 국민들이나 인삼 연구자(인문·사회과학자 및 저자를 포함한 자연 과학자)들은 고려인삼의 의학적 효능에 대한 인식이 서구 사회가 가지고 있는 담론과 정서적으로 너무 다르다는 것이다. 저자는 17~20세기 서양 지식인 가지고 있었던 담론을 확인하고, 여태까지 한국이라는 우물 안의 개구리로 인삼 연구를 했다는 느낌이 들었다. 과거에 인삼 연구를 해온 선배 연구자들은 이 사실을 몰랐을까? 아니면 알고도 쉬쉬하고, 서구 사회의 인삼에 대한 담론을 그냥 무시했을까?

저자 생각은, 서구 사회가 인삼에 대하여 가지고 있는 담론이 있다는 자체를 몰랐을 것이다. 아니면, 제16장 도입부에 기술한 바와같이 인지했어도, 과거에는 우리나라가 인삼 종주국이라는 전통적 애국심과 건강에 좋다는 무의식이 오랜 시간 동안 각인되어서, 서양 사회가 가지고 있는 인삼에 대한 담론을 받아들이는 것이 쉽지 않았을 것으로 생각된다. 그러나, 지금은 다르다. 전 세계가 다 연결되어 있다. 해외에서 생산된 인삼제품을 포함한 다른 경쟁적인 기능성 식품들이 많이 출시되고 있어 인터넷으로 사는 것이 쉽다. 국내 인삼 소비자들도 국·내외에서 출시되는 기능성 식품에 대한 선택의 폭이 넓어지면서 세대별로 조금씩 고려인삼에 대한 무의식적 사랑이라는 정서 변화가 감지된다.

현재, 우리나라 인삼 산업계도 국내 인삼 산업의 지속적 성장과 고려인삼의 범 세계화(=전 세계 수출증대)를 방법을 찾고 있다. 서구 사회가 가지고 있는 고려인삼 효능에 대한 담론을 변화시키기 위한 획기적 방법이 무엇인가 진지하게 고민해야 할 때다. 고려인삼의 부분적 세계화에서 범세계화(pan-globalization)가 그 답이지만, 고려인삼의 범 세계화는 고려인삼의 양적 성장보다 서구 사회 기준에 맞는 질적 성장을 추가로 요구한다(제22장). 서구 사회에 맞는 고려인삼의 질적 성장은 우리나라 인삼 산업계의 고통이 따를 수 있다. 그러나, 그 고통을 이겨내고, "고려인삼의 한 단계 더 높은 질적 성장을 통하여 서구 사회가 고려인삼의 의학적 효능을 인정하는 날이 범 세계화와 직결되는 지름길이다"라는 것이 저자의 주장이다.

Index

ㄱ

ㄴ

ㄷ

ㄹ

ㅁ

ㅂ

ㅅ

ㅇ

ㅈ

ㅊ

ㅋ

로마자

A

B

C

D

E

R

S

T

U

V

W

Y